普通分析化学实验教程

主　编　王彦斌
副主编　孙万虹　徐　静

科　学　出　版　社
北　京

内 容 简 介

本书共 5 章，包括分析化学实验基础知识、定性分析基本操作及实验、定量分析常用仪器及实验、综合实验和设计性实验预选题及提示。第 1 章阐述分析化学实验基础知识，使学生掌握实验基本知识、操作技能等，为后续阶段的学习奠定良好的基础。第 2 章和第 3 章介绍定性和定量分析基本操作及实验，通过经典实验项目，学生掌握相关的化学基本知识、原理及实验技能，了解其应用，培养分析和解决实际问题的能力。第 4 章和第 5 章介绍一些综合性和设计性实验，主要突出"设计性"与"研究性"相结合，让学生自己查阅文献资料，设计方案，分析结果，得出结论。

本书可作为高等院校化学及相关专业的分析化学实验教材，也可供从事分析化学实验教学的教师参考。

图书在版编目（CIP）数据

普通分析化学实验教程/王彦斌主编. —北京：科学出版社，2017.3

ISBN 978-7-03-052266-5

Ⅰ. ①普⋯　Ⅱ. ①王⋯　Ⅲ. ①分析化学-化学实验-高等学校-教材
Ⅳ. ①O652.1

中国版本图书馆 CIP 数据核字（2017）第 053406 号

责任编辑：陈雅娴　李丽娇 / 责任校对：彭珍珍
责任印制：张　伟 / 封面设计：迷底书装

科 学 出 版 社 出版
北京东黄城根北街 16 号
邮政编码：100717
http://www.sciencep.com

北京东华虎彩印刷有限公司 印刷
科学出版社发行　各地新华书店经销

*

2017 年 3 月第 一 版　　开本：787×1092　1/16
2018 年 1 月第二次印刷　　印张：15
字数：344 000

定价：45.00 元
（如有印装质量问题，我社负责调换）

前　言

　　分析化学实验是分析化学教学中必不可少的重要环节，旨在培养学生规范、熟练地掌握分析化学实验基本操作技能和典型的分析方法，了解分析前沿技术的应用和发展趋势。更重要的是通过严格的分析化学实验训练，培养学生细致敏锐的观察能力和正确处理实验数据的能力、初步的科学研究能力和良好的实验习惯、实事求是的科学态度和交流合作的团队精神，为学习后续课程和将来参加工作打下良好的基础。

　　本书是依据西北民族大学规划教材的总体要求，结合高等民族院校特色，以科学性、系统性为基础，强调实用性、内容衔接性、整体优化性而编写的分析化学实验教材。

　　本书由分析化学实验基础知识、定性和定量分析实验及综合设计性实验三大板块组成。各板块既明确分工，又紧密联系，每个大板块又分成存在内在规律的若干小板块，更好地体现了学科渗透的特点。本书整个体系及各板块均贯穿"基础、提高、综合、创新"的特点。在"基础"阶段，着重进行基本知识、基本操作、基本技能的训练，即强调基础性；在"提高"阶段，突出教学对象的主动性和独立性；在"综合"阶段，强调化学实验的综合性和先进性；在"创新"阶段，强调化学实验的设计性和研究性。

　　本书中所有实验内容都经过编者的反复实践，证明这些方法都是切实可行的。但所选的实验未必都是完美的，一定还存在不少缺点，编者诚恳希望选用本书的教师和学生能及时提出问题和批评意见，以便今后进行修改。

　　本书由西北民族大学实验中心基础化学实验室共同策划、编写而成。第 1 章、第 2 章和附录由孙万虹老师编写，第 3 章～第 5 章由徐静老师编写，王彦斌老师从科学谋篇到整体布局、从开篇前言到内容细节的修改方面做出了很大的贡献。在搜集相关资料、书籍方面，李海玲、哈斯其美格、张麟文、孙豫、肖朝虎老师提供了很多的帮助。本书是全体编写人员集体智慧和劳动的结晶，谨在此对他们表示诚挚的谢意。

　　由于编者水平有限，书中不足之处在所难免，恳请读者批评指正。

编　者

2016 年 12 月

目 录

第1章 分析化学实验基础知识

1.1 实验室安全守则及注意事项

1.1.1 实验室安全守则

实验室人员在工作的时候，要接触各种试样及检验实验过程中的物品，这些物质中有些对人体有毒害作用，有些具有易燃易爆的性质；同时，各种仪器、电器、机械设备等，在使用中也可能存在危险性。因此，作为实验室人员，必须遵守以下实验室安全守则。

（1）实验室内应穿实验衣，在进行有毒、有害、有刺激性物质或有腐蚀性物质操作时应戴好防护手套、防护眼镜、口罩等。

（2）实验室应保持室内通风良好，且实验室内禁止吸烟。

（3）实验人员必须熟悉仪器、设备性能和使用方法，按规定的要求进行操作。

（4）实验中所用仪器、试剂放置要合理、有序。实验台面要整洁。实验工作结束或暂告一段落时，仪器、试剂应放回原处。实验中产生的废物应集中处理，垃圾应放入垃圾桶内，不得随意乱扔或抛入水池中。

（5）清洗玻璃仪器时，应先用清水冲洗后，再用清洗液洗净，最后用纯水冲洗，晾干。

（6）所用试剂、标样、溶液都应有标签。绝对不要在容器内装入与标签不相符的物品。

（7）禁止使用实验室的器皿盛装食物，也不要用茶杯、食具盛装药品，更不要用烧杯当茶具使用。

（8）不可用口直接尝化学试剂，不可用鼻直接嗅化学试剂。

（9）稀释硫酸时，必须在硬质耐热烧杯或锥形瓶中进行，只能将浓硫酸慢慢注入水中，边倒边搅拌，温度过高时，应冷却或降温后再继续进行，严禁将水倒入浓硫酸中。

（10）开启易挥发液体试剂之前，先将试剂瓶冷却几分钟。开启时瓶口不要对人，最好在通风橱中进行。

（11）加热易燃溶剂时，必须在水浴或沙浴中进行，避免明火。

（12）移动、开启大瓶液体药品时，不能将瓶直接放在水泥地板上，最好用橡胶布或草垫垫好，若为石膏包封的可用水泡软后打开，严禁锤砸、敲打，以防破裂。

（13）取下正在沸腾的溶液时，应用瓶夹轻轻摇动以后取下，以免溅出伤人。

（14）将玻璃棒、玻璃管、温度计等插入或拔出胶塞、胶管时均应垫有棉布，不可强行插入或拔出以免折断刺伤人。

（15）开启高压气瓶时，动作应缓慢，并且不得将出气口对着人。

（16）配制药品或实验中放出 HCN、NO_2、H_2S、SO_3、Br_2、NH_3 及其他有毒或有腐蚀性的气体时，应在通风橱中进行。

（17）在冰箱、冰柜中不允许存放低温下易挥发的无密封包装的化学试剂及其提取溶液。

（18）严格遵守安全用电规程。不使用绝缘损坏或接地不良的电器设备，不准擅自拆修电器。

（19）实验室应配备消防器材。实验人员要熟悉其使用方法并掌握有关的灭火知识。

（20）实验结束，工作人员离开实验室前需检查水、电、燃气和门窗，确保安全。

1.1.2 实验室防爆注意事项

在实验中，有些化学品在外界的作用下会发生剧烈的化学反应，瞬时产生大量的气体和热量，使周围压力急剧上升，发生爆炸。化学实验室防爆注意事项如下：

（1）氢气、乙烯、乙炔、苯、乙醇、乙醚、丙酮、乙酸乙酯、一氧化碳、水煤气和氨气等可燃性气体与空气混合至爆炸极限，一旦有热源诱发，极易发生爆炸。因此，当大量使用可燃性气体时，必须保持室内通风良好。严禁使用明火和可能产生电火花的电器。

（2）过氧化物、高氯酸盐、叠氮化铅、乙炔铜、三硝基甲苯等易爆物质，受振或受热可能发生热爆炸。爆炸类药品，如苦味酸、高氯酸、过氧化氢及高压气体等，应放在低温处保管，不得与其他易燃物放在一起，移动或启用时不得剧烈振动。

（3）强氧化剂和强还原剂必须分开存放，使用时轻拿轻放，并远离热源。

（4）加热易挥发及易燃的有机溶剂时，应在水浴或严密的电热板上缓慢地进行，禁止用火焰或电炉直接加热。

（5）易燃液体的废液应设置专用储器收集，不得倒入下水道，以免引起爆炸事故；及时销毁残存的易燃易爆物品，消除隐患；每次实验完毕后，应当立即清洗废液缸。

（6）在高温下打开密封的装有易挥发试剂的瓶子时，应把试剂瓶放在冷水中浸泡一段时间，或者先慢慢打开一条小缝，待内外压力平衡后，再完全打开瓶塞，不可使瓶口对着自己或他人。

（7）身上或手上沾有易燃物时，应立即清洗干净，不得靠近明火，以防着火。沾有氧化性溶液液滴的衣服，稍微加热就能起火，应注意及时予以清除。

1.1.3 实验室防毒注意事项

（1）实验前，应了解所用药品的毒性及防护措施。

（2）操作有毒气体（如 H_2S、Cl_2、Br_2、NO_2、HCl、HF 等）应在通风橱内进行。

（3）苯、四氯化碳、乙醚、硝基苯等的蒸气会引起中毒。它们虽有特殊气味，但久嗅会使人嗅觉减弱，所以应在通风良好的情况下使用。

（4）有些药品（如有机溶剂、汞等）能透过皮肤进入人体，应避免与皮肤接触。

（5）氰化物、高汞盐[如 $HgCl_2$、$Hg(NO_3)_2$ 等]、可溶性钡盐（如 $BaCl_2$）、重金属盐（如镉盐、铅盐）、三氧化二砷等剧毒药品应妥善保管，使用时要特别小心。

（6）禁止在实验室内喝水、吃东西；饮食用具不要带进实验室，以防毒物污染；离开实验室前及饭前要洗净双手。

1.1.4　化学实验室防腐蚀注意事项

腐蚀品是指能灼伤人体组织及对金属品造成损坏的固体或液体。

(1) 腐蚀性试剂要放入塑料容器或搪瓷容器中，以防因装有腐蚀性试剂的瓶子破裂造成事故。

(2) 取用腐蚀性药品，如强酸、强碱、浓氨水、浓过氧化氢、氢氟酸、冰醋酸、溴水等，必须戴上防护眼镜和手套，操作后立即洗手；若瓶子较大，应一手托住底部，一手拿住瓶颈。

(3) 液氧、液氮等低温时也会严重灼伤皮肤，使用时要特别小心，万一灼伤应及时治疗。

(4) 使用挥发性有机溶剂或强酸强碱性、高腐蚀性、有毒性的药品必须在通风橱内进行操作。

1.1.5　化学实验室意外事故处理

1. 化学灼烧处理

(1) 酸（或碱）灼伤皮肤时，应立即用大量水冲洗，再用碳酸氢钠饱和溶液（或 1%～2% 乙酸溶液）冲洗，最后用水冲洗，涂敷氧化锌软膏（或硼酸软膏）。

(2) 酸（或碱）灼伤眼睛时，不要揉搓眼睛，立即用大量水冲洗，再用 3% 的硫酸氢钠溶液（或 3% 的硼酸溶液）淋洗，最后用蒸馏水冲洗。

(3) 碱金属氰化物、氢氰酸灼伤皮肤，用高锰酸钾溶液冲洗，再用硫化铵溶液漂洗，最后用水冲洗。

(4) 苯酚灼伤皮肤，先用大量水冲洗，然后用 4:1（体积比）的乙醇（70%）-氯化铁（1mol/L）混合液洗涤。

2. 割伤和烫伤处理

(1) 割伤时若伤口内有异物，先取出异物后，用蒸馏水洗净伤口，然后用消毒纱布包扎，或贴上创可贴。

(2) 烫伤后立即涂上烫伤膏，切勿用水冲洗，更不能把烫起的水泡戳破。

3. 毒物与毒气误入口、鼻内感到不舒服时的处理

(1) 毒物误入口后应立即内服 5～10mL 稀 $CuSO_4$ 温水溶液，再用手指伸入咽喉促使呕吐毒物。

(2) 误吸入煤气等有毒气体时，应立即到室外呼吸新鲜空气；误吸入溴蒸气、氯气等有毒气体时，应立即吸入少量乙醇和乙醚的混合蒸气，以便解毒，同时应到室外呼吸新鲜空气。

4. 触电处理

触电后，应立即拉下电闸，必要时进行人工呼吸。当事故较严重时，施救后应迅速送往医院治疗。

5. 起火处理

（1）小火用湿布、石棉布或砂子覆盖；大火应使用灭火器，根据不同的着火情况，选用不同的灭火器，必要时应报火警（拨打 119）。

（2）油类、有机溶剂着火切勿用水灭火，小火用砂子覆盖灭火，大火用二氧化碳灭火器灭火，也可用干粉灭火器或 1211 灭火器灭火。

（3）精密仪器、电器设备着火应切断电源，小火可用石棉布或湿布覆盖灭火，大火用四氯化碳灭火器灭火，也可用干粉灭火器或 1211 灭火器灭火。

（4）活泼金属着火可用干燥的细砂覆盖灭火。

（5）纤维材质着火时，小火用水降温灭火，大火用泡沫灭火器灭火。

（6）衣服着火时，应迅速脱下衣服，或用石棉覆盖着火处或卧地打滚。

6. 实验室灭火常识

1）灭火方法

（1）加热试样或实验过程中起火时，应立即用湿抹布或石棉布熄灭灯火并同时拔去电炉插头，关闭煤气阀、总电源。特别是易燃液体和固体（有机物）着火时，不能用水浇，因为大多数有机物密度小于水（如油），能浮在水面上继续燃烧并且逐渐扩大燃烧面积。因此，除了小范围可用湿抹布覆盖外，应立即用消防砂、泡沫灭火器或干粉灭火器来扑灭。精密仪器则应用四氯化碳灭火器灭火。

（2）电线着火时须立即关闭总电源，切断电流，再用四氯化碳灭火器或泡沫灭火器扑灭火焰。

（3）衣服着火时应立即采用毯子之类的东西盖在着火者身上以熄灭火焰，用水浸湿后覆盖效果更好。不能慌张跑动，否则会加速气流流向燃烧着的衣服，使火焰加大。用灭火器扑救时，注意不要对着脸部。

（4）在现场抢救烧伤患者时，应特别注意保护烧伤部位，不要碰破皮肤，以防感染。大面积烧伤患者往往会因为伤势过重而休克，此时伤者的舌头易收缩并堵塞咽喉，发生窒息而死亡。在场人员应将伤者的嘴撬开，将舌头拉出，保证呼吸畅通。同时用被褥将伤者轻轻裹起来，送往医院治疗。

2）常用的灭火器具

灭火器具是扑救初期火灾常用的有效灭火设备。常用的灭火器具包括泡沫灭火器、干粉灭火器、二氧化碳灭火器、1211 灭火器等。

3）灭火器的维护和使用注意事项

（1）灭火器应安放在固定的位置，不得随意移动，并需要定期更换。

（2）使用灭火器时不要慌张，应以正确的方法开启阀门，才能使内容物喷出。

（3）不要正对火焰中心喷射，以防着火物溅出使火势蔓延，应从火焰边缘开始喷射。

（4）灭火器一般只适用于扑灭刚刚产生的火苗或火势较小的火灾，对于已蔓延的大火，灭火器的效力是不够的，必须及时拨打 119 报火警。

7. 化学实验室"三废"处理

化学实验室的"三废"种类繁多，实验过程产生的有毒气体和废水排放到空气中或下水道，对环境造成污染，威胁人们的健康。例如，SO_2、NO、Cl_2 等气体对人的呼吸道有强烈的刺激作用，对植物也有伤害作用；As、Pb、Hg 等物质进入人体后，不易分解和排出，长期积累会引起胃痛、皮下出血、肾功能损伤等；$CHCl_3$、CCl_4 等能致肝癌；多环芳烃能致膀胱癌和皮肤癌；CrO 接触皮肤破损处会引起溃烂不止等。因此，必须对实验过程中产生的有毒有害物质进行必要的处理。

1) 常用的废气处理方法

(1) 溶液吸收法。溶液吸收法是用适当的液体吸收剂处理气体混合物，除去其中有害气体的方法。常用的液体吸收剂有水、碱性溶液、酸性溶液、氧化剂溶液和有机溶液，它们可用于净化含有 SO_2、NO、HF、SiF_4、HCl、Cl_2、NH_3、汞蒸气、酸雾、沥青烟和各种组分有机物蒸气的废气。

(2) 固体吸收法。固体吸收法是使废气与固体吸收剂接触，废气中的污染物（吸收质）吸附在固体表面从而被分离出来。此法主要用于净化废气中低浓度的污染物质，常用的吸附剂及其用途见表 1-1。

表 1-1　常用吸附剂及处理的吸附质

固体吸附剂	处理物质
活性炭	苯、甲苯、二甲苯、丙酮、乙醇、乙醚、甲醛、汽油、乙酸乙酯、苯乙烯、氯乙烯、恶臭物、H_2S、Cl_2、CO、CO_2、SO_2、NO、CS_2、CCl_4、$CHCl_3$、CH_2Cl_2
浸渍活性炭	烯烃、胺、酸雾、硫醇、SO_2、Cl_2、H_2S、HF、HCl、NH_3、Hg
活性氧化铝	H_2O、H_2S、SO_2、HF
浸渍活性氧化铝	酸雾、Hg、HCl、$HCHO$
硅胶	H_2O、NO_x、SO_2、C_2H_2
分子筛	H_2O、NO_x、SO_2、CO_2、H_2S、NH_3、CS_2、C_mH_n、CCl_4
焦炭粉粒	沥青烟
白云石粉	沥青烟
蚯蚓类	恶臭类物质

2) 常用的废水处理方法

(1) 中和法。对于酸含量小于 3% 的酸性废水或碱含量小于 1% 的碱性废水，常采用中和处理方法。无硫化物的酸性废水，可用浓度相当的碱性废水中和；含重金属离子较多的酸性废水，可通过加入碱性试剂（如 $NaOH$、Na_2CO_3）进行中和。

(2) 萃取法。采用与水不互溶但能良好溶解污染物的萃取剂，使其与废水充分混合，提取污染物，达到净化废水的目的。例如，含酚废水就可采用二甲苯作萃取剂。

(3) 化学沉淀法。在废水中加入某种化学试剂，使之与其中的污染物发生化学反应，生成沉淀，然后进行分离。此法适用于除去废水中的重金属离子（如汞、镉、铜、铅、锌、镍、铬等）、碱土金属离子（钙、镁）及某些非金属（砷、氟、硫、硼等）。例如，氢氧化物沉淀法可用 NaOH 作沉淀剂处理含重金属离子的废水；硫化物沉淀法是用 Na_2S、H_2S、CaS、$(NH_4)_2S$ 等作沉淀剂除汞、砷；铬酸盐法是用 $BaCO_3$ 或 $BaCl_2$ 作沉淀剂除去废水中的 CrO_4^{2-} 等。

（4）氧化还原法。水中溶解的有害无机物或有机物，可通过化学反应将其氧化或还原，转化成无害的新物质或易从水中分离除去的形态。常用的氧化剂主要是漂白粉，用于含氰废水、含硫废水、含酚废水及含氨氮废水的处理。常用的还原剂有 $FeSO_4$ 或 Na_2SO_3，用于还原六价铬；活泼金属，如铁屑、铜屑、锌粒等，用于除去废水中的汞。

此外，还有活性炭吸附法、离子交换法、电化学净化法等。

3）常用的废渣处理方法

废渣主要采用掩埋法。有毒的废渣必须先进行化学处理后深埋在远离居民区的指定地点，以免毒物溶于地下水而混入饮用水中；无毒废渣可直接掩埋，掩埋地点应有记录。

1.2　实验室用水知识

分析化学实验应使用纯水，一般是蒸馏水或去离子水。有的实验要求用高规格的纯水，如电分析化学、液相色谱等实验。纯水并非绝对不含杂质，只是含量极微。分析化学实验用水的级别及主要技术指标见表 1-2。

表 1-2　分析化学实验用水的级别及主要技术指标（摘自 GB/T 6682—2008）

指标名称	一级	二级	三级
pH 范围（25℃）	—	—	5.0~7.5
电导率（25℃）/（mS/m）	≤0.01	≤0.10	≤0.50
可氧化物质含量（以 O 计）/（mg/L）	—	≤0.08	≤0.4
吸光度（254nm，1cm 光程）	≤0.001	≤0.01	—
蒸发残渣（105℃±2℃）/（mg/L）	—	≤1.0	≤2.0
可溶性硅（以 SiO_2 计）/（mg/L）	≤0.01	≤0.02	—

注：由于在一级水、二级水的纯度下，难以测定其真实的 pH，因此对一级水、二级水的 pH 范围不做规定；由于在一级水的纯度下，难于测定可氧化物质和蒸发残渣，对其限量不做规定，可用其他条件和制备方法来保证一级水的质量。

1. 蒸馏水

通过蒸馏的方法除去水中非挥发性杂质而得到的纯水称为蒸馏水。同是蒸馏所得纯水，其中含有的杂质种类和含量并不相同。用玻璃蒸馏器蒸馏所得的水含有 Na^+ 和 SiO_3^{2-} 等，而用铜蒸馏器所制得的纯水则可能含有 Cu^{2+}。

2. 去离子水

利用离子交换剂去除水中的阳离子和阴离子杂质所得的纯水称为离子交换水或去离子水。未进行处理的去离子水可能含有微生物和有机物杂质，用时应注意。

3. 纯水质量的检验

纯水的质量检验指标很多，分析化学实验室主要对实验用水的电导率、酸碱度以及钙镁离子和氯离子的含量等进行检测。

（1）电导率：选用适合测定纯水的电导率仪（最小量程为 0.02μS/cm）测定（表 1-2）。

（2）酸碱度：要求 pH 为 6～7。检验方法如下：

简易法：取 2 支试管，各加待测水样 10mL，其中一支加入 2 滴甲基红指示剂不显红色为合格；另一支试管加入 5 滴 0.1%溴麝香草酚蓝（或溴百里酚蓝）不显蓝色为合格。

仪器法：用酸度计测量与大气相平衡的纯水的 pH，6～7 为合格。

（3）钙镁离子：取 50mL 待测水样，加入 pH=10 的氨水-氯化铵缓冲液 1mL 和少许铬黑 T（EBT）指示剂，不显红色（应显纯蓝色）为合格。

（4）氯离子：取 10mL 待测水样，用 2 滴 1mol/L HNO_3 酸化，然后加入 2 滴 10g/L $AgNO_3$ 溶液，摇匀后不浑浊为合格。

化学分析法中，除配位滴定必须用去离子水外，其他方法均可采用蒸馏水。分析实验用的纯水必须注意保持纯净、避免污染。通常采用以聚乙烯为材料制成的容器盛装实验用纯水。

1.3　化　学　试　剂

1.3.1　化学试剂的级别

化学试剂产品已有数千种，而且随着科学技术和生产的发展，新的试剂种类仍将不断产生，现在还没有统一的分类标准，本书只简要介绍标准试剂、一般试剂、高纯试剂和专用试剂。

1. 标准试剂

标准试剂是用于衡量其他（待测）物质化学量的标准物质，习惯称为基准试剂，其特点是主体成分含量高，使用可靠。我国规定滴定分析第一基准和滴定分析工作基准的试剂主体成分含量分别为 100%±0.02% 和 100%±0.05%。主要国产标准试剂的规格与用途见表 1-3。

表 1-3　主要国产标准试剂的规格与用途

类别	主要用途
滴定分析第一基准试剂	工作基准试剂的定值
滴定分析工作基准试剂	滴定分析标准溶液的定值
滴定分析标准溶液	滴定分析法测定物质的含量
杂质分析标准溶液	仪器及化学分析中作为微量杂质分析的标准
一级 pH 基准试剂	pH 基准试剂的定值和高精密度 pH 计的校准
pH 基准试剂	pH 计的校准（定位）

续表

类别	主要用途
热值分析试剂	热值分析的校准
气相色谱分析标准试剂	气相色谱法进行定性和定量分析的标准
临床分析标准溶液	临床化验
农药分析标准试剂	农药分析
有机元素分析标准试剂	有机物元素分析

注：不同国家生产的试剂，其分类可能不同，使用时要特别注意。

2. 一般试剂

一般试剂是实验室最普遍使用的试剂，其规格以其中所含杂质的多少来划分，包括通用的一至四级试剂和生化试剂等。一般试剂的规格与用途见表 1-4。

表 1-4 一般化学试剂的规格与用途

级别	中文名称	英文符号	适用范围	标签颜色
一级	优级纯（保证试剂）	G. R.	精密分析实验	绿色
二级	分析纯（分析试剂）	A. R.	一般分析实验	红色
三级	化学纯	C. P.	一般化学实验	蓝色
四级	实验试剂	L. R.	一般化学实验辅助试剂	棕色或其他颜色
生化试剂	生化试剂（生物染色剂）	B. R.	生物化学及医用化学实验	咖啡色或玫瑰色

3. 高纯试剂

高纯试剂最大的特点是其杂质含量比优级或基准试剂都低，用于微量或痕量分析中试样的分解和试液的制备，可最大限度地减少空白值带来的干扰，提高测定结果的可靠性。同时，高纯试剂的技术指标中，其主体成分与优级或基准试剂相当，但标明杂质含量的项目则多 1～2 倍。

4. 专用试剂

专用试剂是指具有专门用途的试剂。例如，在色谱分析法中用的色谱纯试剂、色谱分析专用载体、填料、固定液和薄层分析试剂，光学分析法中使用的光谱纯试剂和其他分析法中的专用试剂。专用试剂除了符合高纯试剂的要求外，更重要的是在特定的用途中其干扰的杂质成分处于不产生明显干扰的限度以下。专用试剂的品种繁多，可根据实际工作要求选用。

1.3.2 试剂的保存和取用

1. 试剂的保存

试剂保存不当可能引起质量和组分的变化，因此，正确保存试剂非常重要。一般化学试剂应保存在通风良好、干净的房间，避免水分、灰尘及其他物质的污染，并根据试剂的性质采取相应的保存方法和措施。

（1）容易腐蚀玻璃的试剂，应保存在塑料或涂有石蜡的玻璃瓶中，如氢氟酸、氰化物（氰化钠）、氟化钾、氯化铵、苛性碱（氢氧化钾、氢氧化钠）等。

（2）见光易分解、通空气易被氧化或易挥发的试剂应保存在棕色瓶里，放置在冷暗处。例如，过氧化氢（双氧水）、硝酸银、焦性没食子酸、高锰酸钾、草酸、草酸钠等属见光易分解物质；氯化亚锡、硫酸亚铁、亚硫酸钠等属易被空气逐渐氧化的物质；溴、氨水及大多有机溶剂等属易挥发的物质。

（3）吸水性强的试剂应严格密封保存，如无水碳酸钠、苛性钠、过氧化物等。

（4）易相互作用、易燃、易爆的试剂，应分开储存在阴凉通风的地方。例如，酸与氨水、氧化剂与还原剂属易相互作用的物质；有机溶剂属易燃试剂；氯酸、过氧化氢、硝基化合物属易爆炸试剂等。

（5）剧毒试剂应专门保管，有严格的取用手续，以免发生中毒事故。氰化物（氰化钾、氰化钠）、氢氰酸、氧化汞、三氧化二砷（砒霜）等属剧毒试剂。

2. 试剂的取用

1）固体试剂的取用

固体试剂装在广口瓶内。见光易分解的试剂，如 $AgNO_3$、$KMnO_4$ 等要装在棕色瓶中。试剂取用原则是既要保证质量准确，又必须保证试剂的纯度（不受污染）。

取固体试剂要使用干净的药匙。药匙不能混用，药匙的两端一大一小，分别取用大量固体和少量固体。实验后将药匙洗净、晾干，避免下次再用时沾污药品。要严格按量取用药品。"少量"固体试剂对一般常量实验指半个黄豆粒大小的体积，对微型实验为常量的 $1/10 \sim 1/5$。多取试剂不仅浪费，还往往影响实验效果。一旦取多，可放在指定容器内或给他人使用，一般不允许倒回原试剂瓶中。

要称量的固体试剂可放在称量纸上称量；对于具有腐蚀性、强氧化性、易潮解的固体试剂，要放入小烧杯、称量瓶、表面皿等进行称量；固体颗粒较大时，可在清洁干燥的研钵中研碎。根据称量精确度的要求，可分别选择台秤和电子天平称量固体试剂。用称量瓶称量时，可用减量法操作。有毒药品要在教师指导下取用；往试管中加入固体试剂时，应用药匙或干净的对折纸片伸进试管约 2/3 处；加入块状固体时，应将试管倾斜，使其沿管壁慢慢滑下，以免碰破试管底部。

2）液体试剂的取用

液体试剂装在细口瓶或滴瓶内，试剂瓶上的标签要写清名称及浓度。

（1）从滴瓶中取试剂时，应先提起滴管使其离开液面，捏瘪胶帽后赶出空气，再将滴管插入溶液中吸取试剂。滴加溶液时滴管要垂直，这样滴入液滴的体积才能准确；滴管口应距接收容器口（如试管口）0.5cm 左右，以免与器壁接触沾染其他试剂，使滴瓶内试剂受到污染。当需要从滴瓶取出较多溶液时，可直接倾倒。先排出滴管内的液体，然后把滴管夹在食指和中指间，倒出所需量的试剂。滴管不能倒持，以防试剂腐蚀胶帽使试剂变质。不能用自己的滴管取公用试剂，如试剂瓶不带滴管又需取少量试剂，则可把试剂按需要量倒入小试管中，再用自己的滴管取用。

（2）从细口瓶中取用试剂时，要用倾注法。先将瓶塞倒置在桌面上，倾倒时瓶上的标签要朝向手心，以免瓶口残留的少量液体顺瓶壁流下而腐蚀标签。瓶口靠紧容器，使倒出的试剂沿玻璃棒或器壁流下。倒出需要量后，慢慢竖起试剂瓶，使流出的试剂都流入容器中，一旦有试剂流到瓶外，要立即擦净。切记不允许试剂沾染标签。然后将试剂瓶边缘在容器壁上靠一下，再加盖放回原处。

（3）在试管实验中经常要取"少量"溶液，这是一种估计体积，对常量实验是指 0.5～1.0mL，对微型实验一般指 3～5 滴，根据实验的要求灵活掌握。要会估计 1mL 溶液在试管中占的体积和由滴管加的滴数相当的体积。要准确量取溶液，根据准确度和量的要求，可选用量筒、移液管或滴定管。

3. 部分特殊试剂的存放和使用

1）易燃固体试剂

（1）黄磷又称白磷，应存放于盛水的棕色广口瓶里，水应保持将磷全部浸没；再将试剂瓶埋在盛硅石的金属罐或塑料筒里。取用时，因其易氧化，燃点又低，有剧毒，能灼伤皮肤，故应在水下面用镊子夹住，小刀切取。掉落的碎块要全部收回，防止抛撒。

（2）红磷又称赤磷，应存放在棕色广口瓶中，务必保持干燥。取用时要用药匙，勿近火源，避免与灼热物体接触。

（3）钠、钾应存放于无水煤油、液状石蜡或甲苯的广口瓶中，瓶口用塞子塞紧。若用软木塞，还需涂石蜡密封。取用时切勿与水或溶液相接触，否则易引起火灾。取用方法与白磷相似。

2）易挥发出有腐蚀气体的试剂

（1）液溴密度较大，极易挥发，蒸气毒性极强，皮肤溅上溴液后会造成灼伤。应将液溴储存在密封的棕色磨口细口瓶内，为防止其扩散，一般要在溴的液面上加水起到封闭的作用。再将液溴试剂瓶盖紧放于塑料筒中，置于阴凉不易碰翻处。取用时，要用胶头滴管伸入水面下液溴中迅速吸取少量后，密封放回原处。

（2）浓氨水极易挥发，要用带塑料塞和螺旋盖的棕色细口瓶，储存于阴凉处。开启浓氨水的瓶盖要十分小心，因瓶内气体压力较大，氨液有可能冲出瓶口，因此要先用塑料薄膜等遮住瓶口（瓶口不要对着任何人），再开启瓶塞。特别是在气温较高的夏天，可先用冷水降温后再启用。

（3）浓盐酸极易放出氯化氢气体，具有强烈的刺激性气味，应盛放于磨口细口瓶中，置于阴凉处，要远离浓氨水储放。取用或配制这类试剂的溶液时，若用量较大、接触时间较长，还应戴上防毒口罩。

3）易燃液体试剂

乙醇、乙醚、二硫化碳、苯、丙醇等沸点很低，极易挥发且易着火，故应盛于既有塑料塞又有螺旋盖的棕色细口瓶里，置于阴凉处。取用时勿近火种。其中常在二硫化碳的瓶中注入少量水，起水封作用。因为二硫化碳沸点极低，为 46.3℃，密度比水大，为 1.26g/cm^3，且不溶于水，水封保存能防止挥发。常在乙醚的试剂瓶中加少量铜丝，是为了防止乙醚因变质而生成易爆的过氧化物。

4）易升华的物质

易升华的物质有多种，如碘、干冰、萘、蒽、苯甲酸等。其中碘升华后，其蒸气有腐蚀性，且有毒。这类固体物质均应存放于棕色广口瓶中，密封放置于阴晾处。

5）剧毒试剂

常见的剧毒试剂有氰化物、砷化物、汞化合物、铅化合物、可溶性钡的化合物及汞、黄磷等。这类试剂要求与酸类物质隔离，放于干燥、阴凉处，并用专柜加锁。取用时应在教师指导下进行。

实验中取用少量汞时，可用拉成毛细管的滴管吸取，若不慎将汞溅落地面，可先用涂上盐酸的锌片去粘拾，汞可与锌形成锌汞齐，然后用盐酸或稀硫酸将锌溶解后，即可把汞回收。残留地面的微量汞，应用硫黄粉逐一盖上或洒上氯化铁溶液将其除去，否则汞蒸气遗留在空气中可能会造成危害性事故。

6）易变质的试剂

（1）固体氢氧化钠极易潮解并因吸收空气中的二氧化碳而变质，因此应当保存在广口瓶或塑料瓶中，塞子用蜡涂封。特别要注意避免使用玻璃塞子，以防黏结。氢氧化钾与此相同。

（2）碱石灰、生石灰、碳化钙（电石）、五氧化二磷、过氧化钠试剂都易与水蒸气或二氧化碳发生作用而变质，它们均应密封储存。特别是取用后，注意将瓶塞塞紧，放置于干燥处。

（3）硫酸亚铁、亚硫酸钠、亚硝酸钠等试剂具有较强的还原性，易被空气中的氧气等氧化而变质。要密封保存，并尽可能地减少与空气的接触。

（4）过氧化氢、硝酸银、碘化钾、浓硝酸、亚铁盐、三氯甲烷（氯仿）、苯酚、苯胺等试剂经光照后会变质，有的还会放出有毒物质。它们均应按其状态保存在不同的棕色试剂瓶中，且避免光线直射。

4. 注意事项

（1）因为化学试剂大多有毒，而有毒物质能以蒸气或微粒状态从呼吸道被吸入，或以水溶液状态从消化道进入人体，当直接接触时还可从皮肤或黏膜等部位被吸收。因此，使用有毒物质时，必须采取相应的预防措施。

（2）毒物、剧毒物要装入密封容器，贴好标签登记，放在专用的药品架上保管并做好登记。如果发现丢失，必须立刻报告。

（3）在一般毒性物质中，也有毒性相对较大的物质，必须加以注意。

（4）使用腐蚀性物质后，要严格实行漱口、洗脸等措施。

（5）特别有害物质通常多为积累毒性的物质，连续长时间使用时，必须十分注意。

5. 防护方法

一般化学试剂在使用后，洗净手和脸或有皮肤接触的地方即可。使用剧毒物质时，要准备好橡胶手套，必要时需穿防毒衣或戴防毒面具。

1.3.3　常用试剂的提纯

1. 丙酮

沸点 56.2℃，折光率 1.3588，相对密度 0.7899。普通丙酮常含有少量的水及甲醇、乙醛等还原性杂质。其纯化方法有：

（1）于 250mL 丙酮中加入 2.5g 高锰酸钾回流，若高锰酸钾紫色很快消失，再加入少量高锰酸钾继续回流，至紫色不褪为止。然后将丙酮蒸出，用无水碳酸钾或无水硫酸钙干燥，过滤后蒸馏，收集 55～56.5℃的馏分。用此法纯化丙酮时，需注意丙酮中的还原性物质不能太多，否则会消耗过多高锰酸钾和丙酮，使处理时间延长。

（2）将 100mL 丙酮装入分液漏斗中，先加入 4mL 10%硝酸银溶液，再加入 3.6mL 1mol/L 氢氧化钠溶液，振摇 10min，分出丙酮层，再加入无水碳酸钾或无水硫酸钙进行干燥。最后蒸馏收集 55～56.5℃的馏分。此法比方法（1）快，但硝酸银较贵，只宜做小量纯化用。

2. 苯

沸点 80.1℃，折光率 1.5011，相对密度 0.878 65。普通苯常含有少量水和噻吩，噻吩沸点 84℃，与苯接近，不能用蒸馏的方法除去。

（1）噻吩的检验：取 1mL 苯加入 2mL 溶有 2mg 吲哚醌的浓硫酸，振荡片刻，若酸层显蓝绿色，即表示有噻吩存在。

（2）噻吩中水的除去：将苯装入分液漏斗中，加入相当于苯体积七分之一的浓硫酸，振摇使噻吩磺化，弃去酸液，再加入新的浓硫酸，重复操作几次，直到酸层呈现无色或淡黄色并检验无噻吩为止。将上述无噻吩的苯依次用 10%碳酸钠溶液和水洗至中性，再用氯化钙干燥，进行蒸馏，收集 80℃的馏分，最后用金属钠脱去微量的水得无水苯。

3. 氯仿

沸点 61.7℃，折光率 1.4459，相对密度 1.4832。

1.4　基础化学实验常用指示剂

指示剂是用来判别物质的酸碱性、测定溶液酸碱度或容量分析中用来指示反应达到终点的物质。指示剂一般是有机弱酸或弱碱，它们在一定的 pH 范围内变色灵敏，易于观察。指示剂用量很小，一般为每 10mL 溶液加入 1 滴指示剂。指示剂的种类较多，这里简单介绍常用的指示剂。

1. 酸碱指示剂

1）指示剂的变色原理

酸碱指示剂一般是弱的有机酸、有机碱或两性物质,它们的共轭酸碱对具有不同结构,因而呈现不同的颜色。当溶液的 pH 改变，指示剂失去或得到质子（引起平衡移动），结构发生变化，各物质浓度发生改变，导致溶液颜色改变。现以甲基橙为例说明指示剂的变色原理。

甲基橙是一种双色指示剂，在水溶液中存在着下列平衡：

$$(CH_3)_2N \!-\!\! \bigcirc \!-\! N\!\!=\!\!N \!-\! \bigcirc \!-\! SO_3^- + H_3O^+$$

偶氮结构，黄色（碱色型）

$$(CH_3)_2N^+ \!\!=\!\! \bigcirc \!\!=\!\! N \!-\! \overset{\overset{\displaystyle H}{|}}{N} \!-\! \bigcirc \!-\! SO_3^- + H_2O$$

醌式结构，红色（酸色型）

根据酸碱质子理论，上边显黄色的物质是共轭碱，而下边显红色的物质是共轭酸。在溶液中，当 $c(H^+)$ 增大或 $c(OH^-)$ 减小，平衡向下移动，其共轭酸的浓度增大，此时甲基橙主要的存在形式为离子，溶液呈红色，即呈现离子色；当 $c(H^+)$ 减小或 $c(OH^-)$ 增大，平衡向上移动，其共轭碱的浓度增大，此时甲基橙主要的存在形式为分子，溶液呈黄色，即呈现分子色。

2）指示剂的变色范围

由前述讨论得出，指示剂在不同 pH 的溶液中显不同颜色。但通常只有 $c(碱)$（共轭碱的浓度）与 $c(酸)$（共轭酸的浓度）的比值大于 10:1，才能观察到共轭碱（如甲基橙的分子）单独的颜色。同理，只有 $c(酸)$ 与 $c(碱)$ 的比值大于 10:1，才能观察到共轭酸（如甲基橙的离子）单独的颜色。两者浓度之比为 1~10 时，观察到的是两种颜色的混合色。人们把指示剂显混合色时溶液的 pH 范围称为指示剂的变色范围。指示剂的种类不同，其变色范围也不同。

使用单一的指示剂，根据其变色范围可粗略地知道溶液的酸碱性。例如，在某溶液中滴加甲基红，溶液显红色，表明溶液的 pH 在 4.4 以下，为酸性溶液。如果溶液显黄色，表明溶液的 pH 大于 6.2，为中性或碱性溶液。如果溶液显橙黄色，表明溶液的 pH 为 4.4~6.2。如果需要比较精确地知道溶液的 pH，可使用混合指示剂（具有颜色互补、变色敏锐、变色范围狭窄等特点）或由此制成的广泛 pH 试纸和精密 pH 试纸。

2. 金属指示剂

酸碱指示剂的颜色变化依赖于溶液的 pH，而有一类指示剂的颜色变化却依赖于金属离子的浓度，这类指示剂称为金属指示剂。金属指示剂通常是同时具有酸碱指示剂性质的有机染料。在一定 pH 范围内，当金属离子浓度发生突变时，指示剂颜色相应发生突变，以此来确定反应的计量点。金属指示剂能与某金属离子生成有别于其本身颜色的配合物，由此可检查该金属离子存在与否。

1.5　基础化学实验的学习方法

要达到上述实验目的，学好实验课程，不仅要有正确的学习态度，还要有正确的学习方法。学好基础化学实验需要掌握以下三个方面的内容。

1. 预习

认真阅读实验教材，明确实验目的和实验原理，熟悉实验内容、主要操作步骤及数据处理方法，并提出注意事项，合理安排时间。对实验中涉及的基本操作及有关仪器的使用，也要进行预习。实验前必须做到以下几点：

（1）钻研实验教材，阅读大学化学及其他参考资料的相应内容。弄懂实验原理，弄清做好实验的关键、有关实验操作的要领、仪器用法及注意事项等，并且能够自行设计实验。

（2）合理安排好实验。例如，哪些实验反应时间长或需用干燥的器皿应先做，哪些实验先后顺序可以调动，从而避免等候使用公用仪器而浪费时间等，要做到心中有数。

（3）写出预习报告。预习报告的内容包括：每项实验的标题（用简练的言语点明实验目的），用反应式、流程图等表明实验步骤，留出合适的位置记录实验现象，或精心设计一个记录实验数据和实验现象的表格等，切忌原封不动地照抄实验教材。总之，好的预习报告应有助于实验的进行。

2. 实验

按教材规定的实验内容规范操作，仔细观察实验现象，认真测定数据，将数据如实记录在预习报告中，不得随意更改、删减。这是建立良好科学习惯的重要环节。

实验中要勤于思考，细心观察，自己分析、解决问题。对实验现象有疑惑，或实验结果误差太大，要认真分析操作过程，努力找到原因。如有必要，可以在教师指导下做对照实验、空白实验，或自行设计实验进行核实，以培养独立分析问题、解决问题的能力。若实验失败，要查明原因，经教师准许后重做实验。

3. 实验报告

实验结束后，应严格地根据实验记录，对实验现象作出解释，写出有关反应式，或根据实验数据进行处理和计算，得出相应的结论，并对实验中的问题进行讨论，独立完成实验报告，及时交指导教师审阅。

1）实验报告书写要点

（1）实验现象要表述正确，并进行合理的解释，写出相应的反应式，得出结论。

（2）对实验数据进行处理（包括计算、作图、误差的表示等）。

（3）分析产生误差的原因。针对实验中遇到的疑难问题提出自己的见解，包括对实验方法、教学方法和实验内容提出改进意见或建议。

（4）实验报告要按一定的格式书写，字迹工整，表格清晰，图形规范，叙述要简明扼要。这是培养严谨的科学态度和实事求是科学精神的重要措施。

2）实验报告格式示例

实验名称：乙酸解离度和解离常数的测定

一、实验目的（略）

二、实验原理（略）

三、实验步骤

（1）配制 HAc 系列标准溶液。

HAc 标准溶液的浓度：_____mol/L

溶液编号	HAc 的体积/mL	H₂O 的体积/mL
1	3.00	45.00
2	6.00	42.00
3	12.00	36.00
4	24.00	24.00
5	36.00	12.00

（2）由稀到浓依次测定 HAc 溶液的 pH。

四、记录和结果

测定时溶液的温度：_____℃

五、讨论

1.6　误差与分析数据处理

化学是一门实验性的学科，常进行许多定量的测定，然后由测得的数据，经过计算得到分析结果。分析结果是否可靠是很重要的问题，不准确的分析结果往往导致错误的结论。但是，在测定过程中，即使是技术非常熟练的人，用同样的方法对同一试样进行多次测定，也不可能得到完全一致的结果。这就是说，绝对准确是没有的，分析过程中的误差是客观存在的，应根据实际情况正确测定、记录并处理实验数据，使分析结果达到一定的准确度。树立正确的误差及有效数字的概念，掌握分析和处理实验数据的方法，采取减小误差的有效措施，从而使测定结果更趋于真实可靠。

1.6.1　误差及测定数据的取舍

1. 误差的分类

根据影响测量数据精密度和准确性的误差来源，可将误差分成两类。

1）系统误差

系统误差（systematic error）是可测量的，可以被避免或校正。系统误差又称为可测误差，是由某些固定原因造成的，特点是：重复出现，即重复进行测量时会重复出现；单向性，都是正的或都是负的；数值大小基本固定。其来源可能是：

（1）方法误差（method errors），是由方法本身不够完善造成的误差，如反应速率慢或反应不完全，挥发性、吸附所造成的组分损失，试剂不稳定，副反应的影响，指示剂选择不当，重量分析中沉淀溶解度大，共沉淀等。

（2）仪器、试剂误差（apparatus and reagent errors），如仪器信号漂移，真空系统的泄漏，使用未经校正的计量仪器或测试仪器，器皿不耐腐蚀，所用试剂不纯或去离子水不合规格等。

（3）操作误差（operation errors），是由操作人员在测试中判断失当或个人偏见所引起的误差。例如，滴定终点颜色的判断有人偏深、有人偏浅；仪器上指针位置的确定，有的偏左、有的偏右；随着仪器的发展，指针式变为直读式，以及仪器自动化水平的提高也有助于减小或消除这种误差。平行测定时有人总是想使第二份（或第二份以后）的数据与第一份的数据吻合，从而落入"先入为主"的偏见之中。

系统误差的大小、正负是可以被检验出来的，因而是可以被校正的。检验或消除系统误差的方法有：

（1）对照实验。一种情况是将使用的方法与公认的标准方法比较，以确定使用的方法是否完善，如果不完善，应进一步改进或找出校正数据以消除方法误差，这在新方法研究中经常被采用。另一种情况是用已知含量的标准试样（或管理样）按所选用的测定方法，以同样的条件、同样的试剂进行分析，找出校正数据或直接在实验中纠正可能引起的误差。对照实验是检查分析过程中有无系统误差最有效的方法。

（2）仪器校正。在实验之前对使用的称量仪器、容量仪器或其他仪器进行校正，以消除仪器误差。

（3）试剂空白实验。不加入试样的情况下，按与测定试样相同的条件和步骤进行的分析实验称为空白实验，所得的结果称为空白值。从试样的分析结果中扣除此空白值，即可消除由试剂、蒸馏水及器皿引入的杂质所造成的误差。空白值应该较小，当空白值较大时，应通过提纯试剂、使用符合规格的蒸馏水、改用其他器皿等途径减小甚至消除空白值。

（4）回收实验。测定了试样中某组分的含量后，再取几份相同的试样，各加入适量待测组分的纯品，按相同条件进行测定，计算回收率：

回收率=（加入纯物质后的测量值−加入前的测量值）/已知加入量×100%

回收率越接近100%，系统误差越小。回收实验常在微量组分分析中应用。另外，回收率也用来判断试样处理过程中待测组分是否有损失或沾污。一般回收率为85%～115%表示方法准确度可以接受。

2）随机误差

随机误差（random error）也称为偶然误差或不可测误差，表示任何测量中的实验不确定性。随机误差是指测定值受各种因素的随机变动而引起的误差，它出现的概率通常遵循正态分布规律。例如，测量时环境温度、湿度和气压的微小波动，仪器性能的微小变化等，都将分析结果在一定范围内波动，从而造成误差。由于随机误差的产生取决于测定过程中一系列随机因素，其大小和方向都不固定，因此无法测量，也不可能预测。随机误差总是客观存在的，也是不可避免的。

　　随机误差的出现似乎很不规律,但是消除系统误差后,在同样的条件下平行多次测定,则可发现随机误差的分布也是有规律的,一般可按正态分布规律进行处理。正态分布也称高斯分布,其规律如下:

　　(1)绝对值相等的正负误差出现的概率相同,大量等精度测量中各个误差的代数和趋于零。

　　(2)绝对值小的误差出现的概率大,绝对值大的误差出现的概率小,绝对值很大的误差出现的概率非常小。

　　测量时不可避免会产生随机误差,例如,一般分析天平的一次称量误差为±0.0001g,一般滴定管的一次读数误差是±0.02mL。为了减小分析系统的随机误差,采用平行测定多次的方法。在分析化学中,一般要求平行测量三四次。

　　2. 准确度与精密度

　　准确度是指测量值与真值的接近程度,涉及测量的准确性。精密度是指试样多次测量值之间的接近程度,涉及测量的重复性和测量值的有效数字位数。系统误差决定了测量的准确度,随机误差决定了测量的精密度。没有精密度,也就没有准确度。而精密度高,准确度不一定高。

　　1)精密度的表达

　　对于有限次数($n<20$)的测量,常用以下几种精密度表示方法。

　　(1)极差 R。极差是指一组测量数据中的最大值(X_{max})与最小值(X_{min})之差,它表示测量误差的范围,又称范围误差。

$$R = X_{max} - X_{min} \tag{1-1}$$

　　极差反映出的精确性较差,因为它没有利用测量的全部数据。但计算简便,常应用于快速分析中。

　　(2)平均偏差 $\bar{d}$。将各次测量值与平均值作差的绝对值,将 n 次绝对值相加求其平均值,即为平均偏差。

$$\bar{d} = \frac{\sum\limits_{i=1}^{n}|X_i - \bar{X}|}{n} \tag{1-2}$$

式中,$X_1, X_2, \cdots, X_i$ 为各次测量值;n 为测量次数;$\bar{X}$ 为各测量值的平均值。

　　常用相对平均偏差来表示:

$$百分相对平均偏差 = (\bar{d}/\bar{X}) \times 100\% \tag{1-3}$$

$$千分相对平均偏差 = (\bar{d}/\bar{X}) \times 1000‰ \tag{1-4}$$

　　平均偏差的缺点是无法表示出各测量值之间彼此符合的情况。因为可能在一组测量值中偏差相互接近,而另一组中则有大有小,但它们的平均偏差都完全相同。例如

A 组	2.9	2.9	3.0	3.1	3.1
B 组	2.8	3.0	3.0	3.0	3.2

显然,A、B 两组有相同的平均偏差,而测量值间的符合程度,A 比 B 更好些。

（3）标准偏差 S。标准偏差也称均方根偏差，可表达为

$$S = \sqrt{\frac{\sum_{i=1}^{n}(X_i - \overline{X})^2}{n-1}} \qquad (1-5)$$

式中，$X_1, X_2, \cdots, X_i$ 为各次测量值；n 为测量次数；$\overline{X}$ 为各测量值的平均值。

标准偏差是表示测量精密度的好方法。单次测量值与平均值的偏差经平方取消了正负，其相加值不是相互抵消，而是突出了大偏差的作用。因此，它不仅取决于一组测量中的各个测量值，而且对这组数中的极值反应也较灵敏。在上述平均偏差示例中，计算 A、B 两组数据的标准偏差值分别为 0.10 和 0.14，说明 A 组的测量结果比 B 组的好。

通常用变异系数 CV 把标准偏差与所测的量联系起来。在估计测量值的离散程度上，用变异系数取代相对平均偏差更合适。

$$CV = S/\overline{X} \times 100\% \qquad (1-6)$$

2）置信区间

置信区间即可靠性区间，表达为

$$\mu = \overline{X} \pm \frac{tS}{\sqrt{n}} \qquad (1-7)$$

式中，$\overline{X}$ 为各次测量的平均值；S 为标准偏差；n 为测量次数；t 为校正系数（也称 t 值），见表 1-5。

表 1-5　t 值表

n−1	置信度 P			n−1	置信度 P		
	90%	95%	99%		90%	95%	99%
1	6.314	12.706	63.657	13	1.771	2.160	3.012
2	2.920	4.303	9.925	14	1.761	2.145	2.977
3	2.353	3.102	5.841	15	1.753	2.131	2.947
4	2.132	2.776	4.604	16	1.746	2.120	2.921
5	2.015	2.571	4.032	17	1.740	2.110	2.898
6	1.943	2.447	3.707	18	1.734	2.101	2.878
7	1.895	2.365	3.499	19	1.729	2.093	2.861
8	1.860	2.306	3.355	20	1.725	2.066	2.845
9	1.833	2.262	3.250	30	1.697	2.042	2.750
10	1.812	2.228	3.169	60	1.671	2.000	2.660
11	1.790	2.201	3.106	120	1.658	1.980	2.617
12	1.782	2.179	3.065	∞	1.645	1.960	2.576

处理分析数据时，需要求一个可以接受的置信度（可靠性指标）。然后，找出 $\overline{X}$ 两边能够保证真值落在其内的极限。如果不存在系统误差，当置信度 P 定在 95% 时，式（1-7）就表示通过 n 次测量，有 95% 的把握认为真值 μ 在 $\overline{X} \pm \frac{tS}{\sqrt{n}}$ 范围内。由式（1-7）

可见，当置信度一定时，测量的精密度越高，测量次数越多，则置信区间越小，平均值 $\overline{X}$ 越准确。

3）测量值的取舍

测量得到的一组数据，常发现其一个值明显比其他测量值大得多或小得多，对这一可疑值必须找出原因。由于明确的理由，如操作过失等引起的，则可舍去。若不能找到确定的原因，说明它是由偶然因素引起的，这就要用统计的方法确定数据的可靠性，在判明它出现的合理性之前，不能轻易舍去。对于次数少的测量，如 3～10 次，可疑值对平均值的影响较大，可用下面的方法决定取舍，但只能舍去一个值。

（1）$4\overline{d}$ 法。①除可疑值外求出 $\overline{d}$ 值；②当可疑值与 $\overline{X}$ 之差大于 $4\overline{d}$ 时，可疑值舍去。

（2）Q 检验法。①求出包括可疑值在内的一组测量值极差 R；②计算出可疑值与其紧邻值的差；③用可疑值与其紧邻值的差除以 R，得商 Q，即

$$Q = \left| X_{可疑} - X_{紧邻} \right| / R \tag{1-8}$$

查 Q 值表（表 1-6），若计算 Q 值大于表中查得 $Q_{0.90}$（或 $Q_{0.95}$）值，则可疑值舍去，其置信度是 90%（或 95%）。

表 1-6　取舍测量值的 Q 表

测量次数	3	4	5	6	7	8	9	10
$Q_{0.90}$	0.94	0.70	0.64	0.56	0.51	0.47	0.44	0.41
$Q_{0.95}$	1.53	1.05	0.86	0.76	0.69	0.64	0.60	0.58

1.6.2　有效数字及其运算规则

分析化学中的数字有两类：一类是样品份数、测量次数、计算中的倍数、化学反应的计量关系及各种常数等，这一类数字非测量所得，不存在准确度的问题；另一类是测量值或数字计算的结果，其数字的位数多少反映分析方法的准确度和测量仪器的精密度。

从测量的角度讲，有效数字就是实际测得的数字。保留数字位数的原则是：除了末位是估计值（也称可疑值或不定值）以外，其余各位都是准确的，这样的数字就是有效数字。有效数字中的估计值也是测量结果，由于仪器精度的限制，估计时加入了实验者的主观因素，因而准确度较差。一般认为估计值可能有上下一个单位的误差。

例如，在分析天平上称得某试样质量为 2.0785g，这个数字有 5 位有效数字，除了最后的 5 外，其他数字都是准确的。数字 "0" 在数据中具有双重意义，当其作为普通数字使用时为有效数字，当其仅起定位作用时就不能算有效数字。例如，0.036 06g 仍仅有 4 位有效数字，数据中第一个非零数字之前的 "0" 只起定位作用，与所采用的单位有关，而与测量的精确程度无关，所以就不是有效数字。在记录比较大或比较小的数据时，为了表达清楚实际有效数字的位数，避免前面或最后面的 "无效 0"，最好写成指数记数形式。例如，数字 2500 的有效数字位数含混不清，容易造成误会，若写成 2.500×10^3，则表示有 4 位有效数字；写成 2.50×10^3 表示有 3 位有效数字；写成 2.5×10^3，则表示有 2 位有效数字。

1. 有效数字的取舍规则

现在几乎每个人都拥有可以轻易计算出十几位数字的计算器，但是并不是说，数字位数越多，数值越准确。用计算器得到计算结果后必须对数值的有效数字进行合理的取舍，使其可以代表测量的准确度。现在通用的是"四舍六入五成双"的规则：当测量值中被修约的那个数字等于或小于 4 时，该数字舍去；等于或大于 6 时，进位；等于 5 时，如进位后末位数为偶数则进位，舍去后末位数为偶数则舍去，如果 5 后还有非零数字，由于这些数字均是测量所得，故可以看出，该数字总是比 5 大，在这种情况下，该数字以进位为宜。根据这一规则，下列数据都要求保留 3 位有效数字，结果应为

0.2345→0.234　　　0.2355→0.236　　　0.234 51→0.235

0.2346→0.235　　　0.2342→0.234

2. 在计算过程中确定有效数字的规则

（1）加或减。计算结果的小数部分有效数字位数不能高于参与加或减数值的最少小数位数。例如，50.05+50.005+50.1234，先修约，再计算：50.05+50.00+56.12=100.17。

（2）乘或除。计算结果有效数字的位数取决于参加乘或除的数值中有效数字位数最少的那个值，即二者有效数字相等。例如，$0.05 \times 0.105 \times 0.12$，先修约，再计算：$0.05 \times 0.1 \times 0.1 = 0.0005$。

（3）取对数。对数的有效数字位数等于原始数据的有效数字的位数。例如，$k=5.0 \times 10^{-6}$，计算得 $\lg k=-5.35$。

（4）取反对数。有效数字位数等于对数中尾数的位数。例如，pH=5.35，计算氢离子浓度为 $[H^+]=5.0 \times 10^{-6}$。

1.6.3　实验数据的记录与处理

1. 实验数据的记录

实验过程中的各种测量数据及有关现象应及时、准确地记录下来。记录实验数据时，要有严谨的科学态度，要实事求是，切忌夹杂主观因素，决不能随意拼凑和伪造数据。

实验过程中涉及的各种特殊仪器的型号和标准溶液浓度等也应及时准确地记录下来。记录实验数据时，应注意其有效数字的位数。用分析天平称量时，要求记录至0.0001g；滴定管及移液管的读数应记录至 0.01mL；用分光光度计测量溶液的吸光度时，如吸光度在 0.6 以下，应记录至 0.001 的读数，大于 0.6 时，则要求记录至 0.01的读数。

实验中的每一个数据都是测量结果，因此，重复测量时即使数据完全相同，也应记录下来。在实验过程中，如果发现数据算错、测错或读错而需要改动时，可将数据用一横线划去，并在其上方写上正确的数字。

2. 实验数据的处理

在基础化学实验中，处理实验数据常采用列表法和图解法。

1）列表法

对一个物理量进行多次测量或研究几个量之间的关系时，往往借助于列表法把实验数据列成表格。其优点是使大量数据表达清晰醒目，条理化，易于检查数据和发现问题，避免差错，同时有助于反映出物理量之间的对应关系。因此，设计一个简明醒目、合理美观的数据表格，是每位实验者都要掌握的基本技能。

列表没有统一的格式，但所设计的表格要能充分反映上述优点，应注意以下几点：

（1）各栏目均应注明所记录的物理量的名称（符号）和单位。

（2）栏目的顺序应充分注意数据间的联系和计算顺序，力求简明、齐全、有条理。

（3）表中的原始测量数据应正确反映有效数字，数据不应随便涂改，确实要修改数据时，应将原来数据用一横线划去以备随时查验。

（4）对于函数关系的数据表格，应按自变量由小到大或由大到小的顺序排列，以便于判断和处理。

2）图解法

图线能够直观地表示实验数据间的关系，找出物理规律，因此图解法是数据处理的重要方法之一。图解法处理数据首先要画出规范的图线，其要点如下：

（1）选择图纸。作图纸有直角坐标纸（毫米方格纸）、对数坐标纸和极坐标纸等，根据作图需要选择。在化学实验中比较常用的是毫米方格纸，其规格多为 $17\text{cm} \times 25\text{cm}$。

（2）曲线改直线。由于直线最易描绘，且直线方程的两个参数（斜率和截距）也较易算得，因此对于两个变量之间的函数关系是非线性的情形，在用图解法时应尽可能通过变量代换将非线性的函数曲线转变为线性函数的直线。下面为几种常用的变换方法。

$xy = c$（c 为常数）。令 $y = ax^b$，则 $y = cz$，即 y 与 z 为线性关系。

$x = c\sqrt{y}$（c 为常数）。令 $z = x^2$，则 $y = \dfrac{1}{c^2}z$，即 y 与 z 为线性关系。

$y = ax^b$（a 和 b 为常数）。等式两边取对数，得 $\lg y = \lg a + b\lg x$。于是，$\lg y$ 与 $\lg x$ 为线性关系，b 为斜率，$\lg a$ 为截距。

$y = ae^{bx}$（a 和 b 为常数）。等式两边取自然对数，得 $\ln y = \ln a + bx$。于是，$\ln y$ 与 x 为线性关系，b 为斜率，$\ln a$ 为截距。

（3）确定坐标比例与标度。合理选择坐标比例是图解法的关键所在。作图时通常以自变量为横坐标（x 轴），因变量为纵坐标（y 轴）。坐标轴确定后，用粗实线在坐标纸上描出坐标轴，并注明坐标轴所代表物理量的符号和单位。

坐标比例是指坐标轴上单位长度（通常为 1cm）所代表的物理量大小。坐标比例的选取应注意以下几点：

（ⅰ）原则上做到数据中的可靠数字在图上应是可靠的，即坐标轴上的最小分度（1mm）对应于实验数据的最后一位准确数字。坐标比例选得过大会损害数据的准确度。

（ⅱ）坐标比例的选取应以便于读数为原则，常用的比例为"1∶1""1∶2""1∶5"（包括"1∶0.1""1∶10"…），即每厘米代表 1、2、5 倍率单位的物理量。切勿采用复杂的比例关系，如"1∶3""1∶7""1∶9"等。这样不但不易绘图，而且读数困难。

（ⅲ）坐标比例确定后，应对坐标轴进行标度，即在坐标轴上均匀地（一般每隔 2cm）

标出所代表物理量的整齐数值,标记所用的有效数字位数应与实验数据的有效数字位数相同。标度不一定从零开始,一般用小于实验数据最小值的某一数作为坐标轴的起始点,用大于实验数据最大值的某一数作为终点,这样图纸可以被充分利用。

（4）数据点的标出。实验数据点在图纸上用符号"+"标出,符号的交叉点正是数据点的位置。若在同一张图上作几条实验曲线,各曲线的实验数据点应该用不同符号（如×、⊙等）标出,以示区别。

（5）曲线的描绘。由实验数据点描绘出平滑的实验曲线,连线要用透明直尺或三角板、曲线板等拟合。根据随机误差理论,实验数据应均匀分布在曲线两侧,与曲线的距离尽可能小。个别偏离曲线较远的点,应检查标点是否错误,若无误表明该点可能是错误数据,在连线时不予考虑。对于仪器仪表的校准曲线和定标曲线,连接时应将相邻的两点连成直线,整个曲线呈折线形状。

（6）注解与说明。在图纸上要写明图线的名称、坐标比例及必要的说明（主要指实验条件）,并在恰当的地方注明作者姓名、日期等。

（7）直线图解法求待定常数。直线图解法首先是求出斜率和截距,进而得出完整的线性方程。其步骤如下:

（i）选点。在直线上紧靠实验数据两个端点内侧取两点 $A(x_1, y_1)$、$B(x_2, y_2)$,并用不同于实验数据的符号标明,在符号旁边注明其坐标值（注意有效数字）。若选取的两点距离较近,计算斜率时会减少有效数字的位数。这两点既不能在实验数据范围以外取点,因为它已无实验根据,也不能直接使用原始测量数据点计算斜率。

（ii）求斜率。设直线方程为 $y = a + bx$,则斜率为

$$b = \frac{y_2 - y_1}{x_2 - x_1}$$

（iii）求截距。截距的计算公式为

$$a = y_1 - bx_1$$

3）分析结果的数值表示

报告分析结果时,必须给出多次分析结果的平均值及它的精密度。注意数值所表示的准确程度应与测量工具、分析方法的精密度相一致。报告的数据应遵守有效数字规则。

重复测量试样,平均值应报告出有效数字的可疑数。例如,三次重复测量结果为 11.32、11.35、11.32,其中 11.3 为确定数,第四位为可疑数,其平均值应报告为 11.33。若三次结果为 11.42、11.35、11.22,则表示小数点后第一位已经出现测量偏差,再保留两位无意义,其平均值应报告为 11.3。

当测量值遵守正态分布规律时,其平均值为最可信赖值和最佳值,它的精密度优于个别测量值,故在计算不少于四个测量值的平均值时,平均值的有效数字位数可增加一位。

一项测定完成后,仅报告平均值是不够的,还应报告这一平均值的偏差。在多数场合下,偏差值只取一位有效数字,只有在多次测量时取两位有效数字,且最多只能取两位。然而用置信区间来表达平均值的可靠性更可取。

第 2 章　定性分析基本操作及实验

2.1　定性分析基本操作

2.1.1　仪器的洗涤

在实验前后，都必须将所用玻璃仪器清洗干净，有些实验还要求仪器是干燥的。因为用不干净的仪器进行实验时，仪器上的杂质和污物会对实验产生影响，使实验得不到正确的结果，严重时可导致实验失败。实验后要及时清洗仪器，不清洁的仪器长期放置会使以后的洗涤工作更加困难。玻璃仪器清洗干净的标准是用水冲洗后，仪器内壁能均匀地被水润湿而不黏附水珠，如果仍有水珠黏附内壁，说明仪器还未洗净，需要进一步进行清洗。

洗涤仪器的方法很多，一般应根据实验的要求、污物的性质和沾污的程度，以及仪器的类型和形状来选择合适的洗涤方法。一般说来，污物主要有灰尘、可溶性物质和不溶性物质、有机物及油污等。洗涤主要分为以下几种。

1. 一般洗涤

应根据实验要求、污物性质和沾污程度来选择适宜的洗涤方法。例如，烧杯、试管、量筒、漏斗等仪器，一般先用自来水洗刷仪器上的灰尘和易溶物，再选用粗细、大小、长短等不同型号的毛刷，蘸取洗衣粉或肥皂水，转动毛刷刷洗仪器的内壁。洗涤试管时要注意避免试管刷底部的铁丝将试管捅破。洗涤仪器时应该一个一个地洗，不要同时抓多个仪器一起洗，这样很容易将仪器碰坏或摔坏。

一般用自来水洗净的仪器往往还残留 Ca^{2+}、Mg^{2+}、Cl^- 等离子，如果实验中不允许这些离子存在，就要再用蒸馏水清洗几次。用蒸馏水洗涤仪器的方法应采用"少量多次"法，为此常使用洗瓶。挤压洗瓶使其喷出一股细蒸馏水流，均匀地喷射在仪器内壁上并不断转动仪器，再将水倒掉，如此重复 3 次即可。这样既可提高效率，又可节约蒸馏水。

2. 铬酸洗液洗涤

对一些形状特殊、容积精确的容量仪器，如滴定管、移液管、容量瓶等，不宜用毛刷沾洗涤剂清洗，常用洗液洗涤。

铬酸洗液可按下述方法配制。称取 $K_2Cr_2O_7$ 固体 25g，溶于 50mL 蒸馏水中，冷却后向溶液中缓慢加入 450mL 浓 H_2SO_4（注意安全），边加边搅拌。注意：切勿将 $K_2Cr_2O_7$ 溶液加到浓 H_2SO_4 中。冷却后储存在试剂瓶中备用。

铬酸洗液呈暗红色，具有强酸性、强腐蚀性和强氧化性，对具有还原性的污物如有机物、油污的去污能力特别强。装洗液的瓶子应盖好，以防吸潮。洗液在洗涤仪器后应保留，多次使用后当颜色变绿时［Cr(VI)变为Cr(III)］，就丧失了去污能力，不能继续使用。

使用铬酸洗液洗涤的方法是，向仪器中注入少量洗液，使仪器倾斜并慢慢转动。让仪器内壁全部被洗液润湿，再转动仪器，使洗液在内壁流动。经流动几圈后，把洗液倒回原瓶。对沾污严重的仪器可用洗液浸泡一段时间，或用热洗液洗涤，效果更好。倒出洗液后，再用自来水冲洗，最后用蒸馏水淋洗几次。决不允许将毛刷放入洗液中。使用时必须注意：

（1）使用铬酸洗液前，应先用水刷洗仪器，尽量除去其中的污物。

（2）应该尽量把仪器内残留的水倒掉，以免水把铬酸洗液稀释，降低洗液的洗涤能力。

（3）铬酸洗液用后应倒回原来密封的瓶内，可以重复使用。

（4）铬酸洗液具有很强的腐蚀性，会灼伤皮肤、破坏衣服，应小心使用。若不慎把洗液洒在皮肤、衣服和实验台上，应立即用水冲洗、擦净。

（5）已变成绿色的洗液（重铬酸钾已被还原为绿色的硫酸铬）不再具有氧化性，不能去污。

（6）Cr(VI)有毒，清洗残留在仪器上的洗液时，第一、二遍的洗涤水不要倒入下水道，应统一处理，以免污染环境。凡不必要使用铬酸洗液的仪器应选用其他洗涤剂洗涤。

废洗液可通过下述方法再生。先将废洗液在 110～130℃不断搅拌下进行浓缩，除去水分后，冷却至室温，缓慢加入 $KMnO_4$ 粉末，每1000mL洗液加入 6～8g $KMnO_4$，边加边搅拌，直至溶液呈深褐色或微紫色为止，然后加热至有 CrO_3 出现，停止加热。稍冷后用玻璃砂芯漏斗过滤，除去沉淀，滤液冷却后即析出红色 CrO_3 沉淀。在含有 CrO_3 沉淀的溶液中再加入适量浓 H_2SO_4 使其溶解即成溶液，可继续使用。

少量的废洗液可加入废碱液或石灰石使其生成 $Cr(OH)_3$ 沉淀，将此废渣埋于地下（指定地点），以防止铬的污染。

3. 特殊污垢的洗涤

有些污物用通常的洗涤方法不能除去，则应根据污物及器皿本身的化学或物理性质，有针对性地选用适当的洗涤剂，通过化学反应使污物转变为水溶性物质除去。例如，酸性（或碱性）污垢可用碱性（或酸性）洗涤液清洗；氧化性（或还原性）污垢则用还原性（或氧化性）洗涤液清洗；有机污垢可用碱液或有机溶剂清洗。光度分析用的比色皿容易被有色溶液或有机试剂染色，通常用盐酸-乙醇洗涤液浸泡内外壁后，再用水洗净。

用以上各种方法洗涤后的仪器，经自来水冲洗后，往往还残留 Ca^{2+}、Mg^{2+}、Cl^- 等离子，在定性和定量实验中不允许这些离子存在，还应该用去离子水（或蒸馏水）将其洗去。而在一般无机制备和离子性质反应中，仪器的洗涤要求可以低一些。去离子水（或蒸馏水）应在最后使用，即仅用它洗掉仪器中残留的自来水。

还应强调的是，在仪器的洗涤过程中，自来水及去离子水（或蒸馏水）的使用都应遵循"少量多次"的原则。每次用水量一般为容器总容量的5%～20%，淋洗两三次即可。

除了上述清洗方法外，现在还有先进的超声波清洗器。只要把用过的仪器放在配有合适洗涤剂的溶液中，接通电源，利用声波的能量和振动，就可将仪器清洗干净，既省时又方便。

已洗净的仪器器壁上不应附着有不溶物或油污，器壁可以被水润湿，器壁上只留下一层薄而均匀的水膜，并无水珠挂附在上面，这样的仪器才算清洗干净。

2.1.2　加热装置

1. 酒精灯和酒精喷灯

酒精灯用酒精作燃料，如图 2-1 所示。其火焰温度为 400～500℃。使用酒精灯时应注意：

（1）向酒精灯内添加酒精时应先熄灭火焰，用漏斗把酒精加入灯内，灯内酒精量一般不应超过酒精灯容积的 2/3，不可装得太满。

（2）点燃酒精灯时要用火柴引燃，切不可用另一个燃着的酒精灯引燃，否则灯内酒精会洒出，引起燃烧而发生火灾。熄灭酒精灯时要用灯罩盖灭，切不能用嘴吹灭。

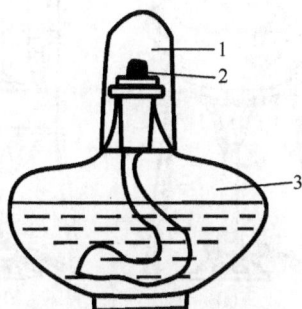

图 2-1　酒精灯

1. 灯罩；2. 灯芯；3. 灯壶

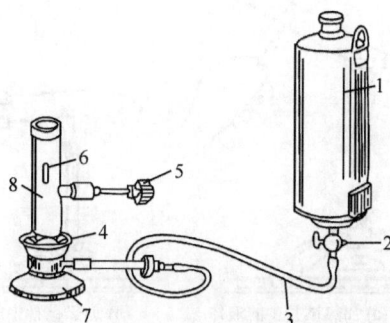

图 2-2　酒精喷灯

1. 酒精储罐；2. 旋塞；3. 橡胶管；4. 预热盆；5. 开关；
6. 气孔；7. 灯座；8. 灯管

酒精喷灯也用酒精作燃料，它是先将酒精汽化并与空气混合后再燃烧。酒精喷灯的火焰温度高且稳定，可达 900℃左右。常用的挂式酒精喷灯构造如图 2-2 所示，由金属制成。使用时，先打开旋塞，在预热盆中装满酒精并点燃。待盆内酒精快用完时，灯管已被灼热，将划着的火柴移至灯口，开启开关。从酒精储罐流进热灯管中的酒精立即汽化，并与由气孔进来的空气混合，即被点燃。调节开关可控制火焰大小。使用完毕，关闭开关，火焰即熄灭。

必须注意的是，在点燃酒精喷灯前灯管必须充分预热，一定要使喷出的酒精全部汽化，不能让酒精呈液态喷出，否则燃烧的酒精由管口喷出，形成“火雨”，四处散落，易酿成事故。不用时，应关闭储罐下的旋塞，以免酒精漏失，造成后患。

2. 电热设备

实验室常用电热设备包括电炉、电热板、管式炉、高温炉及微波炉等。

电炉温度的高低可以通过调节调压变压器来控制。容器（如烧杯或蒸发皿等）和电炉之间要隔一块石棉网，使之受热均匀。

电热板的加热面积比电炉大，用于加热体积较大或数量较多的试样。

管式炉利用电热丝或硅碳棒加热，温度可达 1000℃ 以上。炉膛中插入一根耐高温的瓷管或石英管，瓷管中再放入盛有反应物的瓷舟。反应物可以在空气或其他气体氛围中受热。

高温炉也称马弗炉，也用电热丝或硅碳棒加热，最高使用温度有 950℃ 和 1300℃ 等。其炉膛为长方体，打开炉门可以加入要加热的坩埚或其他耐高温的容器。管式炉和高温炉均可以自动调温和控温。

3. 试管的加热

不要将试管口对着人，以免溶液在煮沸时溅出 ［图 2-3 （a）］。加热试管中的固体时，必须使试管稍微向下倾斜，试管口略低于管底 ［图 2-3 （b）］，以免凝结在试管壁上的水珠流到灼热的管底，而炸裂试管。

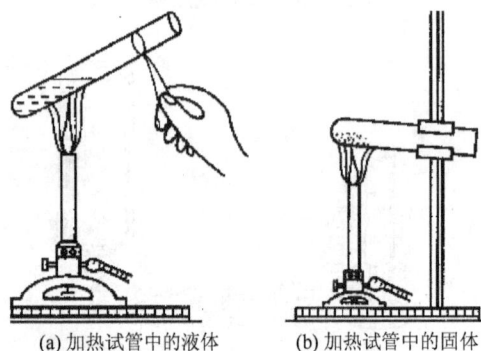

(a) 加热试管中的液体　　(b) 加热试管中的固体　　　　(a)　　　　(b)

图 2-3　加热试管　　　　　　　　　　图 2-4　水浴加热

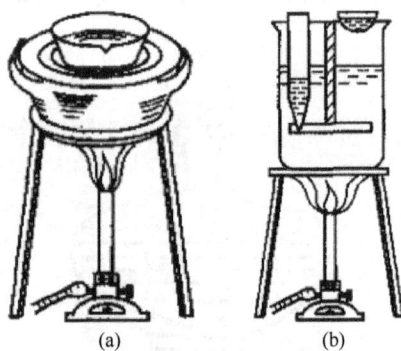

4. 用热浴间接加热

（1）水浴加热。当被加热物质要求受热均匀，而温度又不能超过 100℃ 时，可用水浴加热，如图 2-4（a）所示。水浴锅盛水量一般不要超过其容量的 2/3。也可如图 2-4（b）所示用大烧杯代替水浴锅加热。离心试管应在水浴中加热。

（2）油浴和沙浴加热。油浴以油代替水浴锅中的水，油浴所能达到的最高温度取决于所使用油的沸点。常用的油有甘油（适用于 150℃ 以下的加热）、液状石蜡（适用于 200℃ 以下的加热）等。使用油浴时要小心，防止着火。

沙浴将细沙盛在铁盘内，被加热的器皿埋在砂子中，用煤气灯加热。沙浴加热升温比较缓慢，停止加热后散热也较慢。

2.1.3　沉淀的离心分离

1. 沉淀剂的加入

加入沉淀剂的速度应根据沉淀类别而定，如果是一次加入的，则应沿烧杯壁用玻璃棒引流加到溶液中，以免溶液溅出。加入沉淀剂时通常是用滴管逐滴加入，用玻璃棒轻轻搅拌溶液，使沉淀剂不至于局部过浓。

2. 沉淀与溶液的分离

将沉淀与溶液分离的方法一般有三种：倾析法、离心分离法和过滤法。

1）倾析法

在物质制备或结晶等过程中，若沉淀的相对密度较大或结晶颗粒较大，静置后容易沉降，可用倾析法进行沉淀的分离和洗涤。操作时，先把烧杯倾斜地静置，待沉淀沉降至烧杯底角时，将沉淀上部的清液沿玻璃棒缓慢地倾入另一烧杯中（图 2-5），使沉淀与溶液分离。洗涤时，可在沉淀上加少量洗涤剂，充分搅拌后静止沉降，再用倾析法倾出洗涤液。如此重复操作 3 次以上，即可将沉淀洗净。

2）离心分离法

进行定性分析时，将离心试管中少量溶液和沉淀分离常采用离心分离法，操作简单迅速，一般使用电动离心机。

（1）将盛有沉淀的离心试管放入离心机的试管套内，在与之相对称的另一试管套内也要装入一支盛水的相等质量的试管，以使离心机的两管保持平衡，否则易损坏离心机的轴。

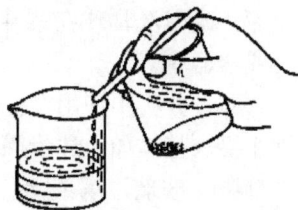

图 2-5　倾析法分离与洗涤

（2）打开电源开关，从慢速开始，待旋转平稳后再逐渐过渡到快速。数分钟之后，关闭电源开关，让离心机自然停止。在任何情况下，都不能突然加速离心机，或在未停止前用手按住离心机的轴强制其停下来，这样很容易损坏离心机，而且容易发生危险。

（3）离心的时间和转速由沉淀的性质决定。对于结晶形的紧密沉淀，转速 1000r/min，1～2min 后即可停止。对于无定形的疏松沉淀，沉降时间要长些，转速可提高至 2000r/min，需要 3～4min。

（4）由于离心作用，经离心操作后沉淀将紧密聚集在离心试管底部尖端，溶液则变清，可用毛细吸管（或滴管）把清液与沉淀分开，先用手指捏紧毛细吸管橡胶帽，排除空气后将毛细吸管的尖端轻轻插入离心管液面以下，但不可接触沉淀（注意尖端与沉淀表面的距离不应小于 1mm），然后缓缓放松橡胶帽，尽量吸出上层清液。如必要可重复上述操作。操作中注意不要将沉淀吸入管中，或搅起沉淀。

（5）洗涤离心试管中存留的沉淀，可用洗瓶吹入少量去离子水后用玻璃棒充分搅拌，再次离心分离。如此重复洗涤，分离沉淀两三次，即可洗去被沉淀包藏的溶液和吸附的杂质。必要时可检验是否洗净，将一滴洗涤液滴在点滴板上，滴加适当试剂，检查应分离出去的离子是否还存在，决定是否需要进一步洗涤沉淀。

3）过滤法

过滤法是最常用的将沉淀与溶液分离的方法。常用的过滤方法有减压过滤和常压过滤两种。

（1）减压过滤也称吸滤法过滤。此法过滤速度快，还可以把沉淀抽得比较干。但不宜用于过滤颗粒太小的沉淀和胶体沉淀，因为胶体沉淀易穿透滤纸，而颗粒太小的沉淀则易堵塞滤纸孔，使抽滤速度减慢。安全瓶可防止吸滤泵中的水产生溢流而倒灌入吸滤瓶中，污染滤液。如果实验不要滤液，也可不用安全瓶。吸滤操作时，必须注意：①布氏漏斗下端的斜面应与吸滤瓶的支管相对，以便于吸滤；②滤纸的大小应比布氏漏斗的内径略小，以能恰好盖住瓷板上的所有小孔为好，先用洗瓶吹出少量去离子水润湿滤纸，再开启水吸滤泵，使滤纸紧贴在漏斗的瓷板上，然后才能进行吸滤操作；③吸滤时应采用倾析法，先将澄清的溶液沿玻璃棒倒入漏斗中，每次倒入量不要超过漏斗高度的 2/3，吸滤完后再将沉淀移至滤纸的中间部分；④如欲停止吸滤，应先将吸滤瓶支管的橡胶管拔下，然后再关上水吸滤泵，否则水将倒灌进入安全瓶；⑤滤液应从吸滤瓶的上口倒出，倒出时吸滤瓶的支管必须向上，否则将会污染实验所要的滤液；⑥吸滤完成后，应先将吸滤瓶支管的橡胶管拔下，关闭水吸滤泵，再取下漏斗；⑦将漏斗倒置，轻轻敲打漏斗边缘，或用洗耳球在漏斗颈口用力一吹，即可使沉淀脱离漏斗，落到预先准备好的滤纸上或容器中。

称量分析中使用微孔玻璃漏斗过滤时，不能引入杂质，沉淀也不从漏斗中取出，其他操作要求基本如上述步骤。

微孔玻璃坩埚或微孔玻璃漏斗（图 2-6）一般与吸滤瓶配套使用。通常按玻璃漏斗微孔的大小将它们分为六个等级，1 号的孔径最大，6 号的孔径最小。在定量分析中，细晶形沉淀一般用 4 号或 5 号（相当于慢速滤纸）；非晶形或粗晶形沉淀一般用 3 号（相当于中速滤纸）。

图 2-6 微孔玻璃坩埚和微孔玻璃漏斗

使用前，先将微孔玻璃漏斗或微孔玻璃坩埚用稀 HCl 或稀 HNO_3 处理，再用水洗净，并在相当于烘干沉淀的温度下烘至恒量，以备使用。过滤时，将微孔漏斗安置在具有孔塞的抽滤瓶上，微孔玻璃坩埚则要放在有橡胶垫圈的抽滤瓶上。用吸滤泵进行减压过滤时，应控制压力，勿使过滤速度太快，以免降低洗涤效率。

（2）常压过滤。用普通漏斗在常压下过滤的方法称为常压过滤法。当沉淀物为胶体或细小的晶体时，用此法过滤较好，缺点是过滤速度较慢。

常压过滤也是称量分析的基本操作之一。一般来说，称量分析中需要灼烧的沉淀常用滤纸常压过滤，而过滤后只需烘干即可进行称量的沉淀则采用微孔玻璃漏斗或微孔玻璃坩埚过滤。在此主要介绍称量分析中的常压过滤。

（i）滤纸和漏斗的选择。等级晶形沉淀应选用中速滤纸过滤。所用滤纸的大小应根据沉淀量的多少来选择，沉淀的体积一般不应超过滤纸容积的一半。折叠好后的滤纸一般应比漏斗边缘低 0.5～1cm。漏斗锥体的角度应为 60°，颈的直径一般为 3～5mm，颈长为 15～20cm，颈口处磨成 45°角，如图 2-7 所示。

（ii）滤纸的折叠。滤纸一般按四折法折叠。折叠好的滤纸展开成 60°的圆锥体，放入漏斗中（图 2-8）。滤纸应和漏斗贴紧，如不密合会影响过滤速度。有的漏斗的锥角略大于 60°，折叠好的滤纸的锥角也应略大于 60°，否则不能贴紧。另外，为了使漏斗与滤

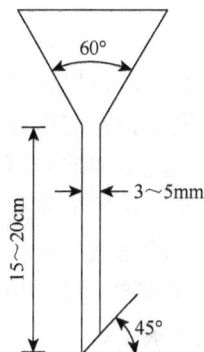

图 2-7　漏斗

(a) 对折　　(b) 折成合适角度并撕去一角　　(c) 展开成锥形　　(d) 放进漏斗

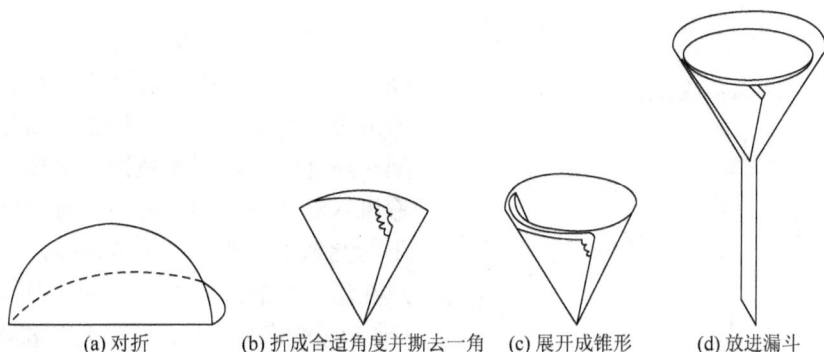

图 2-8　滤纸的折叠和安放

纸之间贴紧而无气泡，可将三层处的外层撕下一小块，避免过滤时气泡由此处缝隙通过而使漏斗颈内无水柱，影响过滤。但应注意，撕下的滤纸小片应保存于干燥的表面皿上，不要扔掉，以备擦拭烧杯中残留的沉淀时使用。

　　（iii）漏斗的准备。将正确折叠好的滤纸放入漏斗中，三层的一边应放在漏斗出口短的一边，用手按紧三层的一边，然后用洗瓶加少量水润湿滤纸，轻压滤纸赶去气泡，加水至滤纸边缘，此时漏斗颈内应全部充满水，形成水柱。由于液体的重力可起抽滤作用，能加快过滤速度。若不能形成水柱，可用手指堵住漏斗口，稍掀起滤纸的一边，用洗瓶向滤纸和漏斗的空隙处加水，使漏斗充满水，压紧滤纸边，松开手指，此时应形成水柱。如仍不能形成水柱，可能是漏斗颈太大。

　　（iv）过滤操作。过滤前，承接滤液的烧杯应洗净，漏斗放在漏斗架上。漏斗颈口长的一边紧贴烧杯壁，使滤液能沿杯壁流下，不致溅出。漏斗位置的高低应以过滤时漏斗颈的出口不接触到滤液为准。

　　为了避免沉淀堵塞滤纸空隙影响过滤的速度，多采用倾析法过滤（图 2-9），即待烧杯中的沉淀下降后，仅将清液倾入漏斗中而沉淀尽可能留在烧杯中，而不是一开始就将沉淀和溶液搅浑以后过滤。溶液应沿着玻璃棒流入漏斗中，尽量不搅起沉淀，而玻璃棒的下端应对着滤纸三层厚的一边，以免液流冲破滤纸，玻璃棒尽可能接近滤纸，但不能接触滤纸。倾入的溶液一般离滤纸上缘不应少于 5mm，以免少量沉淀因毛细作用上移越过滤纸上缘，造成损失。

　　若几个平行分析同时进行，应把装有待过滤溶液的烧杯分别放在相应的漏斗之前，切勿混淆。

图 2-9　倾析法过滤

　　暂停倾注时，应将烧杯嘴沿玻璃棒向上提起 1～2cm，同时将烧杯逐渐直立，决不能让烧杯嘴上的溶液流到烧杯外壁而造成损失。玻璃棒应放回烧杯中，不可放在桌上或其他任何地方，也不能靠在烧杯嘴处，以免沾有沉淀而造成损失。

　　倾注完成后进行洗涤。洗涤时，每次用 10～20mL 洗涤液洗涤烧杯四周，使黏附着的沉淀集中在杯底，放置澄清后再倾析过滤，如此重复洗涤、过滤。一般晶形沉淀洗涤三四次，无定形沉淀洗涤五六次。然后加少量洗涤液，搅拌混合后立即将沉淀和洗涤液一起倾至漏斗中的滤纸上。如此重复几次，将沉淀完全转移到滤纸上。

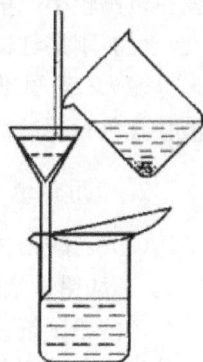

(a) 转移沉淀　　　(b) 沉淀帚

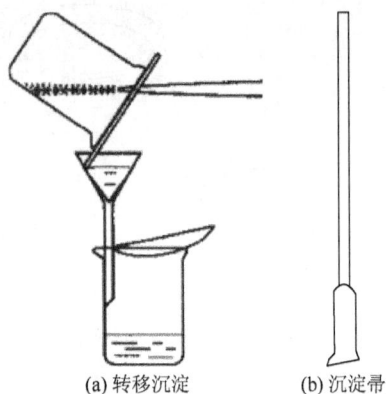

图 2-10　转移沉淀的操作

如仍有沉淀未全部转移到滤纸上，则可按图 2-10（a）所示的方法把沉淀完全转移到滤纸上。将烧杯倾斜放在漏斗上方，烧杯嘴朝着漏斗。用食指将玻璃棒架在烧杯嘴上，用洗瓶冲洗烧杯内壁，沉淀便连同溶液流入漏斗中。如烧杯中仍有少量沉淀，可用前面撕下的滤纸小片擦烧杯及玻璃棒，将擦过的滤纸小片也放在漏斗里的沉淀中。必要时，可借用沉淀帚［图 2-10（b）］擦洗烧杯上的沉淀，然后洗净沉淀帚。

2.1.4　试纸

试纸是用滤纸浸渍了指示剂或试剂溶液后制成的干燥纸条，常用来定性检验一些溶液的性质或某些物质的存在，其具有操作简单、使用方便、反应快速等特点。各种试纸都应密封保存，以防被实验室中的气体或其他物质污染而变质、失效。试纸的种类很多，这里仅介绍实验室中常用的几种试纸。

1. 酸碱试纸

酸碱试纸是用来检验溶液酸碱性的，常见的有 pH 试纸、刚果红试纸和石蕊试纸等。

（1）pH 试纸。pH 试纸用于检测溶液的 pH，分广泛 pH 试纸和精密 pH 试纸两种，且均有商品出售。

广泛 pH 试纸的变色范围为 1～14，用来粗略检验溶液的 pH。

精密 pH 试纸种类很多，按照变色范围可以分为较小单位的 pH 试纸，如 pH 0.5～5.0 变色范围较小，单位为 0.5pH。

（2）刚果红试纸。刚果红试纸自身为红色，遇酸变为蓝色，遇碱又变为红色。

（3）石蕊试纸。石蕊试纸分蓝色和红色两种。酸性溶液使蓝色石蕊试纸变红，碱性溶液使红色石蕊试纸变蓝。

2. 专用试纸

（1）乙酸铅试纸。用于定性地检验反应中是否有 H_2S 气体产生（溶液中是否有 S^{2-} 存在）。乙酸铅试纸在实验室中可以自制，在滤纸条上滴数滴乙酸铅溶液，晾干后即成。

乙酸铅试纸使用时要先用去离子水润湿。待测溶液如含有 S^{2-}，则在酸化后将生成 H_2S 气体逸出，遇到乙酸铅试纸，与试纸上的乙酸铅反应生成黑色的 PbS 沉淀，试纸呈黑褐色并有金属光泽。

$$Pb(Ac)_2 + H_2S === PbS\downarrow + 2HAc$$

（2）碘化钾-淀粉试纸。用于定性地检验氧化性气体（如 Cl_2、Br_2 等），试纸曾在碘化钾-淀粉溶液中浸泡后干燥备用。使用时要先用去离子水将试纸润湿，氧化性气体 Cl_2 溶于试纸上的水中后，将 I^- 氧化为 I_2

$$2I^- + Cl_2 === I_2 + 2Cl^-$$

I_2 立即与试纸上的淀粉作用，使试纸变为蓝紫色。

需要注意的是，如果氧化性气体的氧化性很强（如 Cl_2）且气体量很大，则有可能将 I_2 继续氧化成无色的 IO_3^-，而使试纸褪色，这时不要误认为试纸没有变色而得出错误的结论。

3. 试纸的使用

1）酸碱试纸的使用

使用酸碱试纸时，先用镊子夹取一条试纸，放在干燥洁净的表面皿中，再用玻璃棒蘸取少量待测溶液点在试纸上，观察试纸颜色的变化。若使用 pH 试纸，则需与标准色阶进行比较，以确定溶液的 pH。注意：不能将试纸投入溶液中进行检测。

2）专用试纸的使用

使用专用试纸检验气体时，先将试纸润湿后粘在玻璃棒的一端，然后悬放在盛放待测物质的试管口下方，观察试纸颜色的变化，以确定某种气体是否存在。注意：不能将试纸伸入试管中进行检测。使用试纸时还应做到以下几点：①从容器中取出试纸后，应立即盖严容器，以防止容器内试纸受到空气中某些气体的污染；②使用试纸时，每次用一小块即可，用过的试纸应投入废物箱。

2.2　定性分析基础知识

定性分析的任务是鉴定物质的组成或官能团。定性分析分为无机定性分析和有机定性分析，采用半微量分析法，故又称为半微量定性分析。鉴定无机物主要是鉴定构成无机物的各离子，鉴定有机物主要是判断化合物中的官能团。

2.2.1　鉴定反应的灵敏度和选择性

1. 鉴定反应的灵敏度

为说明鉴定反应的灵敏程度，引入灵敏度这一概念。常使用"检出限量"和"最低浓度"来表示鉴定反应的灵敏度。

检出限量是在一定条件下用某鉴定反应能检出某离子的最小质量，用 m 表示，单位为 μg。最低浓度是在一定条件下用某鉴定反应能检出某离子的最小浓度，用 ρ 表示，单位为 μg/mL。

鉴定反应的灵敏度并非理论计算值，一般是采用逐步稀释法试验测得的。在定性分析中所采用的鉴定反应的灵敏度，检出限量在 0.05～50μg，最低浓度在 1～1000μg/mL。检出限量为 50μg，最低浓度为 1000μg/mL 的鉴定反应，灵敏度已经很低，再低就不能应用。检出限量为 0.05μg，最低浓度为 1μg/mL 的鉴定反应，灵敏度已相当高，更高的鉴定反应很少。利用式（2-1）可进行检出限量 m、最低浓度 ρ 及鉴定时所取试液最小体积 V 之间的计算。

$$m = \rho V \tag{2-1}$$

鉴定反应的灵敏度首先主要取决于鉴定反应自身的特征，其次与操作技术和观察方法有关。例如，对于同一鉴定反应，点滴分析法比试管分析法灵敏度高，在显微镜下观察比用眼睛直接观察灵敏度高。

仅用检出限量或仅用最低浓度来表示鉴定反应的灵敏度都是片面的。因为即使试液浓度较大，已超过最低浓度，但如果取试液量少，可能会出现其中被检物的量不到检出限量，产物绝对量太少难以观察到明显的现象。相反，即使取试液量很多，被检物量已超过检出限量，但如果试液浓度太低，不到最低浓度，或者由于生成物浓度太小，或者由于反应不能明显地发生，都难以观察到明显的现象。因此，必须同时使用检出限量和最低浓度两个指标来表示灵敏度。

由灵敏度可知，每个鉴定反应都有一定的限度。鉴定得出肯定的结果时，说明被鉴定离子含量在此界限以上；鉴定得出否定结果时，说明其含量在此界限以下。因此，每个鉴定反应的内涵有量的意义。

2. 鉴定反应的选择性

如果一种试剂仅与少数几种离子发生反应，该试剂称为选择性试剂，这种反应称为选择性反应，与该试剂发生反应的离子越少，选择性越高。如果一种试剂只与一种离子发生反应，那么此试剂称为该离子的特效试剂，其反应称为该离子的特效反应或专属反应。

2.2.2　分离与鉴定的原则和方法

1. 分别分析和系统分析

在已知组成的混合溶液中，若某一离子有特效反应或其他离子的存在并不干扰此离子的鉴定，就可以取混合液直接鉴定该离子，这种分析方法称为分别分析。但是，特效反应和离子间完全无干扰的情况并不多。一般情况下，需要根据共存离子的特点，设计一个合理的分离方案，按一定的顺序进行分离后，再依次检出各种离子，这种分析方法称为系统分析。

2. 空白试验和对照试验

鉴定反应一般采用灵敏度较高的反应，但太灵敏的反应也可能造成离子的"过度检出"，即试样中并不存在某种离子，而由于所用试剂中含有微量的此种离子而被误认为试样中含有此种离子。这种错误就需要通过空白试验来纠正，空白试验就是用纯水代替试液，在相同条件下进行试验。此外，对照试验也经常被采用，对照试验是用已知含该离子的溶液代替试液，在相同条件下进行试验。对照试验可以检查试剂是否失效或鉴定反应条件是否正确。

3. 已知离子混合液的分析

拟定分析方案的原则如下：

（1）在混合离子溶液中，如果某种离子在鉴定时不受其他离子的干扰，则可直接取试液进行该离子的分别分析，而不需要进行系统分析。若干扰离子可通过简单方法消除时，也应尽量创造条件进行分别分析。

（2）如果溶液中离子间的干扰无法用简单的方法排除，则需要根据具体情况确定合理的分离方案进行系统分析。

4. 未知试样的分析

实际工作中常常会遇到未知试样的分析，分析工作的难度会更大。对未知试样的分析，一般先进行初步试验，用以确定可能存在的离子和不可能存在的离子，然后根据可能存在的离子设计出最佳的分析方案，经分析后确定最终的分析结果，这样做可以简化分析工作。

一般未知试样可按下列步骤进行初步试验：

（1）根据试样的物理性质和试液的酸碱性来判断。如果试样是固体，可观察试样是否为均一的，大致有多少种晶体，结合各种晶体的结晶形状、光泽，固体化合物的特征颜色等初步判断试样的组成。

根据试样的溶解性也可以对试样的组成进行初步判断。首先看试样是否溶于水，若溶于水，则根据试液的 pH、颜色等就可做出初步判断。易溶于水的盐主要有钠盐、钾盐、硝酸盐、除 $AgNO_3$ 外的亚硝酸盐、乙酸盐、部分硫酸盐（除钡、锶、铅外）、部分氯化物、溴化物、碘化物（除银、铅、汞、亚铜外）等。如果试液呈强酸性，则易被酸分解的离子，如 S^{2-}、$S_2O_4^{2-}$、SO_3^{2-}、NO_2^-、CO_3^{2-} 就不可能存在；如果试样难溶于水，则依次用稀 HCl、浓 HCl、稀 HNO_3、浓 HNO_3 和王水处理，根据其溶解情况可做出粗略的判断。

（2）根据化学性质鉴别。根据试样与常用试剂，如 HCl、H_2SO_4、NaOH、$(NH_4)_2CO_3$、$(NH_4)_2S$、H_2S、$BaCl_2$、$AgNO_3$ 等试剂的反应情况可判断出哪些离子可能存在，哪些离子不可能存在。对于阴离子的检测，还经常借助于是否发生氧化还原反应来判断试液中"氧化性离子"或"还原性离子"是否存在。

试液中一般不大可能同时存在很多种离子，经过上述初步试验后留下来需要进一步验证的离子就不会太多了，这时再根据整体情况，设计出合理的分析方案，进行最终的确证。

2.2.3 鉴定反应进行的条件

定性分析的目的是由已知性质去推断物质，因此离不开化学反应，但并非所有的化学反应都可以用来鉴定物质。只有那些有明显外部特征的反应，如有颜色变化、沉淀生成或气体放出等现象的反应，才能用来鉴定物质。

为使鉴定反应能够迅速、安全且反应现象比较明显地进行，需满足以下条件。

（1）酸度。酸度是影响鉴定反应的主要因素。例如，用 $Na_3[Co(NO_2)_6]$ 鉴定 K^+ 的反应，应在中性或弱酸性的条件下进行，因为在强酸性或碱性条件下，$Na_3[Co(NO_2)_6]$ 会分解：

$$Co(NO_2)_6^{3-} + 6H^+ \Longrightarrow Co^{3+} + 3H_2O + 3NO_2 \uparrow + 3NO \uparrow$$

$$Co(NO_2)_6^{3-} + 3OH^- \Longrightarrow Co(OH)_3 \downarrow + 6NO_2^- \uparrow$$

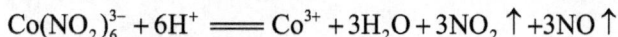

再如，用 K_2CrO_4 鉴定 Pb^{2+} 的反应，也应在中性或弱酸性的条件下进行。在酸性条件

下，由于酸效应，PbCrO$_4$ 黄色沉淀不易生成，在碱性条件下，还可能生成 Pb(OH)$_2$ 沉淀，在强碱性条件下，还将生成 PbO$_2^{2-}$。

适宜的酸度可通过加酸或碱调节，必要时还应采用缓冲溶液控制。

（2）反应物的浓度。根据化学平衡原理，只有当反应物浓度达到一定程度时，反应才能明显地进行，才能观察到明显的现象。例如，在用 K$_2$CrO$_4$ 鉴定 Pb^{2+} 时，不仅要求[Pb^{2+}][CrO$_4^{2-}$]>K_{sp}(PbCrO$_4$)，而且要求[Pb^{2+}]、[CrO$_4^{2-}$]应大到能生成可观察到 PbCrO$_4$ 沉淀。

（3）温度。有时为了加速鉴定反应的进行，需要加热以升高反应温度。例如，用强氧化剂过硫酸铵(NH$_4$)$_2$S$_2$O$_8$ 将 Mn^{2+} 氧化为紫色的 MnO$_4^-$ 以鉴定 Mn^{2+}，此反应就需要加热。

（4）催化剂。催化剂可以促进化学反应的进行。例如，过硫酸铵氧化 Mn^{2+} 的反应，催化剂为 Ag$^+$。如果没有 Ag$^+$，S$_2$O$_8^{2-}$ 只能将 Mn^{2+} 氧化为 Mn^{4+}，形成 MnO(OH)$_2$。

（5）溶剂。溶剂影响反应产物的溶解度和稳定性，如果反应产物在水中溶解度较大或在水中不稳定，就需要采用有机溶剂。例如，在用生成 CrO$_5$（过氧化铬）的反应鉴定 Cr^{3+} 时，应加入乙醚或戊醇萃取 CrO$_5$，以便观察到其特征的蓝色，否则 CrO$_5$ 在水中将生成极不稳定的 H$_2$CrO$_6$（过铬酸），迅速分解。

2.3　定性分析实验

实验1　第 I 组阳离子的分析

一、实验目的

（1）掌握第 I 组离子的分析特性及分离条件。
（2）掌握第 I 组离子的鉴定反应。
（3）掌握沉淀、分离、洗涤等定性分析的基本操作。

二、实验内容

1. 第 I 组离子的鉴定反应

1）Ag$^+$的鉴定反应

（1）与 HCl 反应。在离心试管中加 2 滴 Ag$^+$练习液，加 2mol/L HCl，搅拌，离心沉降，弃去离心液。加 2 滴 6mol/L NH$_3$·H$_2$O，沉淀溶解，再以 6mol/L HNO$_3$ 酸化，得白色沉淀，继续加 2 滴 KI 试剂，有黄色 AgI 沉淀生成。

（2）K$_2$CrO$_4$ 试剂。在离心试管中加入 Ag$^+$练习液和 K$_2$CrO$_4$ 试剂各 1 滴，即生成砖红色 Ag$_2$CrO$_4$ 沉淀。沉淀溶于 2mol/L HNO$_3$ 及 2mol/L NH$_3$·H$_2$O。

反应条件：①反应需在中性溶液中进行；②Pb^{2+}、Ba^{2+}、Hg^{2+}、Hg$_2^{2+}$ 和 Bi^{3+}等离子对反应有干扰。

2）Hg$_2^{2+}$ 的鉴定反应

（1）与 HCl 反应。取 2 滴 Hg$_2^{2+}$练习液，加 2mol/L HCl，搅拌，离心沉降，弃去离心液。加 2 滴 2mol/L NH$_3$·H$_2$O 后沉淀由白变灰再变黑。

（2）NaCl 试剂。在点滴板上加 1 滴饱和 NaCl 溶液及 1 滴 $AgNO_3$ 溶液，生成白色 AgCl 沉淀，然后加 1 滴 Hg_2^{2+} 练习液，立即有黑色沉淀产生。

反应条件：①需有 Ag^+ 作催化剂；②Hg^{2+} 不干扰 Hg_2^{2+} 的鉴定。

3）Pb^{2+} 的鉴定反应

在离心试管中加 1 滴 Pb^{2+} 练习液和 1 滴 K_2CrO_4 试剂，生成黄色 $PbCrO_4$ 沉淀，加 2mol/L NaOH 后，沉淀溶解。

反应条件：①反应需在中性或弱酸性溶液中进行；②Ag^+、Ba^{2+}、Bi^{3+}、Hg^{2+}、Hg_2^{2+} 等离子对反应有干扰。

2. 第 I 组离子混合物分析

1）第 I 组离子的分析

简表如图 2-11 所示。

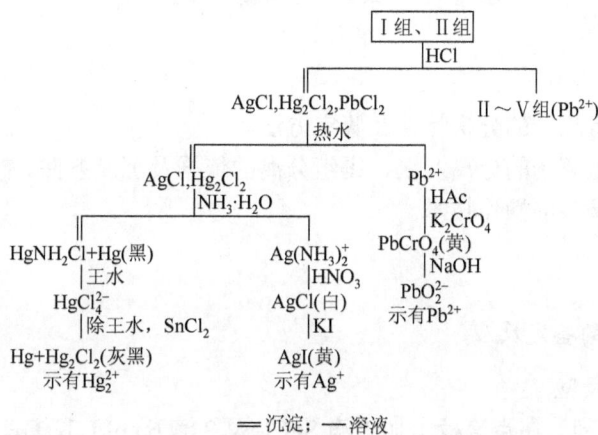

图 2-11　本组离子的分析简表

2）分析过程

（1）本组离子的氯化物沉淀。取本组离子的混合液 10 滴（混合液中含 Ag^+、Hg_2^{2+} 各 2.5mg/mL，Pb^{2+} 5mg/mL），加 5 滴 2mol/L HCl，充分搅拌，加热 2min，冷却并充分搅拌。离心沉降，用 1 滴 2mol/L HCl，充分搅拌，加热 2min，冷却并充分搅拌。离心沉降，用 1 滴 2mol/L HCl 检验沉淀是否完全，若有沉淀，补加 2 滴 1mol/L HCl 至沉淀完全。离心分离。离心液检验有无 Pb^{2+}。沉淀用 1mol/L HCl 洗涤两次，每次 3 滴。弃去洗液，沉淀按（2）分析。

（2）Pb^{2+} 的分离与鉴定。向（1）所得的氯化物沉淀上加 10 滴水，加热 2min，同时搅拌，趁热离心分离，向离心液中加 6mol/L HAc、K_2CrO_4 各 1 滴，若有黄色 $PbCrO_4$ 沉淀生成，再滴加 2mol/L NaOH 后，黄色沉淀溶解，表示有 Pb^{2+}。所得的沉淀以热水洗 2 次，每次 5 滴，弃去洗液，沉淀按（3）分析。

（3）Hg_2^{2+} 的分离与鉴定。向（2）所得的沉淀上加 5 滴 6mol/L $NH_3·H_2O$，搅拌，若沉淀变黑，表示有 Hg_2^{2+}。吸出离心液，按（4）分析。在深色沉淀上，加 6 滴浓 HCl 和 2

滴浓 HNO_3 搅拌,加热溶解沉淀。将溶液转移到小烧杯中,在石棉网上用小火加热,蒸至近干,冷却,加 5 滴水,再蒸至近干。然后加 5 滴水,搅拌并转移到离心试管中,离心分离,若有沉淀按(4)分析。离心液中加 2 滴 $SnCl_2$ 试剂,有白色沉淀出现,并逐渐变灰变黑,进一步证实 Hg_2^{2+} 的存在。

(4)Ag^+ 的鉴定。加入 6mol/L HNO_3,若有白色 AgCl 沉淀出现,再加 2 滴 KI 试剂,白色沉淀变为黄色 AgI 沉淀,则说明有 Ag^+。

三、思考题

(1)进行分组沉淀时,为什么必须检查沉淀是否完全?
(2)试述第一组阳离子的沉淀条件。
(3)写出本组离子的鉴定反应方程式。

实验 2 第 II 组阳离子的分析

一、实验目的

(1)掌握第 II 组离子的分析特性及鉴定方法。
(2)掌握第 II 组离子的分离及铜、锡组分离的依据及沉淀条件。
(3)掌握酸度调节的操作技术。

二、实验内容

1. 第 II 组离子的鉴定反应

1)Bi^{3+} 的鉴定反应

(1)$NaSnO_2$ 试剂。在点滴板上加 1 滴 $SnCl_2$ 及 2 滴 6mol/L NaOH 搅拌,然后加 1 滴 Bi^{3+} 练习液,立即生成黑色沉淀。

反应条件:①反应需在强碱性溶液中进行;②反应时不可加热。

(2)KI 试剂。取 3 滴 Bi^{3+} 练习液于离心试管中,逐滴加入 KI 试剂,先生成棕黑色 BiI_3 沉淀,继续滴加 KI 试剂,BiI_3 溶解生成橘黄色的 $KBiI_4$ 溶液。

反应条件:①反应需在酸性溶液中进行;②试液中应不存在强氧化剂。

2)Cu^{2+} 的鉴定反应

(1)与氨反应。取 3 滴 Cu^{2+} 练习液于离心试管中,逐滴加入 6mol/L $NH_3 \cdot H_2O$ 生成沉淀溶解,溶液变成深蓝色。

(2)$K_4[Fe(CN)_6]$ 试剂。在点滴板上加 1 滴 Cu^{2+} 练习液及 6mol/L HAc、$K_4[Fe(CN)_6]$ 试剂各 1 滴,搅拌,立即有红棕色 $Cu_2[Fe(CN)_6]$ 沉淀生成。

反应条件:反应需在中性或弱酸性溶液中进行。

3)Cd^{2+} 的鉴定反应

取 2 滴 Cd^{2+} 练习液,加 3 滴 Na_2S 溶液,加热,即有黄色 CdS 沉淀生成。

4)Hg^{2+} 的鉴定反应

(1)$SnCl_2$ 试剂。在点滴板上加 1 滴 Hg^{2+} 练习液,2 滴 $SnCl_2$ 试剂,生成的白色沉淀立即变灰变黑。

反应条件：①反应需在酸性溶液中进行；②试液中应无强氧化剂；③Ag^+、Hg_2^{2+}、Pb^{2+} 等离子对反应有干扰。

（2）KI 试剂。取 4 滴 Hg^{2+} 练习液，逐滴加入 KI 试剂，先生成橘红色的 HgI_2 沉淀，随后沉淀溶解，得无色溶液。

反应条件：①反应需在酸性溶液中进行；②试剂应逐滴加入，否则观察不到 HgI_2 沉淀；③Ag^+、Cu^{2+}、Bi^{3+}、Pb^{2+} 等离子对反应有干扰。

5）砷的鉴定反应

（1）$AgNO_3$ 试剂。在 2 支离心试管中分别加 As^{3+}、As^{5+} 练习液 3 滴（若溶液呈过强的酸性或碱性需用 2mol/L $NH_3·H_2O$ 或 2mol/L HAc 调至弱酸性），加 3 滴 $AgNO_3$ 试剂，生成黄色的 Ag_3AsO_3 和棕褐色的 Ag_3AsO_4 沉淀。两种沉淀均溶于 $NH_3·H_2O$ 和 HNO_3。

反应条件：反应需在弱酸性溶液中进行。

（2）$(NH_4)_2MoO_4$ 试剂。取 3 滴 As^{5+} 练习液，加 4 滴 NH_4NO_3、3 滴浓 HNO_3、5 滴 $(NH_4)_2MoO_4$ 试剂，加热至 60～70℃，有黄色砷钼酸铵沉淀生成。

反应条件：①反应需在 pH<1 的硝酸溶液中进行；②应有过量的钼酸铵试剂存在；③溶液中应无强还原剂。

6）锑的鉴定反应

（1）锡片还原法。在一锡片上滴 1 滴 Sb^{3+} 或 Sb^{5+} 练习液，放置后，有金属锑的黑色斑点生成。

（2）罗丹明 B 试剂。取 Sb^{3+}、Sb^{5+} 练习液各 2 滴于 2 支离心试管中，加 3 滴浓 HCl、1 滴 KNO_2，此时有棕色气体产生，充分摇动，加 1 滴尿素饱和溶液（如锑为五价，不加 KNO_2 和尿素），然后加入 2 滴罗丹明 B 试剂、5 滴苯，苯层显紫红色。

7）锡的鉴定反应

（1）$HgCl_2$ 试剂。取 2 滴 Sn^{2+}、Sn^{4+} 练习液于 2 支离心试管，在 Sn^{4+} 中投入镁片，将 Sn^{4+} 还原为 Sn^{2+}，加 2 滴 $HgCl_2$，有白色沉淀生成，并逐渐变灰或变黑。

反应条件：见 $SnCl_2$ 试剂鉴定 Hg^{2+}。

（2）亚甲基蓝试剂。取 3 滴 Sn^{2+} 练习液，加 1 滴浓 HCl，然后加入 2 滴亚甲基蓝试剂，可见亚甲基蓝试剂的蓝色褪去。

反应条件：①反应需在强酸中进行；②Sb^{3+}、Sb^{4+} 不干扰锡的鉴定。

2. 第 Ⅱ 组离子混合液分析

1）第 Ⅱ 组离子的分析

简表如图 2-12 和图 2-13 所示。

2）分析过程

（1）本组离子的硫化物沉淀。酸度调节。取本组离子混合液 10 滴（含本组各离子浓度为 5mg/mL，包括 Pb^{2+}，若混合液中有沉淀，应混匀后吸取），滴加浓氨水至弱碱性（红色石蕊试纸变蓝），每加 1 滴氨水都要充分搅拌。然后用 2mol/L HCl 调节至蓝色石蕊试纸

II ~ V 组
| 0.3mol/L HCl
| TAA

PbS, Bi₂S₃, CuS, CdS, HgS, As₂S₃, Sb₂S₃, SnS₂ ……… III ~ V 组
| Na₂S

PbS, Bi₂S₃, CuS, CdS(铜组)　　HgS₂²⁻, AsS₃³⁻, SbS₃³⁻, SnS₃²⁻(锡组)
| HNO₃

弃去　　　　Pb²⁺, Bi³⁺, Cu²⁺, Cd²⁺
　　　　　　| 浓氨水

Pb(OH)₂, Bi(OH)₂NO₃　　　　　Cu(NH₃)₄²⁺, Cd(NH₃)₄²⁺
| NH₄Ac　　　　　　　　　　　　| 分两份

Bi(OH)₂NO₃　　　Pb(Ac)₂　　　HAc　　　　　　CuS, CdS　　弃去
| 2mol/L HCl　　| HAc　　　　K₄Fe(CN)₆　　| 2mol/L HCl
Bi³⁺　　　　　　| K₂CrO₄　　　Cu₂Fe(CN)₆(红棕)
| Na₂SnO₂　　　PbCrO₄(黄色)　示有Cu²⁺　　CuS　　　Cd²⁺
Bi(黑)　　　　　| NaOH　　　　　　　　　　弃去　　|
示有Bi³⁺　　　　PbO₂²⁻(黑)　　　　　　　　　　　CdS(黄)
　　　　　　　　示有Pb²⁺　　　　　　　　　　　　示有Cd²⁺

══沉淀; ── 溶液

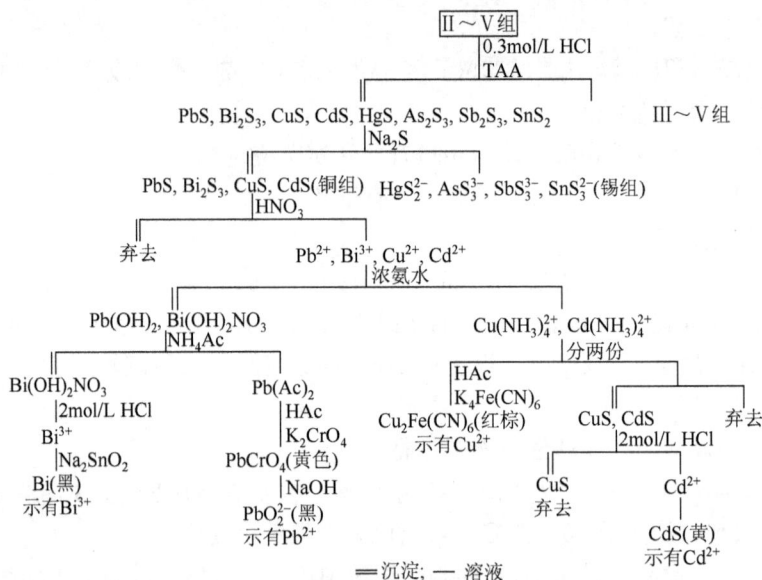

图 2-12　本组离子的分析简表（铜组）

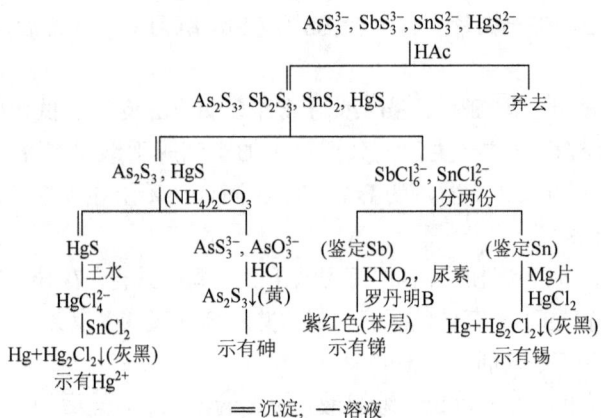

AsS₃³⁻, SbS₃³⁻, SnS₃²⁻, HgS₂²⁻
| HAc

As₂S₃, Sb₂S₃, SnS₂, HgS　　　　弃去

As₂S₃, HgS　　　　　　　　　SbCl₆³⁻, SnCl₆²⁻
| (NH₄)₂CO₃　　　　　　　　　| 分两份

HgS　　　AsS₃³⁻, AsO₃³⁻　　　(鉴定Sb)　　　　(鉴定Sn)
| 王水　　| HCl　　　　　　　KNO₂, 尿素　　　Mg 片
HgCl₄²⁻　As₂S₃↓(黄)　　　　罗丹明B　　　　HgCl₂
| SnCl₂　　　　　　　　　　紫红色(苯层)
Hg+Hg₂Cl₂↓(灰黑)　示有砷　示有锑　　　Hg+Hg₂Cl₂↓(灰黑)
示有Hg²⁺　　　　　　　　　　　　　　　　示有锡

══沉淀; ── 溶液

图 2-13　本组离子的分析简表（锡组）

变红，刚果红试纸不变蓝，加溶液体积 1/6 的 2mol/L HCl，所得溶液的[H⁺]约为 0.3mol/L。

加硫代乙酰胺（TAA）。溶解酸度调好后，加 25 滴 TAA，搅拌，沸水浴中加热 10min，再加等体积水和 10 滴 TAA，继续加热 5min。离心沉降，检验沉淀是否完全。冷却，离心分离，弃去离心液。沉淀用 6 滴 2mol/L NH₄Cl 和 1mL 水各洗 2 次，沉淀按（2）分析。

（2）铜组与锡组的分离。向（1）所得沉淀上加 8 滴 Na₂S 溶液，搅拌，加热 5min，吸出离心液，沉淀用 8 滴 Na₂S 溶液再处理一次，两次离心液合并，即为锡组离子的硫代酸盐溶液，按（9）分析。沉淀为铜组硫化物，用 NH₄Cl 洗 2 次、水洗 2 次，弃去洗液，

沉淀按（3）进行分析。

（3）铜组硫化物的溶解。向（2）所得沉淀上加 10 滴 6mol/L HNO$_3$，搅拌，加热 3min。沉淀溶解时，有不溶物析出，离心将不溶物弃去，离心液按（4）进行分析。

（4）铅、铋与铜、镉的分离。向（3）所得离心液滴加浓氨水，每加 1 滴，都要充分搅拌，直至溶液使红色石蕊试纸变蓝，并过量 3 滴浓氨水，此时有白色沉淀产生，离心分离。离心液按（7）分析。沉淀用水洗 2 次，按（5）分析。

（5）铅、铋的分离及铅的鉴定。向（4）得到的沉淀上加 10 滴 NH$_4$Ac，加热，离心分离。沉淀为 Bi(OH)$_2$NO$_3$，按（6）分析。在离心液中加 6mol/L HAc 和 K$_2$CrO$_4$ 各 1 滴，若有 PbCrO$_4$ 黄色沉淀生成，并溶于 2mol/L NaOH 中，表示有 Pb^{2+}。

（6）铋的鉴定。将（5）所得沉淀用水洗 2 次，每次 3 滴，弃去洗液，然后加 3 滴 2mol/L HCl，搅拌，使沉淀溶解。用 Na$_2$SnO$_2$ 试剂鉴定 Bi^{3+}，若有黑色沉淀生成，表示有 Bi^{3+}。

（7）铜的鉴定。由（4）所得的离心液若呈深蓝色，表示有 Cu^{2+}，或取 2 滴离心液，加 6mol/L HAc、K$_4$[Fe(CN)$_6$] 各 1 滴，生成红棕色沉淀，进一步证实 Cu^{2+} 的存在。

（8）铜和镉的分离及镉的鉴定。向（4）所得离心液中加 10 滴 TAA，加热 5min，离心分离，弃去离心液。沉淀为 CuS、CdS，在沉淀上加 10 滴 2mol/L HCl，充分搅拌，此时 CdS 溶解，弃去 CuS 沉淀。离心液以 6mol/L NaOH 碱化并加热，若有黄色 CdS 沉淀出现，表示有 Cd^{2+}。

（9）锡组的沉淀。向（2）得到的硫代酸盐溶液中，滴加 6mol/L HAc 至溶液使刚果红试纸变蓝，过量 1 滴 6mol/L HAc，加热 2min。离心分离，弃去离心液，沉淀以 NH$_4$Cl 洗、水洗 2 次，每次 4 滴。沉淀按（10）继续分析。

（10）汞、砷与锑、锡的分离。在（9）所得沉淀上加 10 滴浓 HCl，70℃加热 3min。离心分离，离心液按（13）分析。沉淀用 2mol/L HCl 洗 2 次，按（11）继续分析。

（11）汞与砷的分离及砷的鉴定。向（10）所得的沉淀上加 6 滴 (NH$_4$)$_2$CO$_3$，微热。离心分离，再用 (NH$_4$)$_2$CO$_3$ 处理 1 次，两次离心液合并，小心用 2mol/L HCl 酸化，若有黄色 As$_2$S$_3$ 沉淀生成，表示有砷存在。将所得沉淀用 6mol/L HCl 洗涤 2 次，按（12）处理。

（12）汞的鉴定。向（11）的沉淀上加王水使其溶解，然后除尽王水，用 SnCl$_2$ 试剂检验 Hg^{2+} 是否存在。

（13）锑的鉴定。取由（10）得到的离心液 1/2 于离心试管，加 2 滴浓 HCl、1 滴 KNO$_2$，有棕色气体产生，摇匀，再加 1 滴尿素饱和溶液，摇匀。加 2 滴罗丹明 B、5 滴苯，若苯层呈紫红色，表示有锑。

（14）锡的鉴定。取（10）得到的离心液，加 2 滴浓 HCl 及镁片，待反应完，在所得清液中加 2 滴 HgCl$_2$，若有白色沉淀生成，逐渐变成灰色或黑色沉淀，表示有锡。同时可用亚甲基蓝试剂进一步证实锡的存在。

三、思考题

（1）本组离子分离的依据和条件是什么？

（2）铜组、锡组分离的依据和条件是什么？

实验 3　第Ⅲ组阳离子的分析

一、实验目的

（1）掌握第Ⅲ组离子的分析特性、鉴定方法和干扰离子的消除方法。

（2）掌握第Ⅲ组离子的分离依据、沉淀条件及氢氧化钠-过氧化氢分析法。

（3）掌握显微结晶反应和纸上点滴反应的操作技术。

二、实验内容

1. 第Ⅲ组离子的鉴定反应

1）Fe^{3+} 的鉴定反应

（1）$K_4[Fe(CN)_6]$ 试剂。取 1 滴 Fe^{3+} 练习液于点滴板，加 $K_4[Fe(CN)_6]$ 试剂 1 滴，生成深蓝色沉淀。

反应条件：①反应需在酸性溶液中进行；②Fe^{2+} 不干扰反应。

（2）KSCN 试剂。在点滴板上加 1 滴 Fe^{3+} 练习液，1 滴 KSCN 溶液，溶液立即呈血红色。

反应条件：①反应需在酸性溶液中进行；②试液中无强氧化剂存在。

2）Fe^{2+} 的鉴定反应

（1）$K_3[Fe(CN)_6]$ 试剂。取 1 滴 Fe^{2+} 练习液于点滴板上，加 1 滴 $K_3[Fe(CN)_6]$ 试剂，有深蓝色沉淀生成。

（2）邻二氮菲试液。取 1 滴 Fe^{2+} 练习液于离心试管中，加 1 滴邻二氮菲试剂，溶液呈红色。

3）Mn^{2+} 的鉴定反应

$NaBiO_3$ 试剂。在离心试管中加 1 滴 Mn^{2+} 练习液，2 滴 6mol/L HNO_3，少许 $NaBiO_3$ 固体，搅拌，溶液呈紫红色。

反应条件：①反应在 HNO_3 介质中进行；②应无 Cl^-、H_2O_2 等还原剂存在。

4）Co^{2+} 的鉴定反应

NH_4SCN 试剂。在点滴板上加 1 滴 Co^{2+} 练习液及少许 NH_4SCN 固体，然后加 2 滴丙酮，则有天蓝色溶液出现。

反应条件：①反应在弱酸性溶液中进行；②Fe^{3+} 干扰 Co^{2+} 鉴定，可加入 NaF 将 Fe^{3+} 掩蔽。

5）Ni^{2+} 的鉴定反应

丁二酮肟试剂。在点滴板上加 1 滴 Ni^{2+} 练习液及 1 滴 6mol/L $NH_3·H_2O$，然后加 1 滴丁二酮肟试剂，生成鲜红色沉淀。

反应条件：①应在有氨的弱碱性溶液中进行；②Fe^{3+} 有干扰，可加 NaF 掩蔽。

6）Al^{3+} 的鉴定反应

（1）铝试剂。在离心试管中加 2 滴 Al^{3+} 练习液，加 2 滴 6mol/L HAc 及 4 滴铝试剂，再以 6mol/L $NH_3·H_2O$ 碱化，使石蕊试纸变蓝。70℃加热，有红色絮状沉淀生成，再加 3

滴$(NH_4)_2CO_3$，沉淀不溶解。

反应条件：反应需在弱碱性介质中进行。

（2）茜素试剂。在滤纸上，用毛细油管滴加茜素试剂及 Al^{3+} 练习液各 1 滴，使两斑点相交，然后在氨水瓶口熏 1～2min，茜素试剂的斑点呈紫色，铝盐溶液斑点无色，相交处为红色，将纸用小火烘干，使氨挥发，此时，茜素斑点的紫色褪去，而相交处红色不褪。

反应条件：①反应需在弱碱性条件下进行，但生成的红色络合物不溶于乙酸；②Bi^{3+}、Fe^{3+}、Cu^{2+} 干扰 Al^{3+} 的鉴定。

7）Cr^{3+} 的鉴定反应

取 Cr^{3+} 练习液 4 滴于离心试管中，滴加 6mol/L NaOH 至生成的沉淀溶解后，加 3 滴 H_2O_2，搅拌，水浴除去过量的 H_2O_2，溶液变为 CrO_4^{2-} 的黄色，初步表示有 Cr^{3+}。然后按以下方法进一步鉴定。

过铬酸法。在上面制得的 CrO_4^{2-} 离心试管中加入 10 滴乙醚，2 滴 3% H_2O_2，滴加 1mol/L H_2SO_4，必须充分振摇离心试管，直至乙醚层呈蓝色。

反应条件：反应需在 pH 为 2～3 的酸性溶液中进行。

8）Zn^{2+} 的鉴定反应

（1）$(NH_4)_2[Hg(SCN)_4]$ 及 0.02% $CoCl_2$ 混合溶液。在点滴板上加 1 滴 0.02% $CoCl_2$ 及 1 滴$(NH_4)_2[Hg(SCN)_4]$试剂，混匀，并无沉淀生成，然后加 1 滴 Zn^{2+} 练习液，有天蓝色沉淀产生。

反应条件：反应需在弱酸性溶液中进行。

（2）$(NH_4)_2[Hg(SCN)_4]$试剂（显微结晶反应）。在载片上分别滴加 1 滴 Zn^{2+} 练习液，1 滴 6mol/L HAc 及 1 滴$(NH_4)_2[Hg(SCN)_4]$试剂，有白色沉淀生成，在显微镜下可见羽状十字形晶形。

反应条件：反应需在弱酸性或中性溶液中进行。

2. 第Ⅲ组离子混合液分析

1）第Ⅲ组离子分析
简表如图 2-14 所示。

2）分析过程

（1）Fe^{3+} 的鉴定。取 1 滴本组离子混合液，用 $K_4[Fe(CN)_6]$ 试剂鉴定 Fe^{3+} 的存在情况。

（2）Fe^{2+} 的鉴定。取 1 滴本组离子混合液，用 $K_3[Fe(CN)_6]$ 试剂鉴定 Fe^{2+} 的存在情况。

（3）本组离子的沉淀。取 10 滴本组离子混合液（含本组离子浓度为 Zn^{2+} 5mg/mL，其余各离子均为 2.5mg/mL），加 8 滴 NH_4Cl，用 6mol/L 氨水和 2mol/L 氨水调至碱性（pH=9），加 20 滴 TAA，加热 10min。离心沉降，检验沉淀是否完全，冷却后分离。沉淀为本组离子的硫化物或氢氧化物。用 NH_4NO_3 洗 3 次，水洗 3 次，每次 5 滴，弃去洗液，沉淀按（4）分析。

（4）沉淀的溶解。向（3）所得的沉淀上加 10 滴 6mol/L HNO_3，2 滴 KNO_2，搅拌，加热 3min。弃去不溶物，离心液按（5）分析。

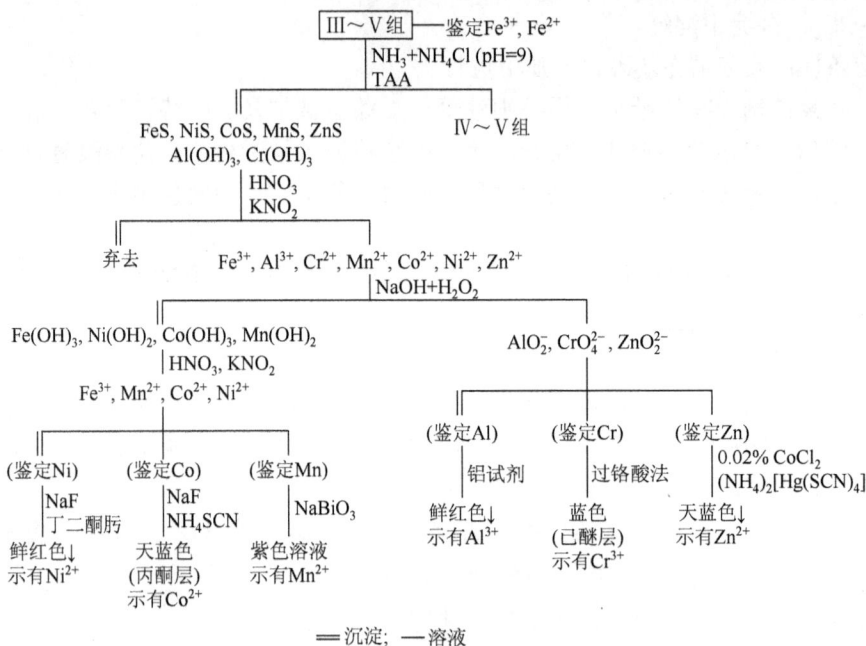

图 2-14　第三组阳离子分析简表

（5）铁、镍、钴、锰与铝、铬、锌的分离。向（4）的离心液中滴加 6mol/L NaOH 至碱性，过量 3 滴，再加 5 滴 3% H_2O_2 搅拌，加热 5min，除去过量的 H_2O_2，冷却，离心分离。离心液分三份，按（10）、（11）、（12）鉴定 Al^{3+}、Cr^{3+}、Zn^{2+}。沉淀用热水洗 2 次后按（6）分析。

（6）铁、镍、钴、锰沉淀物的溶解。向（5）所得的沉淀上加 5 滴 6mol/L HNO_3 和 2 滴 KNO_2，搅拌，加热 3min，沉淀溶解后，溶液分三份鉴定 Ni^{2+}、Co^{2+}、Mn^{2+}。

（7）Ni^{2+}的鉴定。取一份由（6）得到的溶液，加入 NaF 固体少许，1 滴 6mol/L 氨水，1 滴丁二酮肟，若出现鲜红色沉淀，表示有 Ni^{2+}。

（8）Co^{2+}的鉴定。取一份由（6）得到的溶液于点滴板上，加少许 NaF 固体，然后加少许 NH_4SCN 固体，2 滴丙酮，有天蓝色出现，则表示有 Co^{2+}。

（9）Mn^{2+}的鉴定。取一份由（6）得到的溶液，加 2 滴 6mol/L HNO_3，少许 $NaBiO_3$ 固体，搅拌，溶液呈紫红色，表示有 Mn^{2+}。

（10）Al^{3+}的鉴定。取一份由（5）得到的离心液，用铝试剂鉴定，若有鲜红色沉淀出现，表示有 Al^{3+}。

（11）Cr^{3+}的鉴定。取一份由（5）得到的离心液，若呈 CrO_4^{2-} 黄色，表示有 Cr^{3+}。或取一份（5）的离心液，用过铬酸法鉴定，若乙醚层呈蓝色，表示有 Cr^{3+}。

（12）Zn^{2+}的鉴定。将（5）剩余的溶液，用 6mol/L HCl 酸化，分两份，分别用 $(NH_4)_2[Hg(SCN)_4]$+0.02% $CoCl_2$ 混合溶液、$(NH_4)_2[Hg(SCN)_4]$ 试剂显微结晶反应鉴定 Zn^{2+}。

三、思考题

（1）本组离子沉淀的条件是什么？为什么有的离子生成硫化物，而有的生成氢氧化物沉淀？

（2）试比较本组离子系统分析时的氨法和（NaOH+H₂O₂）法的优缺点。

实验 4　第Ⅳ、Ⅴ组阳离子混合溶液的分析

一、实验目的

（1）掌握第Ⅳ、Ⅴ组阳离子的分析特性及鉴定方法。

（2）掌握第Ⅳ、Ⅴ组阳离子的分离依据及第Ⅳ组阳离子的沉淀条件。

（3）学会焰色反应技术，巩固显微结晶反应的操作技术。

二、实验内容

1. 第Ⅳ、Ⅴ组阳离子的鉴定反应

1）Ba^{2+}的鉴定反应

（1）K_2CrO_4试剂。取 1 滴 Ba^{2+}练习液于离心试管中，加 1 滴 K_2CrO_4，有黄色 $BaCrO_4$沉淀生成。

（2）焰色反应。以铂丝沾取 $BaCrO_4$沉淀及浓 HCl，在氧化焰上灼烧，火焰呈黄绿色，表示有 Ba^{2+}。

2）Sr^{2+}的鉴定反应

以铂丝蘸取 Sr^{2+}练习液，在氧化焰上灼烧，火焰呈猩红色。

3）Ca^{2+}的鉴定反应

（1）H_2SO_4试剂（显微结晶反应）。在载玻片上加 1 滴 Ca^{2+}练习液，1 滴 3mol/L H_2SO_4，小火蒸发至液滴边缘出现白色固体薄层。冷却，在显微镜下观察，可见 $CaSO_4$针状晶形。

（2）$(NH_4)_2C_2O_4$试剂。在离心试管中加 2 滴 Ca^{2+}练习液，2 滴$(NH_4)_2C_2O_4$试剂，加热，即生成白色 CaC_2O_4沉淀。

（3）焰色反应。以铂丝蘸取 CaC_2O_4沉淀及浓 HCl，在氧化焰上灼烧，火焰呈砖红色。

4）K^+的鉴定反应

（1）$Na_3[Co(NO_2)_6]$试剂。取 2 滴 K^+练习液于离心试管中，分别加 1 滴 6mol/L HAc 及 2 滴 $Na_3[Co(NO_2)_6]$试剂，混匀后，有黄色晶形沉淀产生。

反应条件：①反应需在中性或弱酸性溶液中进行；②NH_4^+对反应有干扰。

（2）$Na_2PbCu(NO_2)_6$试剂（显微结晶反应）。取 1 滴 K^+练习液于载玻片上，小火蒸至近干，冷却，用 1 滴 $Na_2PbCu(NO_2)_6$试剂润湿，1min 后，在显微镜下观察，可见黑色或棕色立方体晶形。

反应条件：①反应加热时晶体溶解，冷却后晶形析出；②NH_4^+对反应有干扰。

（3）焰色反应。用铂丝蘸取 K^+练习液，在氧化焰上灼烧，通过钴玻璃可见紫色火焰。

5）Na^+的鉴定反应

（1）乙酸铀酰锌试剂$[Zn(UO_2)_3(C_2H_3O_2)_8]$。取 2 滴 Na^+练习液，加 8 滴乙酸铀酰锌试剂，5 滴乙醇，混匀，有黄色沉淀生成。

反应条件：反应需在中性或弱酸性溶液中进行。

（2）焰色反应。Na^+火焰呈亮黄色。

6）Mg^{2+}的鉴定反应

镁试剂。在点滴板上加 1 滴 Mg^{2+}练习液，6mol/L NaOH 及镁试剂各 1 滴，搅拌，有蓝色沉淀生成。

反应条件：①反应需在碱性介质中进行；②NH_4^+存在会影响 Mg^{2+}鉴定的灵敏度。

7）NH_4^+的鉴定反应

（1）奈氏试剂。在点滴板上加 1 滴 NH_4^+练习液，2 滴奈氏试剂，有红棕色沉淀生成。

反应条件：①反应需在强碱性溶液中进行；②许多重金属离子在碱性溶液中生成沉淀，干扰 NH_4^+的鉴定。

（2）气室法。取 2 滴 NH_4^+练习液于小表面皿上，加 2 滴 2mol/L NaOH，立即放在贴有湿润的红色石蕊的大表面皿上组成气室。在水浴上放置片刻，可见红色石蕊试纸变蓝。

2. 第Ⅳ、Ⅴ组阳离子混合液的分析

1）第Ⅳ、Ⅴ组阳离子

分析简表如图 2-15 所示。

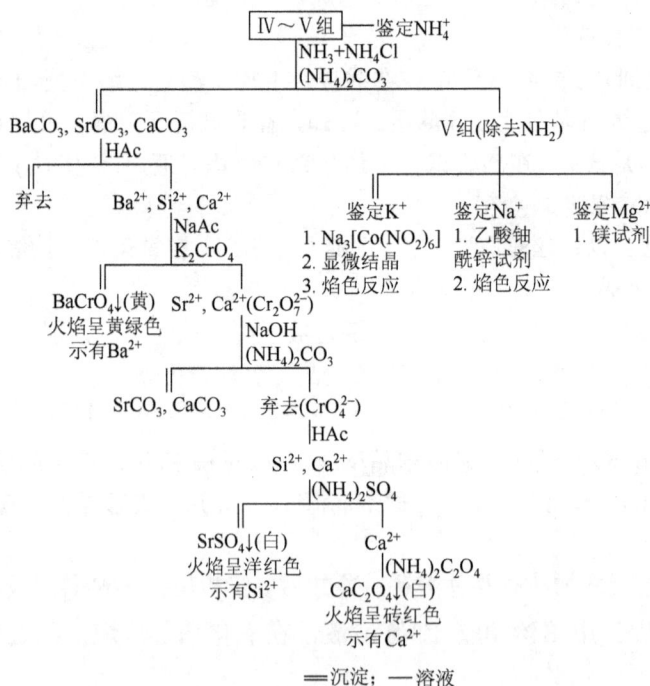

图 2-15　第Ⅳ、Ⅴ组阳离子分析简表

2）分析过程

（1）NH_4^+的鉴定。取 2 滴混合液（含各离子浓度为 5mg/L）用气室法鉴定，若红色石蕊试纸变蓝，表示有 NH_4^+。

（2）第Ⅳ组阳离子与第Ⅴ组阳离子的分离。取第Ⅳ、Ⅴ组阳离子混合液 10 滴，加 5 滴 NH_4Cl，用 2mol/L $NH_3 \cdot H_2O$ 调至碱性，并过量 2 滴，加热至 60～70℃，然后加 6 滴 $(NH_4)_2CO_3$，搅拌，继续 70℃加热 3min。离心沉降，检验沉淀是否完全。冷却、分离，离心液为第Ⅴ组阳离子，按（8）分析。沉淀为第Ⅳ组阳离子的碳酸盐，用热水洗 2 次，每次 4 滴，洗液弃去，沉淀按（3）进行分析。

（3）第Ⅳ组沉淀的溶解。向（2）所得沉淀中加 5 滴 6mol/L HAc，搅拌，加热。若沉淀不溶，补加 1～2 滴 HAc，弃去沉淀，离心液按（4）分析。

（4）钡与锶、钙的分离及钡的鉴定。向（3）所得的离心液中加入 5 滴 NaAc，加热近沸，滴加 4 滴 K_2CrO_4，离心沉降，检验沉淀是否完全，分离后离心液按（5）分析。

若此时所得沉淀为黄色，初步证明有 Ba^{2+}存在。用热水沉淀 2 次，以焰色反应进一步证实有 Ba^{2+}。

（5）锶与钙的沉淀和溶解。将（4）的离心液用 6mol/L $NH_3 \cdot H_2O$ 调至碱性并过量 1 滴，加 6 滴$(NH_4)_2CO_3$，70℃加热 3min，弃去离心液。沉淀用热水洗 2 次，加 4 滴 2mol/L HAc，加热煮沸 1min，沉淀溶解后按（6）分析。

（6）锶与钙的分离及锶的鉴定。向（5）所得的溶液中，加 4 滴饱和$(NH_4)_2SO_4$溶液，加热 5min，此时白色沉淀产生离心分离，离心液按（7）分析。

（7）钙的鉴定。向（6）的离心液中加 5 滴$(NH_4)_2C_2O_4$，有白色沉淀生成，初步证明 Ca^{2+}的存在。然后用焰色反应证实 Ca^{2+}的存在。

（8）NH_4^+的除去。将（2）所得的第Ⅴ组离心液转入小烧杯中，小火蒸发至干，冷却，加 10 滴 6mol/L HNO_3，再用小火蒸发至干，不再冒白烟，冷却。加 3 滴 6mol/L HAc，6 滴水溶解。若有沉淀，离心弃去。取 1 滴所得的溶液，加 2 滴奈氏试剂，观察有无红棕色沉淀，若无，表明 NH_4^+已除尽。否则，需用上述方法再除 NH_4^+，直至除尽 NH_4^+。溶液作以下鉴定。

（9）K^+的鉴定。

亚硝酸钴钠试剂：取 2 滴由（8）所得的溶液，加 1 滴 6mol/L HAc，2 滴亚硝酸钴钠试剂，混匀，有黄色沉淀生成，表示有 K^+。

显微结晶反应：取 1 滴由（8）得到的溶液于载玻片上，小火蒸近干，冷却，用 $Na_2PbCu(NO_2)_6$试剂 1 滴湿润，1min 后，在显微镜下观察，若有黑色或棕色立方体晶形，进一步证实有 K^+。

（10）Na^{2+}的鉴定。取 2 滴由（8）得到的离心液，加 8 滴乙酸铀酰锌试剂，5 滴乙醇，有黄色沉淀生成，表示有 Na^+。

（11）Mg^{2+}的鉴定。取 1 滴由（8）得到的离心液于点滴板上，加 1 滴 6mol/L NaOH，1 滴镁试剂，若有蓝色沉淀生成，表示有 Mg^{2+}。

（12）K^+、Na^+的焰色反应。将（8）剩余的溶液进行焰色反应，观察火焰的颜色，进一步证实有 K^+、Na^+。

三、思考题

（1）在系统分析中，引起第Ⅳ组阳离子丢失的原因有哪些？

（2）在第Ⅴ组阳离子鉴定时，为什么先除去 NH_4^+？

（3）能否用 Na_2CO_3 代替 $(NH_4)_2CO_3$ 沉淀第Ⅳ组阳离子？

实验5　阳离子混合溶液的分析

一、实验目的

（1）掌握阳离子混合物系统的分析方法。

（2）培养灵活运用阳离子定性分析知识的能力。

二、试液与试剂

依据所选择阳离子混合试液确定。

三、实验内容

从下列各阳离子混合试液中选取一组，每种离子试液各 5 滴于离心试管中混合并搅拌均匀，配成阳离子混合试液，然后参照阳离子系统分析方案，自行拟定既合理又简便的分离与鉴定方案，绘出系统分析简表。分析方案经指导教师审阅后，进行分析。

（1）Ag^+、As^{3+}、Cd^{2+}、Fe^{3+}、Al^{3+}、Ca^{2+}、Mg^{2+}、NH_4^+。

（2）Hg_2^{2+}、Sb^{3+}、Cu^{2+}、Bi^{3+}、Fe^{3+}、Zn^{2+}、Sr^{2+}、K^+。

（3）Ag^+、Pb^{2+}、Bi^{3+}、Hg^{2+}、Co^{2+}、Ni^{2+}、Ba^{2+}、Na^+。

（4）Pb^{2+}、Sb^{3+}、Hg^{2+}、Co^{2+}、Zn^{2+}、Ba^{2+}、Ca^{2+}、Mg^{2+}。

（5）Hg_2^{2+}、As^{3+}、Sn^{4+}、Mn^{2+}、Ni^{2+}、Sr^{2+}、Ca^{2+}、Na^+。

四、思考题

（1）有颜色的阴离子有哪些？分别为什么颜色？

（2）与过量 NH_4Cl、$NH_3 \cdot H_2O$ 溶液作用，哪些阳离子可形成沉淀？哪些阳离子可形成配合物？

（3）与过量 $NaOH$ 作用，哪些阳离子可形成沉淀？哪些阳离子生成沉淀后又溶解？

（4）在Ⅰ～Ⅴ组阳离子混合试液中，可以用比较方便的取原试液的方式直接检出的离子是什么？

实验6　常见阴离子的分离与鉴定

一、实验目的

（1）熟悉常见阴离子的有关分析特性。

（2）掌握常见阴离子的分离、鉴定原理和方法。

二、实验原理

ⅢA～ⅦA 族的 22 种非金属元素在形成化合物时常常生成阴离子，阴离子可分为简单阴离子和复杂阴离子，简单阴离子只含有一种非金属元素，复杂阴离子是由两种或两种以上元素构成的酸根或配离子。形成阴离子的元素虽然不多，但是同一元素常常不止形成一种阴离子。例如，由 S 就可以构成 S^{2-}、SO_3^{2-}、SO_4^{2-}、$S_2O_3^{2-}$、$S_2O_8^{2-}$ 等常见的阴离子；由 N 也可以构成 NO_3^-、NO_2^- 等。存在形式不同，性质各异，因此分析结果要求知道元素及其存在形式。

大多数阴离子在分析鉴定中彼此干扰较少，而且可能共存的阴离子不多，许多阴离子还有特效反应，故常采用分别分析法。只有当先行推测或检出某些离子有干扰时才可适当地进行掩蔽或分离。

在进行混合阴离子的分析鉴定时，一般是利用阴离子的分析特性进行初步试验，确定离子存在的可能范围，然后进行个别离子的鉴定。阴离子的分析特性主要有：

（1）低沸点酸和易分解酸的阴离子与酸作用放出气体或产生沉淀，利用产生气体的物理化学性质（表 2-1），可初步推断阴离子 CO_3^{2-}、SO_3^{2-}、$S_2O_3^{2-}$、NO_2^- 是否存在。

表 2-1　阴离子与酸反应的现象与推断

观察到的现象（有气泡产生）			可能的结果		备注
气体的颜色	气体的气味	产生气体的性质	气体组成	存在的阴离子	
无色	无臭	产生气体时发出"嗞嗞"声，并使石灰水变浑浊	CO_2	CO_3^{2-}	SO_2 也能使石灰水变浑浊
无色	强烈辛辣刺激	使 I_2-淀粉溶液或稀 $KMnO_4$ 溶液褪色	SO_2	SO_3^{2-}、$S_2O_3^{2-}$（同时析出 S）	H_2S 也能使 I_2-淀粉溶液或稀 $KMnO_4$ 溶液褪色
无色	腐蛋气味	使 $Pb(Ac)_2$ 试纸变黑色	H_2S	S^{2-}	

（2）除碱金属盐和 NO_2^-、ClO_3^-、Ac^- 等阴离子形成的盐易溶解外，其余的盐类大多数是难溶的。目前一般多采用钡盐和银盐的溶解性差别，将常见的 15 种阴离子分为 3 组，见表 2-2。由此可确定整组离子是否存在。

表 2-2　常见 15 种阴离子的分组

组别	组试剂	组内阴离子	特征
第一组	$BaCl_2$ 中性或弱碱性	CO_3^{2-}、SO_4^{2-}、SO_3^{2-}、$S_2O_3^{2-}$、SiO_3^{2-}、PO_4^{3-}、AsO_4^{3-}、AsO_3^{3-}（浓溶液中析出）	钡盐难溶于水（除 $BaSO_4$ 外其他钡盐溶于酸）；银盐溶于 HNO_3
第二组	$AgNO_3$（稀、冷 HNO_3）	Cl^-、Br^-、I^-、S^{2-}	银盐难溶于水和稀 HNO_3（Ag_2S 溶于热 HNO_3）
第三组	无组试剂	NO_2^-、NO_3^-、Ac^-	钡盐和银盐都溶于水

（3）除 Ac^-、CO_3^{2-}、SO_4^{2-} 和 PO_4^{3-} 外，绝大多数阴离子具有不同程度的氧化还原性，在溶液中可能相互作用，改变离子原来的存在形式。在酸性溶液中，强还原性的阴离子 SO_3^{2-}、$S_2O_3^{2-}$、S^{2-} 可被 I_2 氧化。利用加入 I_2-淀粉溶液后是否褪色，可判断这些阴离子是否存在。用强氧化剂 $KMnO_4$ 与之作用，若红色消失，还可能有 Br^-、I^- 弱还原性阴离子存在。若红色不消失，则上述还原性阴离子都不存在。Cl^- 的还原性更弱，只有在 Cl^- 和 H^+ 浓度较大时，Cl^- 才能将 $KMnO_4$ 还原。

在酸性溶液中氧化性阴离子 NO_2^- 可将 I^- 氧化为 I_2，使淀粉溶液变蓝，用 CCl_4 萃取后，CCl_4 层呈现紫红色，而 NO_3^- 只有浓度大时才有类似反应。AsO_4^{3-} 将 I^- 氧化为 I_2 的反应是可逆反应，若在中性或弱碱性时 I_2 能氧化 AsO_3^{3-} 生成 AsO_4^{3-}。

根据以上阴离子的分析特性进行初步试验，可以对试液中可能存在的阴离子作出判断，然后根据存在离子性质的差异和特征反应进行分别鉴定。常见 15 种阴离子的初步试验步骤及反应概况列于表 2-3 中。

表 2-3　常见 15 种阴离子的初步试验步骤及反应概况

阴离子\结果试剂	产生气体或沉淀实验(H_2SO_4)	$BaCl_2$（中性或弱碱性）	$AgNO_3$（稀 HNO_3）	还原性阴离子试验		氧化性阴离子试验 KI（稀 H_2SO_4，CCl_4）
				I_2-淀粉（稀 H_2SO_4）	$KMnO_4$（稀 H_2SO_4）	
SO_4^{2-}		+				
SO_3^{2-}	+	+		+	+	
$S_2O_3^{2-}$	+	(+)	+	+	+	
CO_3^{2-}	+	+				
PO_4^{3-}		+				
AsO_4^{3-}		+				+
AsO_3^{3-}		(+)			+	
SiO_3^{2-}	(+)	+				
Cl^-			+		(+)	
Br^-			+		+	
I^-			+		+	
S^{2-}	+		+	+	+	
NO_2^-	+				+	+
NO_3^-						(+)
Ac^-	+					

注："+" 为有反应现象；"(+)" 为试验现象不明显，只有阴离子浓度大时才发生反应。

三、主要仪器和试剂

仪器与材料：试管，离心试管，烧杯，点滴板，酒精灯，pH 试纸，KI-淀粉试纸，$Pb(Ac)_2$

试纸，离心机。

固体试剂：$PbCO_3$，$NaNO_2$，$FeSO_4 \cdot 7H_2O$，锌粉。

酸碱溶液：HCl（2.0mol/L，6.0mol/L，浓），H_2SO_4（1.0mol/L，3.0mol/L，6.0mol/L，浓），HNO_3（2.0mol/L，6.0mol/L，浓），NaOH（2.0mol/L，6.0mol/L），$NH_3 \cdot H_2O$（2.0mol/L，6.0mol/L，浓）。

盐溶液：$NaNO_2$（0.1mol/L），$NaNO_3$（0.1mol/L），KI（0.1mol/L），NaCl（0.1mol/L），KBr（0.1mol/L），Na_2SO_3（0.1mol/L），$Na_2S_2O_3$（0.1mol/L），Na_2CO_3（0.1mol/L），Na_2S（0.1mol/L），Na_2SO_4（0.1mol/L），$AgNO_3$（0.1mol/L），$(NH_4)_2MoO_4$（0.1mol/L），$KMnO_4$（0.01mol/L），$BaCl_2$（0.1mol/L），$K_4[Fe(CN)_6]$（0.1mol/L），$ZnSO_4$（饱和）。

其他试剂：$Na_2[Fe(CN)_5NO]$溶液（5%），氯水（新配制）、I_2-淀粉溶液，CCl_4，对氨基苯磺酸（1%），α-萘胺（0.4%）。

四、实验内容

1. 阴离子的初步试验

1）酸碱性试验

对于混合阴离子试液，首先用 pH 试纸测定其酸碱性，若试液呈强酸性，则低沸点酸或易分解酸的阴离子，如 CO_3^{2-}、SO_3^{2-}、$S_2O_3^{2-}$、S^{2-}、NO_2^{-} 等不存在。若为中性或弱碱性，则继续以下试验。

2）挥发性试验

待检阴离子：SO_3^{2-}、CO_3^{2-}、$S_2O_3^{2-}$、S^{2-}、NO_2^{-}。在 5 支试管中分别滴加 3～4 滴 SO_3^{2-}、CO_3^{2-}、$S_2O_3^{2-}$、S^{2-}、NO_2^{-} 的试液，再加入 2 滴 3.0mol/L H_2SO_4 溶液，用手指轻敲试管的下端，必要时在水浴中微热，观察微小气泡的产生，颜色及溶液是否变浑。如何检验产生的 SO_2、CO_2、H_2S 和 NO_2（气体）？写出反应方程式。由此可判断这些阴离子是否存在。

3）沉淀试验

（1）与 $BaCl_2$ 的反应。待检阴离子：SO_4^{2-}、PO_4^{3-}、SO_3^{2-}、CO_3^{2-}、$S_2O_3^{2-}$。在 5 支离心试管中分别滴加 3～4 滴 SO_4^{2-}、PO_4^{3-}、SO_3^{2-}、CO_3^{2-}、$S_2O_3^{2-}$ 的试液，然后滴加 3～4 滴 0.1mol/L 的 $BaCl_2$ 溶液，观察沉淀的生成。离心分离，观察试验沉淀在 6.0mol/L HCl 溶液中的溶解性。解释现象并写出反应方程式。

（2）与 $AgNO_3$ 的反应。待检阴离子：Cl^{-}、Br^{-}、I^{-}、SO_4^{2-}、PO_4^{3-}、SO_3^{2-}、CO_3^{2-}、S^{2-}、$S_2O_3^{2-}$。在 9 支试管中分别滴加 3～4 滴 Cl^{-}、Br^{-}、I^{-}、SO_4^{2-}、PO_4^{3-}、SO_3^{2-}、CO_3^{2-}、S^{2-}、$S_2O_3^{2-}$ 的试液，再滴加 3～4 滴 0.1mol/L 的 $AgNO_3$ 溶液，观察沉淀的生成与颜色的变化（$Ag_2S_2O_3$ 刚生成时为白色，迅速变黄再变棕，最后变黑）。然后用 6.0mol/L HNO_3 溶液酸化，观察哪些沉淀不溶于 HNO_3（若 S^{2-} 和 $S_2O_3^{2-}$ 生成的沉淀不溶解，可加热后再观察）。写出反应方程式。

4）氧化还原性试验

（1）氧化性试验。待检阴离子：NO_3^{-}、NO_2^{-}。在 2 支试管中分别滴加 10 滴 NO_3^{-}、NO_2^{-}

试液，用 3.0mol/L H_2SO_4 溶液酸化后，加 10 滴 CCl_4 和 5 滴 0.1mol/L KI 溶液，振荡试管，观察现象，写出反应方程式。

（2）还原性试验。

（i）I_2-淀粉试验。待检阴离子：SO_3^{2-}、S^{2-}、$S_2O_3^{2-}$。在 3 支试管中分别滴加 3~4 滴 SO_3^{2-}、S^{2-}、$S_2O_3^{2-}$ 的试液，用 1.0mol/L H_2SO_4 溶液酸化后，滴加 2 滴 I_2-淀粉溶液，观察现象，写出反应方程式。

（ii）$KMnO_4$ 试验。待检阴离子：Cl^-、Br^-、I^-、SO_3^{2-}、S^{2-}、$S_2O_3^{2-}$、NO_2^-。在 7 支试管中分别滴加 3~4 滴 Cl^-、Br^-、I^-、SO_3^{2-}、S^{2-}、$S_2O_3^{2-}$、NO_2^- 的试液，用 1.0mol/L H_2SO_4 溶液酸化后，滴加 2 滴 0.01mol/L 的 $KMnO_4$ 溶液，振荡试管，观察现象，写出反应方程式。根据初步试验结果，可推断出混合液中可能存在的离子，然后进行分别鉴定。

2. 常见阴离子的鉴定

1）Cl^- 的鉴定

在离心试管中加 5 滴 0.1mol/L NaCl 溶液，再加入 1 滴 6mol/L HNO_3，振荡试管，加入 5 滴 0.1mol/L $AgNO_3$，观察沉淀的颜色。然后离心沉降后，弃去清液，并在沉淀中加入数滴 6mol/L $NH_3 \cdot H_2O$，振荡后，观察沉淀溶解，然后再加入 6mol/L HNO_3，又有白色沉淀析出，表示有 Cl^- 的存在。

2）Br^- 的鉴定

取 2 滴 0.1mol/L KBr 溶液于试管中，加入 1 滴 1mol/L H_2SO_4 和 5 滴 CCl_4，然后加入氯水，边加边摇，若 CCl_4 层出现棕色或黄色，表示有 Br^-。

3）I^- 的鉴定

取 2 滴 0.1mol/L KI 溶液于试管中，加入 1 滴 1mol/L H_2SO_4 和 5 滴 CCl_4，然后加入氯水，边加边摇，若 CCl_4 层出现紫色，再加氯水，紫色褪去，变成无色，表示有 I^-。

4）S^{2-} 的鉴定

（1）取 5 滴 0.1mol/L Na_2S 溶液于试管中，加数滴 2.0mol/L HCl 溶液，若产生的气体使 $Pb(Ac)_2$ 试纸变黑，则表示有 S^{2-}。

（2）在点滴板上滴 2 滴 0.1mol/L Na_2S 溶液，加 2 滴亚硝酰铁氰化钠{$Na_2[Fe(CN)_5NO]$}溶液，若溶液显示特殊的红紫色，则表示有 S^{2-}。

5）SO_3^{2-} 的鉴定

（1）取 5 滴 0.1mol/L Na_2SO_3 溶液于试管中，加 3 滴 I_2-淀粉溶液，用 2.0mol/L HCl 溶液酸化，若蓝紫色褪去，则表示有 SO_3^{2-}（但试液中要保证无 S^{2-} 和 $S_2O_3^{2-}$，否则会产生干扰）。

（2）在点滴板上滴 1 滴饱和 $ZnSO_4$ 溶液，加 1 滴 0.1mol/L $K_4[Fe(CN)_6]$溶液，即有白色沉淀产生，继续加 1 滴 $Na_2[Fe(CN)_5NO]$，1 滴 0.1mol/L Na_2SO_3 溶液，用稀氨水调节溶液为中性，白色沉淀转化为红色沉淀，表示有 SO_3^{2-}（试液中有 S^{2-} 会干扰鉴定）。

6）$S_2O_3^{2-}$ 的鉴定

（1）在点滴板上滴 2 滴 0.1mol/L $Na_2S_2O_3$ 溶液，加 2~3 滴 0.1mol/L $AgNO_3$ 溶液，观

察沉淀颜色的变化(白→黄→棕→黑)。利用 $Ag_2S_2O_3$ 分解时颜色的变化鉴定 $S_2O_3^{2-}$ 的存在。

(2) 取 5 滴 0.1mol/L $Na_2S_2O_3$ 溶液于试管中,加 2.0mol/L HCl 溶液数滴(若现象不明显,可适当加热),若溶液变浑浊,则表示有 $S_2O_3^{2-}$。

7) SO_4^{2-} 的鉴定

取 5 滴 0.1mol/L Na_2SO_4 溶液于试管中,加 2 滴 6.0mol/L HCl 溶液,再加入 2 滴 0.1mol/L $BaCl_2$ 溶液,若有白色沉淀产生,则表示有 SO_4^{2-}。

8) NO_2^- 的鉴定

取 5 滴 0.1mol/L $NaNO_2$ 溶液于试管中,加入几滴 6mol/L HAc,再加入 1 滴对氨基苯磺酸和 1 滴 α-萘胺,溶液呈粉红色。当 NO_2^- 浓度大时,粉红色很快褪去,生成黄色或褐色溶液,则表示有 NO_2^-。

9) NO_3^- 的鉴定

取 10 滴 0.1mol/L $NaNO_3$ 溶液于试管中,加入 1~2 小粒 $FeSO_4$ 晶体,振荡试管,待固体溶解后,将试管斜持,沿试管内壁加 8~10 滴浓 H_2SO_4(注意不要摇晃试管),加入时使液流成线连续加入,以便迅速沉底后分层。观察浓 H_2SO_4 和溶液两个液层交界处有无棕色环出现。如有棕色环出现,证明有 NO_3^-。

10) PO_4^{3-} 的鉴定

取含 PO_4^{3-} 的试液(可以是 Na_3PO_4、Na_2HPO_4、NaH_2PO_4、H_3PO_3 等溶液)3 滴于试管中,加入 6 滴 6mol/L HNO_3 溶液和 10 滴 0.1mol/L 的 $(NH_4)_2MoO_4$ 溶液,微热(必要时用玻璃棒摩擦试管壁),若生成黄色沉淀,表示有 PO_4^{3-}。

3. 阴离子混合液的鉴定设计实验

(1) SO_4^{2-}、SO_3^{2-}、S^{2-}、Cl^- 混合液的鉴定。

(2) SO_4^{2-}、PO_4^{3-}、I^-、Br^- 混合液的鉴定。

(3) CO_3^{2-}、PO_4^{3-}、SO_3^{2-}、$S_2O_3^{2-}$ 混合液的鉴定。

(4) CO_3^{2-}、Cl^-、NO_3^-、Br^- 混合液的鉴定。

以上几组混合液由教师分发给学生选做。各组中的阴离子可能全部存在或部分存在,根据实验室提供的试剂,设计合理的方案,并将它们一一鉴别出来。

五、注意事项

(1) 离子鉴定所用试液取量应适当,一般取 3~10 滴为宜,过多或过少对分离鉴定均有一定影响。

(2) 利用沉淀分离时,沉淀剂的浓度和用量应适量,以保证被沉淀离子沉淀完全,但不是越多越好,若用量太多,会引起较强的盐效应,反而增大沉淀的溶解度。

(3) 分离后的沉淀应用去离子水洗涤,以保证分离效果。

六、预习内容

(1) 根据本实验原理,写出混合阴离子初步试验的合理步骤。

(2) 写出本实验中初步试验部分的相关反应方程式。

（3）选取一组混合阴离子试液，制定合理的鉴定方案。

七、思考题

（1）通过初步试验，还有哪几种阴离子仍不能做出是否存在的肯定性判断？

（2）一个能溶于水的混合物，已检出含有 Ba^{2+} 和 Ag^+，下列阴离子中，哪几种可不必鉴定？

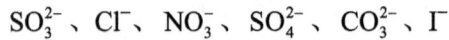

$$SO_3^{2-}、Cl^-、NO_3^-、SO_4^{2-}、CO_3^{2-}、I^-$$

（3）对于几组酸性未知液，鉴定后给出了以下结果：①Fe^{3+}、Na^+、SO_4^{2-}、NO_2^-；②K^+、SO_4^{2-}、NO_2^-、I^-；③Na^+、Zn^{2+}、SO_4^{2-}、NO_3^-、Cl^-；④Ba^{2+}、Al^{3+}、Cu^{2+}、NO_3^-、CO_3^{2-}。试判断上述哪些分析结果的报告合理，并说明理由。

（4）某阴离子未知液经初步试验结果如下：①试液呈酸性时无气体产生；②酸性溶液中加 $BaCl_2$ 溶液无沉淀产生；③加入稀硝酸溶液和 $AgNO_3$ 溶液产生黄色沉淀；④酸性溶液中加入 $KMnO_4$，紫色褪去，加入 I_2-淀粉溶液，蓝色不褪去；⑤与 KI 无反应。

根据以上初步试验结果，推断哪些阴离子可能存在，哪些阴离子不存在。拟出进一步鉴定的实验方案。

第3章 定量分析常用仪器及实验

3.1 定量分析常用仪器

3.1.1 电子分析天平

1. 原理、构件及功能

电子分析天平（图 3-1）根据电磁力平衡原理设计制造，是最新一代的天平。电子分析天平用弹簧片取代电光分析天平的玛瑙刀口作为支承点，用差动变压器取代升降枢装置，用数字显示替代刻度指针指示。具有使用寿命长、性能稳定、操作简便和灵敏度高的特点。电子分析天平具有自动校正、自动去皮、超载指示、故障报警、及质量电信号输出等功能，可与打印机、计算机联用。分析化学实验室常用电子分析天平的规格为万分之一和十万分之一。

2. 基本操作

（1）调水平，接通电源，预热。

（2）按下"ON"键，保持自检通过，将物品放在秤盘上，天平达到平衡时记录显示屏读数。

图 3-1 电子分析天平

（3）称量结束，按下"OFF"键（若非长期不用，电源无需断开）。

3. 称量方法

1）指定量称量法

指定量称量法（图 3-2）是指称取一定质量试样的方法，在标准溶液直接配制和分析实验中常用。称量时根据需要及试样性质，可将试样置于称量纸或干燥的小烧杯、表面皿等器皿内称量，先称量器皿（如是电子天平，可启用去皮功能），再用小牛角匙逐渐加入试样，直至达到要求的质量。该法适用于称取在空气中不易吸湿、性质稳定的粉末状样品。

2）减量法（递减称量法或差量法）

减量法（图 3-3）是将样品置于称量瓶中，先称出称样前样品+称量瓶的质量（m_1），然后从称量瓶内敲出要求质量的样品，再称出敲出样品后样品+称量瓶的质量（m_2），第一份样品质量即为 m_1-m_2；继续敲出要求质量的样品并称出敲出样品后样品+称量瓶的质量（m_3），第二份样品质量即为 m_2-m_3。该法特点是连续称取 n 份样品时，只需称量 $n+1$ 次。此法常用于称量易吸水、易氧化或易与 CO_2 反应的物质。

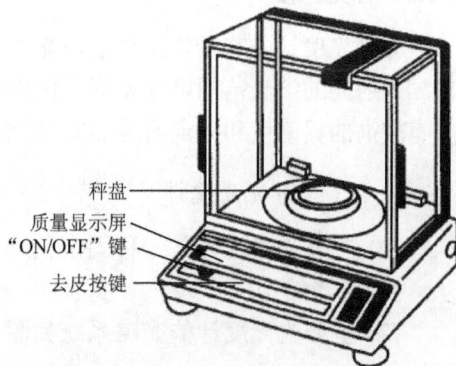

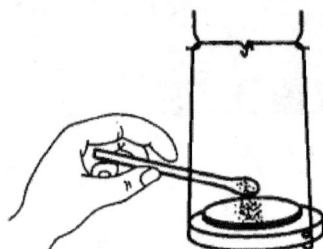

图 3-2 指定量称量法

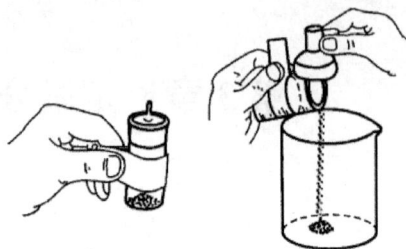

图 3-3 减量法

3）直接称量法

直接称量法是指直接称出样品的质量。通常用于某些在空气中性质稳定的物质，如金属、合金，可将样品放于已知准确质量的干燥清洁的表面皿或称量纸上，称出质量，减去表面皿或称量纸的质量即为样品质量。

3.1.2 分光光度计

分光光度计是基于物质分子对光的选择性吸收，以朗伯-比尔定律为定量依据制成的。根据入射光的波长范围可分为可见光分光光度法、紫外分光光度法和红外分光光度法。该法具有较高的灵敏度和一定的准确度，特别适合微量组分的测量。在分析化学中占有重要地位。

1. 721 型分光光度计

721 型分光光度计是一种固定狭缝宽度的单光束仪器，主要波长范围为 360～800nm。

1）仪器结构

721 型分光光度计的光路系统如图 3-4 所示。

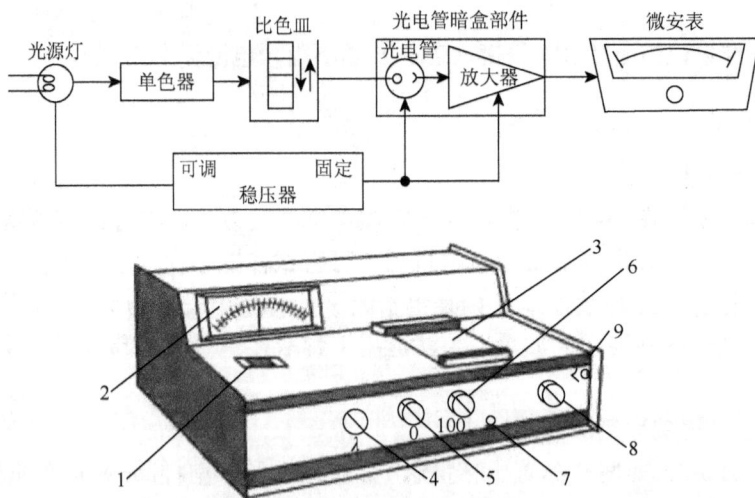

图 3-4 721 型分光光度计

1. 波长读数器；2. 电表；3. 液槽暗盒盖；4. 波长调节；5.0%透光率调节；6.100%透光率调节；7. 液槽架拉杆；
8. 灵敏度选择；9. 电源开关

　　光源用的是钨丝灯，单色器为玻璃棱镜（背面镀铝）。棱镜固定在圆形活动板上，并通过拉杆与带有波长刻度盘的凸轮相连。转动波长刻度盘，棱镜相应地转动一个角度，即可选择波长。获得的单色光经透镜进入液槽。液槽架的定位装置能使液槽正确地进入光路。

　　仪器使用 GD-7 型光电管。光电管前设有一套光门部件，当液槽暗盒盖开启时，光门挡板依靠自身的质量及弹簧向下垂落，遮住透光孔，使光电管阴极面不受光照射，光门顶杆露出小孔外。当液槽暗盒盖关闭时，光门顶杆向下压紧，光门挡板被打开，光电管受光而产生光电流。光电流经过一组高值电阻，形成电压降，此电压经过放大后，用微安计显示其数值，即间接地测量出光电流的大小。

　　2）仪器的使用方法

　　将仪器电源开关接通，开启液槽暗盒盖，调节"0"按钮，使电表指针处于透光率"0"位。预热 20min 后，调节波长调节按钮，使波长读数的刻线对准选用的单色光波长，并选择合适的灵敏挡，再调节"0"按钮，校正电表在透光率"0"位。

　　在两个比色皿中分别放入参比溶液和待测溶液并置于液槽架内。合上暗盒盖，将参比溶液推入光路，顺时针旋转至"100%"处。按上述方式连续几次调节透光率位于"0"和"100%"，直至稳定，即可进行测量工作。

　　将待测溶液推入光路，读取吸光度值，重复此操作一两次，求出平均值，作为测定的数据。

　　3）仪器使用过程中的注意事项

　　连续测定时间过长，光电管会疲劳，造成吸光度读数漂移，此时应将仪器稍停一会，再继续使用。

　　使用参比溶液，通过调节旋钮 6 调节透光率为"100%"时，应先将此光量调节器调到最小（逆时针旋到底），然后合上暗盒，再慢慢开大光量。

　　仪器的灵敏度共分为 5 挡，第一挡不放大，其余各挡按序提高放大倍数。选择灵敏度挡的原则：当参比溶液进入光路时，应能调节至透光率为"100%"。

　　如果大幅度改变测试波长，在调整"0"和"100%"透光率后稍等片刻，当指针稳定后，重新调整"0"和"100%"透光率即可进行测量。

　　4）使用比色皿注意事项

　　拿比色皿时，用手捏住比色皿的毛面，切勿触及透光面，以免透光面被沾污或磨损。被测液以倒至比色皿的约 3/4 高度处为宜。在测定一系列溶液的吸光度时，通常都是按从稀到浓的顺序进行。使用的比色皿必须先用待测溶液润洗两三次。比色皿外壁的液体用吸水纸吸干。清洗比色皿时，一般用去离子水冲洗。若比色皿被有机物沾污，用盐酸-乙醇混合液（1+2）浸泡片刻，再用水冲洗。不能用碱液或强氧化性洗涤剂清洗，也不能用毛刷刷洗，以免损伤比色皿。

2. 722 型光栅分光光度计

1）仪器结构

722 型光栅分光光度计是以碘钨灯为光源、衍射光栅为色散元件、数显式可见光分光光度计。使用波长范围为 330～800nm，波长精度为±2nm，试样架可置 4 个比色皿，单色光的带宽为 6nm。

722 型光栅分光光度计与 721 型分光光度计的结构基本相同，主要不同是：722型是以光栅为单色器，并用数字显示装置读数。722 型光栅分光光度计外形如图 3-5所示。

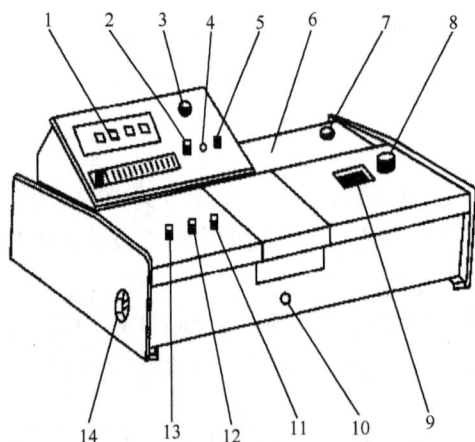

图 3-5　722 型光栅分光光度计
1. 数字显示器；2. 吸光度调零旋钮；3. 选择开关；
4. 吸光度调斜率电位；5. 浓度旋钮；6. 光源室；
7. 电源开关；8. 波长手轮；9. 波长刻度窗；10. 试样架拉手；11.100%透光率旋钮；12.0%透光率旋钮；
13. 灵敏度调节旋钮；14. 干燥器

2）仪器的使用方法

将灵敏度调节旋钮置于放大倍率最小的"1"挡。选择开关 3 置于"T"挡。

插上电源插头，按下电源开关 7，指示灯亮。调节波长。打开试样室盖，光门即自动关闭，调节 0%透光率旋钮 12，使显示数字"0.00"。仪器预热 5～15min。

仪器预热结束前，盖上试样室盖，检查显示数字是否稳定。若不稳定，仪器可在显示0%～100%透光率状态下，再预热至显示数字稳定。

打开试样室盖，调节 0%透光率旋钮 12，使其显示为"0.00"。

将装有参比溶液的吸收池置于试样架第一格内，装有试样的吸收池置于第二格内，盖上试样室盖，打开光门，使光电管受光。将参比溶液推入光路，调 100%透光率旋钮，使其显示为"100.0"。如果显示不到"100.0"，则增大灵敏挡，再调 100%透光率旋钮，直到其显示为"100.0"，重复上述操作，直到仪器显示稳定。

当显示"100.0"透光率时，将选择开关置于"A"挡，吸光度应显示为"0.00"，若不是，则调节吸光度调零旋钮 2，使其显示为"0.00"。然后将试样拉入光路，这时，显示值为试样的吸光度。

使用过程中，参比溶液不要拿出试样室，可随时将其置于光路，观察吸光度零点是否有变化。若不是"0.00"，不要先调节旋钮 2，而应将选择开关置于"T"挡，用 100%透光率旋钮调至"100.0"，再将选择开关置于"A"挡，这时若不是"0.00"，方可调节旋钮 2。

仪器使用完毕，关闭电源，洗净吸收池。

3.1.3　高温电阻炉

高温电阻炉也称马弗炉，常用于重量分析中的样品灼烧、沉淀灼烧和灰分测定等工作。这里着重介绍两种马弗炉：SX10-HTS 型高温箱式电阻炉和 TM6220S 型陶瓷纤维马弗炉。

1. SX10-HTS 型高温箱式电阻炉

该电阻炉以硅碳棒为加热元件。额定温度为 1000℃，与数显表、可控硅电压调整器及铂铑-铂热电偶配套，从而实现自动测量、显示和控温。它具有精度高、稳定性强、操作简便、读数直观清晰等优点。

1）结构简介

电阻炉外形为长方体，炉壳用薄钢板折边焊接而成。内炉衬用轻质耐火纤维制成，它是高级保温材料的保温层。加热元件为硅碳棒，插于内炉的顶部与底部或两侧。

为了确保安全，炉体顶部或两侧有防护罩。温度控制调节旋钮和设定、显示装置的控制器都通过多级铰链固定在炉体右侧。电炉炉门由单臂支撑，通过多级铰链固定于电炉面板上。炉门关闭时，利用炉门把手的自重将炉门紧闭于炉口，通过门钩扣住门扣。开启时只需将把手稍往上提，脱钩后往外拉开，将炉门置于左侧即可。

仪器外形结构如图 3-6 所示。

2）使用方法

将装有样品的坩埚放入炉膛中部，关闭炉门。打开控温器的电源开关，绿灯显示加热，将温度设定到所需温度，温度显示指针将显示炉膛内温度，到设定温度后，加热会自动停止，红灯亮，表示处于保温状态。

加热时间到，先关闭电源，不应立即打开炉门，以免炉膛骤冷碎裂。一般可先开一条小缝，让其降温快些，最后用长柄坩埚钳取出被加热物体。

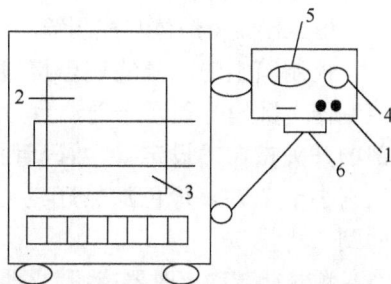

图 3-6　SX10-HTS 型电阻炉示意图

1. 控温器；2. 炉门；3. 炉门把手；
4. 设温旋钮；5. 温度指示屏；6. 开关

在使用高温炉时，要经常查看，防止自控失灵，造成电炉丝烧断等事故。炉膛内要保持清洁，炉周围不要放易燃易爆物品。

2. TM6220S 型陶瓷纤维马弗炉

该炉既具有微波马弗炉的优点，即保温好、升温快、可通风、重量轻、节电显著，又具有普通马弗炉容积大、价格适中等优点，其空载时由室温升至 900℃只需不到 20min，而输入功率为 2.2kW。容积为 3L 的微波马弗炉升温需要 25min。

1）结构简介

该炉分为炉和控制箱两部分。

炉是由炉腔和门构成。炉腔和门的主体均为陶瓷纤维。炉内左右两壁嵌有发热体；炉腔固定在前后与底构成的 U 形金属壳上，左右和顶为一倒 U 形金属罩；壳底有四个底脚支撑；后面板可卸下，便于更换发热体和传感器；其下有 6 芯矩形插座，用电缆连至控制箱；顶部可安装不锈钢风烟筒，以促进灰化。门在正前方，开门时，抓住把手斜着向上往外拉，然后顺着弹簧的力量向上推；反方向操作一遍，即可关门。

控制箱的面板示意图见图3-7。上部为温度控制数显表，用法见其使用说明书；右上部为负载电压和电流表；下部从左至右为电源开关、温度保持 LED、定时调整旋钮、功率调整旋钮；后面板上有保险器、控制连接插座和电源线。

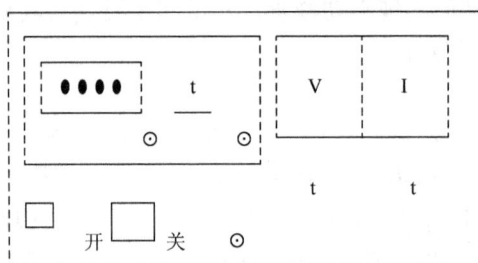

图 3-7　控制箱面板示意图

2）安装与使用

用连接线将炉体与控制箱相连并锁紧。温度控制器右下方的开关指向"测量"。

控制箱上的电源线连至接线板。接通控制箱上的电源开关，开关上的氖管、温度控制器上数码管显示当前温度 T_i，用手触摸传感器，示值应有变化。温度控制器右下部的开关指向"设定"，数码管指示设定温度，调整多圈电位器，改变设定温度 T_0，当它小于 T_i 时，绿色加热灯亮，大于 T_i 时，则红色停止灯亮。然后令 $T_0=600℃$，开关回到"测量"。

顺时针转动定时器旋钮，立即开始加热，将旋钮定在到达设定温度后需保持的时间上，然后观察电流，根据经验进行调整，在速度与温度之间找平衡。在上升阶段，离设定温度差10℃左右时，每分钟升温不要超过4℃。

第一次达到 T_0 前，定时器旋钮不转；达到 T_0 后，温控器上温度保持黄色 LED 灯亮，定时器开始倒计时，加热时断时续，温度维持在 T_0 左右，如果波动过大，可调整电流。定时时间到，铃响，停止加热，温度自然下降。不要急于打开炉门，尽量避免骤冷。

实验 7　分析天平的称量练习

一、实验目的

（1）了解分析天平的构造，学习分析天平的正确操作方法。

（2）初步掌握直接称量法、减量法的操作方法。

（3）学会正确读数及正确运用有效数字。

二、主要仪器和试剂

1. 仪器

分析天平，台秤，50mL 锥形瓶，干燥器，称量瓶，小玻璃棒。

2. 试剂

NaCl（A.R.）。

三、实验内容

1. 直接称量

称量小玻璃棒的质量，称准至小数点后第四位，称出质量记录后与标准值核对。

2. 减量法

称取两份 NaCl 于锥形瓶中，质量为 0.4～0.6g，称准至小数点后第四位，并与标准值核对。

四、数据记录

1. 直接称量

（1）小玻璃棒长度（ ）cm。
（2）小玻璃棒质量（ ）g。

2. 减量法

锥形瓶+NaCl 质量/g（倒出前）			
锥形瓶+NaCl 质量/g（倒出后）			
NaCl 质量/g			

五、思考题

（1）为什么在天平梁没有托住前绝对不能把任何东西放在盘上或从盘上取下？
（2）在称量的数据记录中，如何正确运用有效数字？
（3）在称量样品时若要求称量误差不大于±0.1%，则直接称量时应至少称取多少克？减量称量时应至少称取多少克？

3.2 滴定分析中的主要玻璃仪器及规范操作

3.2.1 滴定管

滴定管是一种细长、内径大小均匀而具有刻度的玻璃管，管的下端有玻璃尖嘴（图 3-8）。常量分析有 25mL、50mL 两种容积规格，如 25mL 滴定管就是把滴定管分成 25 等份，每等份为 1mL，1mL 中再分 10 等份，每一小格为 0.1mL，读数时，在每一小格间可再估读 0.01mL。滴定管用于滴定分析，测量在滴定中所用溶液的体积。

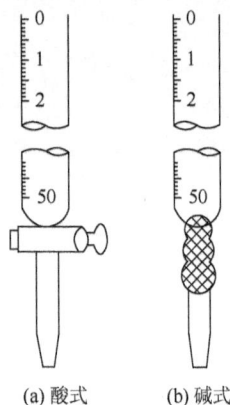

(a) 酸式　　(b) 碱式

图 3-8　滴定管

滴定管分为酸式滴定管[图 3-8(a)]和碱式滴定管[图 3-8(b)]。酸式滴定管的下端有玻璃活塞,可盛放酸液及氧化剂,不能盛放碱液,因碱液常使活塞与活塞套黏合,难以转动;碱式滴定管的下端连接一橡胶管,内放一玻璃珠,以控制溶液的流出,下面再连接一尖嘴玻璃管,只能盛放碱液,不能盛放酸液或氧化剂等腐蚀橡胶的溶液。

1. 使用前的准备

1）酸式滴定管

为防止滴定管漏水,在使用前要将已洗净的滴定管活塞拔出,用滤纸将活塞及活塞套擦干,在活塞粗端和细端分别涂一薄层凡士林（图 3-9）,注意不要涂在塞孔处以防堵塞。把活塞插入活塞套内,旋转活塞,直到在外面观察时呈透明状即可。在活塞末端套一橡胶圈以防在使用时将活塞拔出。在滴定管内装入蒸馏水,然后将其置于滴定管夹上直立 2min,观察有无水滴滴下,缝隙中是否有水渗出,将活塞转 180°再观察一次,没有漏水即可使用。将标准溶液充满滴定管后,检查管下部是否有气泡,若有气泡,可转动活塞,使溶液急速下流驱赶出气泡。

2）碱式滴定管

将碱式滴定管洗净,装入蒸馏水,置于滴定管夹上直立 2min,观察有无水滴滴下,若有,则更换较大的玻璃珠。将标准溶液充满滴定管后,检查管下部是否有气泡,若有气泡,可将橡胶管向上弯曲,并在稍高于玻璃珠所在处用两个手指挤压,使溶液从尖嘴口喷出,气泡即可排尽（图 3-10）。

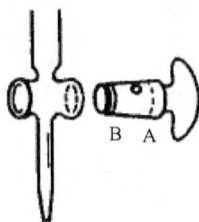

图 3-9　活塞涂油与活塞插入　　　　图 3-10　碱式滴定管排出气泡

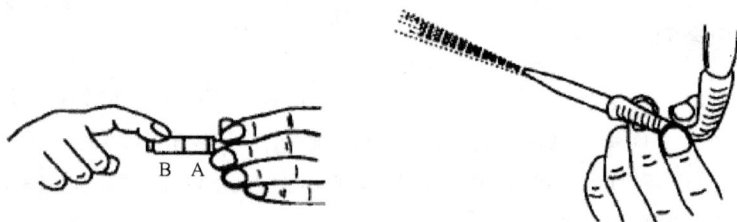

为了保证装入滴定管的溶液不被稀释,要用该溶液洗涤滴定管 3 次,每次用 7～8mL。洗法是注入溶液后,将滴定管横置,慢慢转动,使溶液流遍全管,然后将溶液自下放出,洗好后即可装入溶液。装溶液时要直接从试剂瓶倒入滴定管,不要再经过漏斗等中间容器。

2. 滴定管的读数

读数时,应将滴定管垂直夹在滴定管夹上,并将管下端悬挂的液滴除去。滴定管内的液面呈弯月形,无色溶液的弯月面比较清晰。读数时,眼睛视线与溶液弯月面下缘最低点应在同一水平上,视线的位置不同会得出不同的读数 [图 3-11 (a)]。如为乳白板蓝线衬底的滴定管,则取蓝线上下两尖端相对点的位置读数 [图 3-11 (b)]。为了使读数清晰,也可在滴定管后面衬一张纸片作为背景,形成颜色较深的弯月带,读取弯月带的下缘,可不受光线的影响易于观察 [图 3-11 (c)]。深色溶液(如 $KMnO_4$ 溶液)的弯月面难以看清,可观察液面的上缘。读数时应估计到 $0.01mL$。

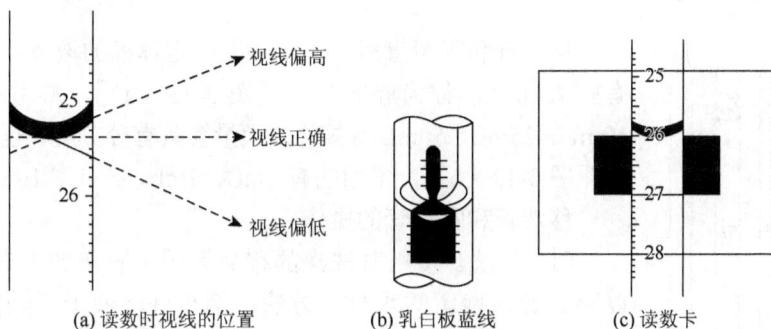

(a) 读数时视线的位置　　　(b) 乳白板蓝线　　　(c) 读数卡

图 3-11　滴定管的读数

由于滴定管刻度不完全均匀,因此在同一实验的每次滴定中,滴定液体积应该控制在滴定管刻度的同一部位。例如,第一次滴定是在 $0\sim24mL$ 的部位,那么第二次滴定也使用这个部位,这样可以抵消由于刻度不准确而引起的误差。

3. 滴定操作

用左手控制滴定管的活塞,右手拿锥形瓶。使用酸式滴定管时,左手拇指在前,食指及中指在后,一起控制活塞,在转动活塞时,手指微微弯曲,轻轻向里扣住,手心不要顶住活塞小头一端,以免顶出活塞,使溶液溅漏 [图 3-12 (a)]。使用碱式滴定管时,用手指捏玻璃珠所在部位稍上处的橡胶,使其形成一条缝隙,溶液即可流出 [图 3-12 (b)]。

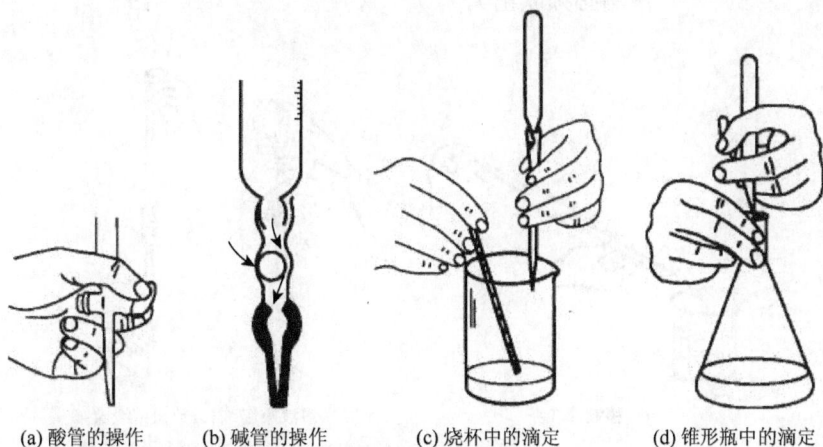

(a) 酸管的操作　　(b) 碱管的操作　　(c) 烧杯中的滴定　　(d) 锥形瓶中的滴定

图 3-12　滴定操作

　　滴定操作可在烧杯中进行 [图 3-12 (c)]。在锥形瓶中滴定时，左手控制溶液流量，右手拿住瓶颈 [图 3-12 (d)] 并向同一方向旋转振荡，使滴下的溶液能较快地被分散进行化学反应，但注意不要使瓶内溶液溅出。在接近终点时，必须用少量蒸馏水吹洗锥形瓶器壁，将溅起的溶液淋下，使之反应完全。同时，滴定速度要放慢，以防滴定过量，每次加入 1 滴或半滴溶液，不断摇动，直至终点。

3.2.2　移液管、吸量管

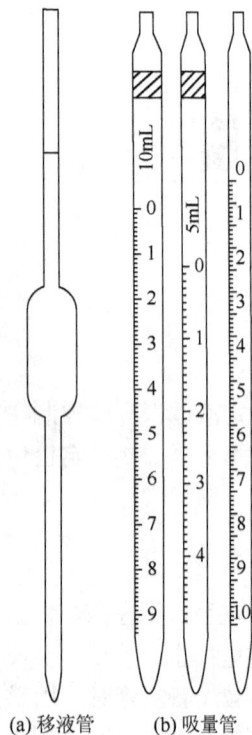

(a) 移液管　　(b) 吸量管

图 3-13　移液管

　　移液管和吸量管用于准确移取一定体积的液体。移液管中间有膨大部分，称为胖肚吸管 [图 3-13 (a)]，常用的有 5mL、10mL、25mL、50mL 等规格。吸量管具有分刻度，也称为刻度吸管 [图 3-13 (b)]，常用的有 1mL、2mL、5mL、10mL 等规格。

　　移液管和吸量管的操作：

　　(1) 润洗。使用时洗净的移液管用待吸取的溶液洗涤三次，以除去管内残留的水分。方法：倒少许溶液于干燥洁净的小烧杯中，用移液管吸取少量溶液，将管横向转动，使溶液流过管内标线下所有内壁，然后使管直立将溶液由尖嘴口放出 [图 3-14 (a)]。

　　(2) 吸取溶液。一般用左手拿洗耳球，右手把移液管插入溶液中吸取 [图 3-14 (b)]。当溶液吸至标线以上时，马上用右手食指按住管口，取出并用滤纸擦干下端，然后稍松食指，使液面平稳下降，直至液面的弯月面与标线相切，立即按紧食指。

　　(3) 放液。将移液管垂直置于接收溶液的容器中，管尖与容器壁接触 [图 3-14 (c)]，放松食指，使溶液自由流出，流完后再等 15s (残留在管尖的液体不能吹出，因在校正移液管时，已扣除这部分体积。但是，如果移液管上标有"吹"字，则最后残留的液滴必须吹出)。

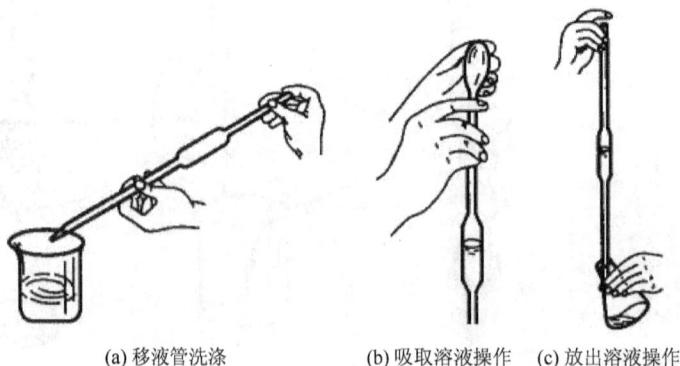

(a) 移液管洗涤　　　　(b) 吸取溶液操作　　(c) 放出溶液操作

图 3-14　移液管操作

3.2.3　容量瓶

　　容量瓶是一种细颈梨形的平底瓶，带磨口塞或塑料塞。颈上有标线，表示在所指温度下当溶液到标线时，液体体积恰好与瓶上所注明的体积相等。容量瓶一般用来配制标准溶液或试样溶液。定量分析常用规格有 1mL、2mL、5mL、10mL、25mL、50mL、100mL 等。

　　容量瓶不能久储溶液，尤其是碱性溶液，碱性溶液会侵蚀并粘住瓶塞，导致无法打开瓶塞。因此，配制好溶液后，应将溶液倒入清洁干燥的试剂瓶中储存。容量瓶不能用火直接加热或烘烤。

　　（1）检漏。使用前先检查是否漏液。检查方法：装入自来水至近标线，盖好瓶塞，左手按住瓶塞，右手手指顶住瓶底边缘，把瓶倒立 2min，观察瓶塞周围是否有水渗出，若不漏，将瓶直立，转动瓶塞一定角度，再倒立试漏［图 3-15（a）］，如此反复，若均无水渗出即可。

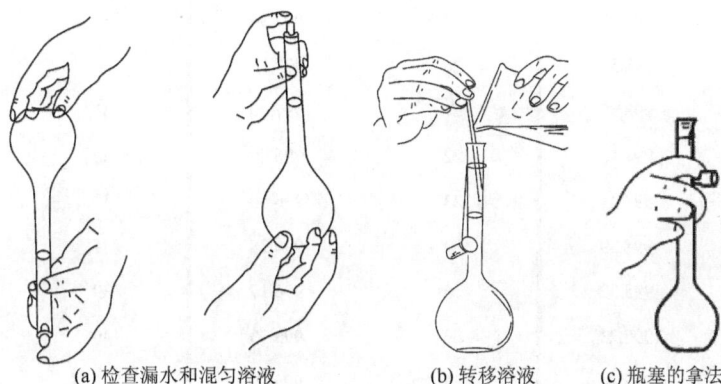

(a) 检查漏水和混匀溶液　　　　　　(b) 转移溶液　　　(c) 瓶塞的拿法

图 3-15　容量瓶的操作

　　（2）使用。在配制溶液时，先将容量瓶洗净。若由固体配制溶液，先将固体在烧杯中溶解后，再将溶液转移到容量瓶中。转移时，要使玻璃杯的下端靠近瓶颈内壁，使溶液沿壁流下［图 3-15（b）］，溶液全部流完后，将烧杯轻轻沿玻璃棒上提，同时直立，使附着在玻璃棒与烧杯嘴之间的溶液流回到烧杯中，然后用蒸馏水洗涤烧杯三次，洗涤液一并转入容量瓶。当加入蒸馏水至容量瓶容量的 2/3 时，摇动容量瓶，使溶液混匀。接近标线时，要缓慢滴加，直至溶液的弯月面与标线相切为止。容量瓶塞的拿法见图 3-15（c）。

3.2.4　校准

　　容量器皿的校准可采用称量法。称量法是指在校准室内温度波动小于 1℃/h，所用器皿和水都处于同一环境时，用分析天平称出容量器皿所量入或量出的纯水质量，然后根据该温度下水的密度，将水的质量换算为容积。

由于水的密度和玻璃容器的体积随温度的变化而改变,以及在空气中称量受到空气浮力的影响,因此将任一温度下水的质量换算成容积时必须对下列三点加以校正:①校准温度下水的密度;②校准温度下玻璃的热膨胀;③空气浮力对所称物的影响。

为了便于计算,将此三项校正值合并而得一总校正值(表 3-1),表中的数字表示在不同温度下,用水充满 20℃时容积为 1L 的玻璃容器,在空气中用黄铜砝码称取的水的质量。校正后的容积是指 20℃时该容器的真实容积。应用该表来校正容量仪器是十分方便的。

表 3-1 不同温度下用水充满 20℃时容积为 1L 的玻璃容器(在空气中以黄铜砝码称取水的质量)

温度/℃	质量/g	温度/℃	质量/g	温度/℃	质量/g
0	998.24	14	998.04	28	995.44
1	998.32	15	997.93	29	995.18
2	998.39	16	997.80	30	994.91
3	998.44	17	997.65	31	994.64
4	998.48	18	997.51	32	994.34
5	998.50	19	997.34	33	994.06
6	998.51	20	997.18	34	993.75
7	998.50	21	997.00	35	993.45
8	998.48	22	996.80	36	993.12
9	998.44	23	996.60	37	992.80
10	998.39	24	996.38	38	992.46
11	998.32	25	996.17	39	992.12
12	998.23	26	995.93	40	991.77
13	998.14	27	995.69		

1. 滴定管的校正

将滴定管洗净至内壁不挂水珠,加入纯水,驱除活塞下的气泡,取一磨口塞锥形瓶,擦干瓶外壁、瓶口及瓶塞,在分析天平上称量。将滴定管的水面调节至"0.00"刻度。按滴定时常用的速率(每秒 3 滴),将一定体积的水滴入已称量的具塞锥形瓶中,注意勿将水沾在瓶口上。在分析天平上称量盛水的锥形瓶质量,读出水的质量,并计算真实体积,倒掉锥形瓶中的水,擦干瓶外壁、瓶口和瓶塞,称量瓶质量。滴定管重新充水至"0.00"刻度,再放另一体积的水至锥形瓶中,称量盛水的瓶质量,算出水的实际体积。如上法继续检定从 0 至最大刻度的体积,算出真实体积。

重复检定一次,两次检定所得同一刻度的体积相差应不大于 0.01mL,算出各个体积处的校正值(二次平均),以读数为横坐标,校正值为纵坐标,解校正值曲线,以备使用滴定管时查取。一般 50mL 滴定管每隔 10mL 测一个校正值,25mL 滴定管每隔 5mL 测一个校正值,3mL 微量滴定管每隔 0.5mL 测一个校正值。

计算方法举例：在 19℃时由滴定管放出 0.00～30.00mL 水的质量为 29.9290g，查表得 19℃时水的密度为 997.34g/L，滴定管的真实体积（20℃时）应为

$$(29.9290 \div 997.34) \times 1000 = 30.01(mL)$$

$$校正值 = 30.01 - 30.00 = +0.01(mL)$$

2. 容量瓶的校正

将洗涤合格并倒置沥干的容量瓶放在分析天平上称量。取蒸馏水充入已称量的容量瓶中至刻度，称量并测水温（准确至 0.5℃）。根据该温度下的密度，计算真实体积。

3. 移液管的校正

将移液管洗净至内壁不挂水珠，取具塞锥形瓶，擦干外壁、瓶口及瓶塞，称量。按移液管使用方法量取已测温的纯水，放入已称量的锥形瓶中，在分析天平上称量盛水的锥形瓶，计算该温度下的真实容积。

4. 相对校准法

用一个已校准的玻璃容器间接地校准另一个玻璃容器，称为相对校准法。在滴定分析中，要求确知两种量器之间的比例关系时可用此法，最为常用的是用校准过的移液管来校准容量瓶的容积，其方法如下。

用洗净的 25mL 移液管吸取蒸馏水，放入洗净沥干的 100mL 容量瓶内，平行移取 4 次，观察容量瓶中水的弯月面下缘是否与割线相切，若不相切，记下弯月面下缘的位置，再重复实验一次。连续两次实验相符后，用一平直的窄纸条贴在与水弯月面下缘相切之处，并在纸条上刷蜡或贴一块透明胶以保护此标记。以后使用的容量瓶与移液管即可按所标记的配套使用。玻璃容器的最大允许公差见表 3-2。

表 3-2　标准温度（20℃）时标准容量限差

容量/mL	标准溶液限差（±）/mL													
	无塞滴定管、具塞滴定管、微量滴定管		吸量管							容量瓶		量筒		量杯
			单标线者		有分度和无分度有二标线者									
					完全流出式		不完全流出式		吹出式					
	A级	B级	A级	B级	A级	B级	A级	B级		A级	B级	A级	B级	
2000	—	—	—	—	—	—	—	—	—	0.60	1.20	10.0	20.0	—
1000	—	—	—	—	—	—	—	—	—	0.40	0.80	5.0	10.0	—
500	—	—	—	—	—	—	—	—	—	0.25	0.50	2.5	5.0	6.0
250	—	—	—	—	—	—	—	—	—	0.15	0.30	1.0	2.0	3.0
200	—	—	—	—	—	—	—	—	—	0.15	0.30	—	—	—
100	0.10	0.20	0.08	0.16	—	—	—	—	—	0.10	0.20	0.5	1.0	1.5
50	0.05	0.1	0.05	0.10	0.10	0.20	0.10	0.20	—	0.05	0.10	0.25	0.5	1.0

续表

容量 /mL	标准溶液限差（±）/mL													
	无塞滴定管、具 塞滴定管、微量 滴定管		吸量管							容量瓶		量筒		量杯
			单标线者		有分度和无分度有二标线者									
					完全流出式		不完全流出式		吹出式					
	A级	B级	A级	B级	A级	B级	A级	B级		A级	B级	A级	B级	
40	—	—	—	—	0.10	0.20	0.10	0.20	—					
25	0.05	0.10	0.03	0.03	0.10	0.20	0.10	0.20	—	0.03	0.06	0.25	0.5	—
20	—	—	0.03	0.06	—	—	—	—	—	—	—	—	—	0.5
15	—	—	0.025	0.05	—	—	—	—	—	—	—	—	—	—
11	—	—	—	—	—	—	—	—	—	—	—	—	—	—
10	0.025	0.05	0.02	0.04	0.05	0.10	0.05	0.10	0.10	0.02	0.04	0.1	0.2	0.4
5	0.01	0.02	0.015	0.03	0.025	0.050	0.025	0.05	0.05	0.02	0.04	0.05	0.1	0.2
4	—	—	0.015	0.030	—	—	—	—	—	—	—	—	—	—
3	—	—	0.025	0.050	—	—	—	—	—	—	—	—	—	—
2	0.01	0.02	0.010	0.020	0.012	0.025	0.012	0.025	0.025	—	—	—	—	—
1	0.01	0.02	0.007	0.015	0.008	0.015	0.008	0.015	0.015	—	—	—	—	—
0.5	—	—	—	—	—	—	—	0.010	0.010	—	—	—	—	—
0.25	—	—	—	—	—	—	—	0.005	0.008	—	—	—	—	—
0.20	—	—	—	—	—	—	—	0.005	0.003	—	—	—	—	—
0.10	—	—	—	—	—	—	—	0.003	0.004	—	—	—	—	—

实验 8　滴定分析基本操作练习

一、实验目的

（1）掌握 NaOH、HCl 标准溶液的配制和保存方法。

（2）通过练习滴定操作，初步掌握"半滴"操作和用甲基橙、酚酞指示剂确定终点的方法。

二、实验原理

1. NaOH 和 HCl 标准溶液的配制

标准溶液是指已知准确浓度的溶液。由于 NaOH 固体易吸收空气中的 CO_2 和水分，浓盐酸易挥发，故只能选用标定法（间接法）来配制，即先配成近似浓度的溶液，再用基准物质或已知准确浓度的标准溶液标定其准确浓度。其浓度一般在 $0.01\sim1mol/L$，通常配制成 0.1mol/L 的溶液。

2. 0.1mol/L HCl 和 0.1mol/L NaOH 的相互滴定

滴定反应：$H^+ + OH^- \rightleftharpoons H_2O$

滴定的突跃范围：pH=4.3～9.7

指示剂：甲基橙（pH=3.1～4.4）或酚酞（pH=8.0～9.6）

　　　　　　　　　　红色 黄色　　　　　　无色 红色

当指示剂一定时，用一定浓度的 HCl 和 NaOH 相互滴定，指示剂变色时，所消耗的体积 V_{HCl}/V_{NaOH} 不变，与被滴定溶液的体积无关。借此可检测滴定操作技术水平和判断终点的能力。

三、主要仪器和试剂

1. 仪器

500mL 试剂瓶，10mL 量筒，台秤，100mL 烧杯，250mL 锥形瓶，50mL 酸式滴定管，50mL 碱式滴定管，移液管等。

2. 试剂

浓 HCl，NaOH（A.R.），甲基橙溶液（1g/L），酚酞的乙醇溶液（2g/L）。

四、实验内容

1. 0.1mol/L HCl 和 0.1mol/L NaOH 标准溶液的配制

1）0.1mol/L HCl

计算：$V_{\text{浓NaOH}} = \dfrac{0.1 \times 500}{12} = 4.2 \text{(mL)}$

用 10mL 的洁净量筒量取约 4.5mL 浓 HCl（因为浓盐酸易挥发，实际浓度小于 12mol/L，故应量取稍多于计算量的 HCl）倒入盛有 400mL 蒸馏水的试剂瓶中，加蒸馏水至 500mL，盖上玻璃塞，充分摇匀。贴好标签，写好试剂名称、浓度（空一格，留待填写准确浓度）、配制日期、班级、姓名等项。

2）0.1mol/L NaOH

计算：$m_{NaOH} = 0.1 \times 0.5 \times 40 = 2.0 \text{(g)}$

用台秤迅速称取约 2.1g NaOH（为什么？）加入 100mL 烧杯中，加约 30mL 无 CO_2 的蒸馏水溶解，然后转移至试剂瓶中，用蒸馏水稀释至 500mL，摇匀后，用橡胶塞塞紧，贴好标签备用。

2. 酸碱溶液的互相滴定

洗净酸式、碱式滴定管，检查其不漏水。

（1）0.1mol/L NaOH 润洗碱式滴定管两三次（每次用量 5～10mL），然后装液至"0"刻度线以上，排除管尖的气泡，调整液面至 0.00 刻度或稍下处，静置 1min 后，记录初始读数。

（2）用 0.1mol/L HCl 润洗酸式滴定管两三次，然后装液，排气泡，调零并记录初始读数。

（3）由碱式滴定管放出 20.00mL NaOH 至 250mL 锥形瓶中，加入 2～3 滴甲基橙作指示剂，用 HCl 滴定至橙色，30s 不褪色即为终点，记录读数，计算 V_{HCl}/V_{NaOH}。平行测定 3 次（颜色一致），要求相对平均偏差≤0.1%。

（4）用移液管吸取 20.00mL 0.1mol/L HCl 至 250mL 锥形瓶中，加入 2～3 滴酚酞作指示剂，用 0.1mol/L NaOH 滴定至微红色（30s 不褪色），记录读数，计算 V_{HCl}/V_{NaOH}。平行测定 3 次，要求最大与最小体积之差 ΔV_{NaOH}≤0.04mL。

注意：①体积读数要读至小数点后两位；②控制滴定速度（10mL/min），不要成流水线；③近终点时，采用半滴操作，用洗瓶冲洗。

五、数据记录与处理

1. HCl 滴定 NaOH（指示剂：甲基橙）

滴定号码	1	2	3
V_{NaOH}/mL		20.00	
V_{HCl}初读数/mL			
V_{HCl}终读数/mL			
V_{HCl}/mL			
V_{HCl}/V_{NaOH}			
$\bar{V}_{HCl}/\bar{V}_{NaOH}$			
绝对偏差/mL			
相对平均偏差/%			

2. NaO 滴定 HCl（指示剂：酚酞）

自行设计表格。

六、操作要求

（1）能够熟练地掌握滴定分析的基本操作，包括溶液的配制、滴定管和移液管的正确使用等。

（2）能准确地判断指示剂的变色点和终点。

（3）熟练掌握"半滴"的操作方法。

七、注意事项

（1）配制 HCl、NaOH 时取用量要稍微多一点，注意 NaOH 具有腐蚀性、潮解性。

（2）酸碱指示剂容易变质，应该严格按照一定的浓度配制并及时更换。

（3）滴定操作时，左右手的分工要明确，不能互换。

八、思考题

（1）配制 NaOH 溶液时，应选用何种天平称取试剂？为什么？

（2）HCl 和 NaOH 溶液能直接配制成准确浓度吗？为什么？

（3）在滴定分析实验中，滴定管和移液管为何需用滴定剂和待移取的溶液润洗几次？锥形瓶是否也要用滴定剂润洗？

3.3　酸碱滴定实验

酸碱滴定法是以酸碱反应为基础的滴定分析法，它不仅能用于水溶液体系，也可用于非水溶液体系，是滴定分析中应用广泛的一种重要方法。一般的酸碱及能与酸碱直接或间接反应的物质，基本都可以用酸碱滴定法进行测定。

实验 9　NaOH 标准溶液浓度的标定

一、实验目的

（1）掌握 NaOH 标准溶液的配制和标定方法。

（2）学习用减量法称量固体物质。

（3）熟悉滴定操作和滴定终点的判断。

二、实验原理

NaOH 易吸收空气中的 CO_2，使得溶液中含有 Na_2CO_3。

$$2NaOH+CO_2 \Longrightarrow Na_2CO_3+H_2O$$

经标定后的含有碳酸钠的标准碱溶液，用它测定酸含量时，若使用与标定时相同的指示剂，则含碳酸盐对测定并无影响，若测定与标定不是用相同的指示剂，则将发生一定的误差。因此应配制不含碳酸盐的标准溶液。

由于 Na_2CO_3 在饱和 NaOH 溶液中不溶解，因此可用饱和 NaOH 溶液［含量约为 52%（质量分数）］，相对密度约为 1.56，配制不含 Na_2CO_3 的 NaOH 溶液。待 Na_2CO_3 沉淀后，量取一定量上清液，稀释至所需浓度，即得所需溶液。用来配制 NaOH 溶液的蒸馏水，应加热煮沸冷却，除去其中的 CO_2。

标定碱溶液的基准物质很多，如草酸、苯甲酸、邻苯二甲酸氢钾等。最常用的是邻苯二甲酸氢钾，滴定反应如下：

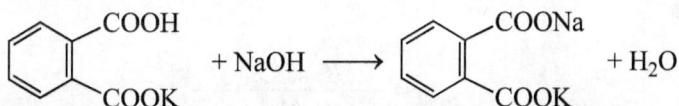

计量点时由于弱酸盐的水解，溶液呈弱碱性，应采用酚酞作指示剂。

三、主要仪器和试剂

1. 仪器

50mL 碱式滴定管，250mL 锥形瓶，100mL 量筒，400mL 烧杯，试剂瓶，移液管，电炉等。

2. 试剂

氢氧化钠（A.R.），酚酞指示剂（2g/L 乙醇溶液），邻苯二甲酸氢钾基准物（A.R.，于 105～110℃干燥 1h 后，放入干燥器中备用）。

四、实验内容

1. 0.1mol/L NaOH 标准溶液的配制

（1）NaOH 饱和水溶液的配制。取 NaOH 约 120g，倒入装有 100mL 蒸馏水的烧杯中，搅拌使之溶解为饱和溶液。冷却后，置于塑料瓶中，静置数日，澄清后备用。

（2）NaOH 溶液（0.1mol/L）的配制。取澄清的饱和 NaOH 溶液 2.5mL，加新煮沸的冷蒸馏水 400mL，摇匀即得。

2. 0.1mol/L NaOH 标准溶液的标定

用减量法精密称取 3 份于 105～110℃干燥至恒量的基准物邻苯二甲酸氢钾，每份约 0.5g，分别盛放于 250mL 锥形瓶中，各加新煮沸冷却蒸馏水 50mL，小心振摇使之完全溶解。加 2 滴酚酞指示剂，用 NaOH 溶液（0.1mol/L）滴定至溶液呈浅红色且 30s 内不褪色即为终点，记录所消耗的 NaOH 溶液的体积，平行测定 3 次。根据所消耗的 NaOH 体积及邻苯二甲酸氢钾的质量计算 NaOH 的浓度。

五、实验结果

1. 数据记录

编号	1	2	3
（基准物+称量瓶）初质量/g			
（基准物+称量瓶）终质量/g			
邻苯二甲酸氢钾的质量/g			
NaOH 终读数/mL			
NaOH 初读数/mL			
V_{NaOH}/mL			

2. 结果计算

$$c_{\text{NaOH}} = \frac{m_{\text{KHC}_8\text{H}_4\text{O}_4}}{V_{\text{NaOH}} \times \dfrac{M_{\text{KHC}_8\text{H}_4\text{O}_4}}{1000}}$$

计算平均值及相对平均偏差（$M_{KHC_8H_4O_4} = 204.2$）。

六、注意事项

（1）固体氢氧化钠应在表面皿上或在小烧杯中称量，不能在称量纸上称量。

（2）滴定管在装满前，需用待装溶液润洗滴定管内壁 3 次，以免改变标准溶液的浓度。

（3）滴定之前，应检查橡胶管内和滴定管管尖处是否有气泡，如有气泡应予以排除。

（4）盛装基准物的 3 个锥形瓶应编号，以免混淆。

（5）每次滴定结束后，应将标准溶液加至滴定管零刻度，再开始下一份溶液的滴定，以减小误差。

七、思考题

（1）配制标准碱溶液时，用台秤称取固体 NaOH 是否会影响浓度的准确度？能否用纸称量固体 NaOH？为什么？

（2）以邻苯二甲酸氢钾为基准物质标定 NaOH 溶液的浓度，若希望消耗 NaOH 溶液（0.1mol/L）约 25mL，应称取邻苯二甲酸氢钾多少克？

（3）作为好的基准物质应具备哪些条件？

实验 10　HCl 标准溶液浓度的标定

一、实验目的

（1）掌握用无水碳酸钠作基准物质标定盐酸溶液的原理和方法。

（2）正确判断甲基红-溴甲酚绿混合指示剂的滴定终点。

二、实验原理

市售盐酸为无色透明的 HCl 水溶液，HCl 含量为 36%～38%（质量分数），密度约为 1.19kg/L。由于浓盐酸易挥发放出 HCl 气体，若直接配制准确度差，因此配制盐酸标准溶液时需用间接配制法。

标定盐酸的基准物质常用无水碳酸钠和硼砂等，本实验采用无水碳酸钠为基准物质，以甲基红-溴甲酚绿混合指示剂指示终点，终点颜色由绿色变为暗紫色。

用 Na_2CO_3 标定时的反应为

$$2HCl + Na_2CO_3 \longrightarrow 2NaCl + H_2O + CO_2\uparrow$$

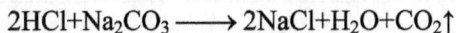

由于反应本身产生的 H_2CO_3 会使滴定突跃不明显，指示剂颜色变化不够敏锐，因此，在接近滴定终点之前，最好将溶液加热煮沸，并摇动以赶走 CO_2，冷却后再滴定。

三、主要仪器和试剂

1. 仪器

50mL 酸式滴定管，250mL 锥形瓶，100mL 量筒，试剂瓶，移液管，电炉等。

2. 试剂

（1）浓盐酸（A.R.）。

（2）无水碳酸钠基准物（A.R.，于 270～300℃的烘箱干燥至恒量，冷却后置于干燥器内备用）。

（3）甲基红-溴甲酚绿混合指示剂：将 2g/L 甲基红乙醇溶液与 1g/L 溴甲酚绿乙醇溶液以 1:3 的体积比混合。

四、实验内容

1. 0.1mol/L HCl 标准溶液的配制

用小量筒取浓盐酸 3.6mL，加水稀释至 400mL 混匀即得。

2. 0.1mol/L HCl 标准溶液的标定

取在 270～300℃干燥至恒量的基准无水碳酸钠 0.12～0.14g，精密称取 3 份，分别置于 3 个 250mL 锥形瓶中，加 50mL 蒸馏水溶解后，加 10 滴甲基红-溴甲酚绿混合指示剂，用盐酸溶液（0.1mol/L）滴定至溶液由绿色变为紫红色，煮沸约 2min，冷却至室温（或旋摇 2min）继续滴定至暗紫色且 30s 内不褪色即为终点，记下所消耗的标准溶液的体积，平行测定 3 次。根据所消耗的 HCl 体积及无水碳酸钠的质量计算 HCl 的浓度。

五、实验结果

1. 数据记录

编号	1	2	3
（基准物+称量瓶）初质量/g			
（基准物+称量瓶）终质量/g			
无水碳酸钠的质量/g			
HCl 终读数/mL			
HCl 初读数/mL			
V_{HCl}/mL			

2. 结果计算

$$c_{HCl} = \frac{m_{Na_2CO_3}}{V_{HCl} \times \dfrac{M_{Na_2CO_3}}{2 \times 1000}}$$

计算平均值及相对平均偏差（ $M_{Na_2CO_3}=105.99$ ）。

六、注意事项

无水碳酸钠经过高温烘烤后极易吸水，故称量瓶一定要盖严；称量时动作要快，以免无水碳酸钠吸水。

七、思考题

（1）为什么不能用直接法配制盐酸标准溶液？

（2）标定 HCl 的基准物质无水碳酸钠若保存不当，吸收了少量水分，对标定 HCl 溶液浓度有何影响？

（3）溶解无水碳酸钠基准物质时所加的 50mL 水是否要准确？为什么？

（4）能否采用已知准确浓度的 NaOH 标准溶液标定 HCl 溶液浓度？应选用哪种指示剂？为什么？滴定操作时，哪种溶液应置于锥形瓶中？NaOH 标准溶液应如何移取？

实验 11　食用白醋中总酸度的测定

一、实验目的

（1）了解基准物质邻苯二甲酸氢钾（ $KHC_8H_4O_4$ ）的性质及其应用。

（2）掌握 NaOH 标准溶液的配制、标定及保存要点。

（3）掌握强碱滴定弱酸的滴定过程、突跃范围及指示剂的选择原理。

（4）熟悉微量滴定操作。

二、实验原理

食用白醋的主要成分是乙酸（HAc），此外，还含有少量其他弱酸，如乳酸等。乙酸为有机弱酸（ $K_a=1.8\times10^{-5}$ ），与 NaOH 的反应式为

$$HAc + NaOH \Longrightarrow NaAc + H_2O$$

反应产物为弱酸强碱盐，滴定突跃在碱性范围内，可选用酚酞等在碱性范围变色的指示剂。食用白醋中乙酸含量为 30~50mg/mL。

三、主要仪器和试剂

1. 仪器

分析天平，锥形瓶（250mL、50mL），容量瓶（250mL、50mL），移液管（25mL、5mL），50mL 碱式滴定管，3mL 微型滴定管，100mL 量筒，试剂瓶，电炉等。

2. 试剂

（1）0.1mol/L NaOH 溶液。用烧杯在台秤上称取 4g 固体 NaOH，加入新鲜的或煮

沸除去 CO_2 的蒸馏水，溶解完全后，转入带橡胶塞的试剂瓶中，加水稀释至 1L，充分摇匀。

（2）酚酞指示剂（2g/L 乙醇溶液）。

（3）邻苯二甲酸氢钾（$KHC_8H_4O_4$）基准物质在 105～110℃ 干燥 1h 后，置于干燥器中备用。

（4）食用白醋。

四、实验内容

1. 0.1mol/L NaOH 标准溶液浓度的标定

在称量瓶中以差减法称量 3 份 $KHC_8H_4O_4$，每份 0.4～0.6g，分别盛放至 250mL 锥形瓶中，加入 40～50mL 蒸馏水，待试剂完全溶解后，加入 2～3 滴酚酞作指示剂，用待标定的 NaOH 溶液滴定至溶液呈微红色且 30s 不褪色即为终点，计算 NaOH 溶液的浓度和各次标定结果的相对偏差。

2. 食用白醋总酸度的测定

准确移取食用白醋 25.00mL，置于 250mL 容量瓶中，用蒸馏水稀释至刻度、摇匀。用 25mL 移液管分别取 3 份上述溶液，置于 250mL 锥形瓶中，加入 25mL 蒸馏水，加入 2～3 滴酚酞指示剂，用 0.1mol/L NaOH 标准溶液滴定至微红色且 30s 内不褪色即为终点。平行测定 3 次，根据消耗的 NaOH 溶液的体积及其浓度，计算食用白醋中酸的含量（g/L）。

3. 食用白醋总酸度的测定（微型滴定法）

准确吸取食用白醋试液 5.00mL 于 50mL 容量瓶中，用蒸馏水稀释至刻度，摇匀。用移液管移取 2.00mL 上述稀释后的试液于 50mL 锥形瓶中，加 5mL 蒸馏水、1 滴酚酞指示剂，用 0.1mol/L NaOH 标准溶液滴定至微红色且 30s 内不褪色即为终点。平行测定 3 次，根据消耗的 NaOH 溶液的体积及其浓度，计算食用白醋中酸的含量（g/L）。

五、实验结果

1. 数据记录

编号	1	2	3
移取食用白醋试样的体积/mL			
移取稀释后的体积数/mL			
V_{NaOH}/mL			

2. 结果计算

计算平均值及相对平均偏差。

六、注意事项

（1）配制 NaOH 溶液和食用白醋试液的蒸馏水必须是新煮沸的不含 CO_2 的水，否则影响标定及测定。

（2）为了除去 NaOH 吸收 CO_2 形成的 Na_2CO_3，称取 5～6g 固体 NaOH，置于 250mL 烧杯中，用煮沸并冷却后的蒸馏水 5～10mL 迅速洗涤再三次，以除去 NaOH 表面上少量的 Na_2CO_3。余下的固体 NaOH 用水溶解后加水稀释至 1L。

七、思考题

（1）标定 NaOH 标准溶液的基准物质常用的有哪几种？本实验选用的基准物质是什么？与其他基准物质比较，它有什么显著的优点？

（2）称取 NaOH 及 $KHC_8H_4O_4$ 各用什么天平？为什么？

（3）已标定的 NaOH 标准溶液在保存时吸收了空气中的 CO_2，以它测定 HCl 溶液的浓度，若用酚酞为指示剂，对测定结果产生何种影响？改用甲基橙为指示剂，结果如何？

（4）测定食用白醋含量时，为什么选用酚酞为指示剂？能否选用甲基橙或甲基红为指示剂？

（5）酚酞指示剂由无色变为微红色时，溶液的 pH 为多少？变红的溶液在空气中放置后又会变为无色的原因是什么？

实验 12　混合碱中各组分含量的测定

一、实验目的

（1）学习混合碱的测定方法。

（2）了解双指示剂法的原理和应用。

二、实验原理

混合碱是 Na_2CO_3 与 NaOH 或 $NaHCO_3$ 与 Na_2CO_3 的混合物，而苏打饼干中的混合碱通常为 $NaHCO_3$ 与 Na_2CO_3 的混合物。欲测定其中各组分的含量，可用 HCl 标准溶液滴定，根据滴定过程中 pH 变化的情况，选用两种不同的指示剂分别指示第一、第二化学计量点的到达，即常称为"双指示剂法"。此法简便、快速，在生产实际中应用广泛。

在混合碱试液中加入酚酞指示剂，此时呈现红色。用盐酸标准溶液滴定时，滴定溶液由红色恰好变为无色，则试液中所含 NaOH 完全被中和，所含 Na_2CO_3 则被中和一半，反应式如下：

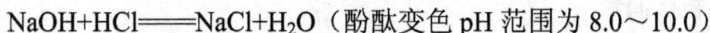

$$NaOH+HCl\!=\!=\!=\!NaCl+H_2O\text{（酚酞变色 pH 范围为 8.0～10.0）}$$

$$Na_2CO_3+HCl\!=\!=\!=\!NaCl+NaHCO_3$$

设滴定体积为 V_1（mL）。再加入甲基橙指示剂（变色 pH 范围为 3.1～4.4），继续用盐酸标准溶液滴定，使溶液由黄色转变为橙色即为终点。设此时所消耗盐酸溶液的体积为 V_2（mL），反应式为

$$NaHCO_3+HCl\!=\!=\!=\!NaCl+CO_2\uparrow+H_2O$$

根据 V_1、V_2 可分别计算混合碱中 Na_2CO_3 与 NaOH 或 $NaHCO_3$ 与 Na_2CO_3 的含量。

当 $V_1 > V_2$ 时，试样为 Na_2CO_3 与 NaOH 的混合物。中和 Na_2CO_3 所需 HCl 是由两次滴定加入的，两次用量应该相等，由反应式可知，其换算因子为 1∶1。而中和 NaOH 时所消耗的 HCl 量应为 V_1-V_2，故计算 Na_2CO_3 与 NaOH 组分的含量应为

$$w_{NaOH} = \frac{(V_1-V_2) \times c_{HCl} \times M_{NaOH}}{m} \times 100\%$$

$$w_{Na_2CO_3} = \frac{V_2 \times c_{HCl} \times M_{Na_2CO_3}}{m} \times 100\%$$

当 $V_1 < V_2$ 时，试样为 Na_2CO_3 与 $NaHCO_3$ 的混合物，此时 V_1 为中和 Na_2CO_3 至 $NaHCO_3$ 时所消耗的 HCl 溶液体积，故 Na_2CO_3 所消耗 HCl 溶液体积为 $2V_1$，中和 $NaHCO_3$ 所用 HCl 的量应为 V_2-V_1，计算式为

$$w_{NaHCO_3} = \frac{(V_2-V_1) \times c_{HCl} \times M_{NaHCO_3}}{m} \times 100\%$$

$$w_{Na_2CO_3} = \frac{\frac{1}{2} \times 2V_1 \times c_{HCl} \times M_{Na_2CO_3}}{m} \times 100\%$$

双指示剂法中，传统的方法是先用酚酞，后用甲基橙作指示剂，用 HCl 标准溶液滴定。由于酚酞变色不很敏锐，人眼观察这种颜色变化的灵敏性稍差些，因此也常选用甲酚红-百里酚蓝混合指示剂。酸色为黄色，碱色为紫色，变色点 pH 为 8.3。pH=8.2 时为玫瑰色，pH=8.4 时为清晰的紫色，此混合指示剂变色敏锐。用盐酸滴定剂滴定溶液由紫色变为粉红色，即为终点。

三、主要仪器和试剂

1. 仪器

50mL 酸式滴定管，锥形瓶（250mL、50mL），容量瓶（100mL、250mL），3mL 微型滴定管，移液管（25mL、5mL），烧杯，试剂瓶，电炉等。

2. 试剂

（1）0.1mol/L HCl 溶液。用小量筒取浓盐酸 3.6mL，倒入预先盛有适量水的试剂瓶中（于通风橱中进行），加水稀释至 400mL，摇匀，贴上标签。

（2）无水碳酸钠基准物（A.R.，于 270～300℃的烘箱中干燥至恒量，冷却后置于干燥器内备用）。

（3）甲基红-溴甲酚绿混合指示剂（将 2g/L 甲基红乙醇溶液与 1g/L 溴甲酚绿乙醇溶液以 1∶3 的体积比混合）。

（4）甲基橙指示剂（1g/L）。

（5）混合碱试样。

四、实验内容

1. 0.1mol/L HCl 标准溶液的标定

取在 270～300℃干燥至恒量的基准无水碳酸钠 0.12～0.14g，准确称取 3 份，分别置

于 250mL 锥形瓶中，加 50mL 蒸馏水溶解后，加 10 滴甲基红-溴甲酚绿混合指示剂，用盐酸溶液（0.1mol/L）滴定至溶液由绿色变为紫红色，煮沸约 2min，冷却至室温（或旋摇 2min），继续滴定至暗紫色且 30s 内不褪色即为终点，记下所消耗的标准溶液的体积，平行测定 3 次。根据所消耗的 HCl 体积及无水碳酸钠的质量计算 HCl 的浓度。

2. 混合碱中各组分含量的测定

准确称取混合碱试样 2~3g 于干燥的烧杯中，加适量水溶解（必要时可加热），定量转移至 250mL 容量瓶中，定容。平行移取 3 份 25.00mL 试液于 250mL 锥形瓶中，加 2~3 滴酚酞指示剂，用盐酸标准溶液滴定至溶液由红色恰好褪至无色，记下所消耗 HCl 标液的体积 V_1，再加入 2~3 滴甲基橙指示剂，继续用盐酸标液滴定至溶液由黄色恰好变为橙色，记下所消耗 HCl 标准溶液的体积 V_2。根据所消耗的 HCl 体积 V_1、V_2 及试样的质量计算混合碱中各组分的含量。

3. 混合碱中各组分含量的测定（微型滴定法）

准确称取混合碱试样 0.5g 于干燥的烧杯中，加水使之溶解后，定量转移至 50mL 容量瓶中，用水稀释至刻度，充分摇匀。

准确移取上述试液 2.00mL 于 50mL 锥形瓶中，加 1 滴酚酞指示剂，用盐酸标准溶液滴定至溶液由红色恰好褪至无色，记下所消耗 HCl 标准溶液的体积 V_1，再加入 1 滴甲基橙指示剂，继续用盐酸标准溶液滴定至溶液由黄色恰好变为橙色，记下所消耗 HCl 标准溶液的体积 V_2。根据所消耗 HCl 的体积 V_1、V_2 及试样的质量计算混合碱中各组分的含量。

五、实验结果

1. 数据记录

0.1mol/L HCl 标准溶液的标定

编号	1	2	3
Na_2CO_3 的质量/g			
V_{HCl}/mL			
c_{HCl}/（mol/L）			
平均浓度/（mol/L）			

混合碱中各组分含量的测定

编号	1	2	3
$m_{混合碱}$/g			
$V_{混合溶液}$/mL			
$V_{1, HCl}$（酚酞）/mL			
$V_{1, HCl}$（平均）/mL			
混合碱中 Na_2CO_3 的质量分数			

编号	1	2	3
$V_{2,\ HCl}$（甲基橙）/mL			
$V_{2,\ HCl}$（平均）/mL			
混合碱中 $NaHCO_3$ 的质量分数			

2. 结果计算

计算平均值及相对平均偏差。

六、注意事项

（1）滴定到达第二等当点时，由于易形成 CO_2 过饱和溶液，滴定过程中生成的 H_2CO_3 缓慢地分解出 CO_2，使溶液的酸度稍有增大，终点出现过早，因此在终点附近应剧烈摇动溶液。

（2）若混合碱是固体样品，应尽可能均匀，也可配成混合试液供练习使用。

七、思考题

（1）采用双指示剂法测定混合碱，在同一份溶液中测定，试判断下列五种情况时，混合碱中存在的成分。

①$V_1=0$；②$V_2=0$；③$V_1>V_2$；④$V_1<V_2$；⑤$V_1=V_2$。

（2）测定混合碱时，到达第一化学计量点前，由于滴定速率太快，摇动锥形瓶不均匀，滴入 HCl 局部过浓，使 $NaHCO_3$ 迅速转变为 H_2CO_3 而分解为 CO_2 损失，此时采用酚酞为指示剂，V_1 对测定有何影响？

（3）混合指示剂的变色原理是什么？有何优点？

实验 13　阿司匹林药片中乙酰水杨酸含量的测定

一、实验目的

（1）学习阿司匹林药片中乙酰水杨酸含量的测定。
（2）学习利用滴定法分析药品。
（3）掌握返滴定法的应用。

二、实验原理

阿司匹林的主要成分是乙酰水杨酸。乙酰水杨酸是有机弱酸（$K_a=1\times10^{-3}$），结构式为　　　，$M=180.16g/mol$，微溶于水，易溶于乙醇。在强碱性溶液中溶解并水解为水杨酸和乙酸盐，反应式如下：

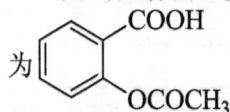

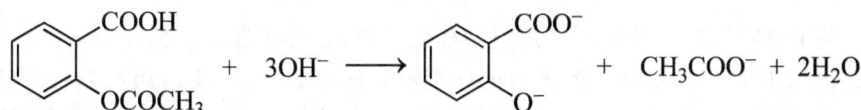

由于药片中一般添加一定量的赋形剂如硬脂酸镁、淀粉等不溶物，不宜直接滴定，可采用返滴定法进行测定。将药片研磨成粉末状后加入过量的 NaOH 标准溶液，加热一段时间使乙酰基水解完全，再用 HCl 标准溶液回滴过量的 NaOH，滴定至溶液由红色变为接近无色即为终点。在这一滴定反应中，1mol 乙酰水杨酸消耗 2mol NaOH。

三、主要仪器和试剂

1. 仪器

50mL 碱式滴定管，250mL 锥形瓶，100mL 容量瓶，移液管，电炉等。

2. 试剂

1mol/L NaOH 标准溶液，0.1mol/L HCl 标准溶液，甲基红指示剂，酚酞指示剂（2g/L 乙醇溶液），甲基橙指示剂，无水碳酸钠（Na_2CO_3）基准物质，硼砂（$Na_2B_4O_7·10H_2O$）基准物质，阿司匹林药片。

四、实验内容

1. 0.1mol/L HCl 标准溶液的标定

（1）以无水 Na_2CO_3 为基准物质标定。用差减法准确称取 0.15～0.2g 无水 Na_2CO_3，置于 250mL 锥形瓶中，加入 20～30mL 蒸馏水使之溶解后，滴加 1～2 滴甲基橙指示剂，用待标定的 HCl 溶液滴定，溶液由黄色变为橙色即为终点。根据所消耗的 HCl 的体积，计算 HCl 溶液的浓度。平行测定 3 次，各次相对偏差应在±0.2%以内。

（2）以硼砂 $Na_2B_4O_7·10H_2O$ 为基准物质标定。用差减法准确称取 0.4～0.6g 硼砂，置于 250mL 锥形瓶中，加水 50mL 使之溶解后，滴加 2 滴甲基红指示剂，用 0.1mol/L HCl 溶液滴定溶液至黄色恰好变为浅红色，即为终点。计算 HCl 溶液的浓度。平行测定 3 次，各次相对偏差应在±0.2%以内。

2. 药片中乙酰水杨酸含量的测定

将阿司匹林药片研成粉末后，准确称量约 0.5g 药粉，置于干燥小烧杯中，用移液管准确加入 20.00mL 1mol/L NaOH 标准溶液，加入 30mL 水，盖上表面皿，轻摇几下，水浴加热 15min，用流水迅速冷却，将烧杯中的溶液定量转移到 100mL 容量瓶中，蒸馏水稀释至刻度，摇匀。

准确移取上述溶液 10.00mL 于 250mL 锥形瓶中，加水 20～30mL，加入 2～3 滴酚酞指示剂，用 0.1mol/L HCl 标准溶液滴定至红色刚刚消失即为终点。根据所消耗的 HCl 溶液的体积计算药片中乙酰水杨酸的含量。

3. NaOH 标准溶液与 HCl 标准溶液体积比的测定

用移液管准确移取 25.00mL 1mol/L NaOH 溶液于 100mL 烧杯中，在与测定药粉相同的实验条件下进行加热，冷却后，定量转移至 100mL 容量瓶中，稀释至刻度，摇匀。在 250mL 锥形瓶中加入 10.00mL 上述 NaOH 溶液，加水 20～30mL，加入 2～3 滴酚酞指示剂，用 0.1mol/L HCl 标准溶液滴定，至红色刚刚消失即为终点，平行测定两三次，计算 V_{NaOH}/V_{HCl} 值。

五、实验结果

1. 数据记录

0.1mol/L HCl 标准溶液的标定

编号	1	2	3
基准物质量/g			
V_{HCl}/mL			
c_{HCl}/（mol/L）			
平均浓度/（mol/L）			

药片中乙酰水杨酸含量的测定

编号	1	2	3
乙酰水杨酸试样质量/g			
移取试液体积数/mL			
V_{HCl}/mL			
乙酰水杨酸含量/（g/g）			
乙酰水杨酸含量平均/（g/g）			

NaOH 标准溶液与 HCl 标准溶液体积比的测定

编号	1	2	3
V_{NaOH}/mL			
V_{HCl}/mL			
V_{NaOH}/V_{HCl}			
V_{NaOH}/V_{HCl}（平均）			

2. 结果计算

计算平均值及相对平均偏差。

六、注意事项

（1）用返滴定法测定药片中的乙酰水杨酸含量时，水浴加热 15min，迅速用流水冷却（防止水杨酸挥发，防止热溶液吸收空气中的 CO_2，防止淀粉、糊精等进一步水解）。

（2）需做空白试验。由于 NaOH 溶液在加热过程中会受空气中 CO$_2$ 的干扰，给测定造成一定程度的系统误差，而在与测定样品相同的条件下测定两种溶液的体积比就可扣除空白值。

七、思考题

（1）在测定药粉的实验中，为什么 1mol 乙酰水杨酸消耗 2mol NaOH，而不是 3mol NaOH？回滴后的溶液中，水解产物的存在形式是什么？

（2）列出计算药片中乙酰水杨酸含量的关系式。

（3）若测定的是乙酰水杨酸的纯品（晶体），可否采用直接滴定法？

<h2 style="text-align:center">实验 14　硫酸铵肥料中氮含量的测定（甲醛法）</h2>

一、实验目的

（1）了解弱酸强化的基本原理。

（2）掌握甲醛法测定氨态氮的原理及操作方法。

（3）熟练掌握酸碱指示剂的选择原理。

二、实验原理

硫酸铵是常用的氮肥之一。氮在自然界的存在形式比较复杂，测定物质中氮含量时，可以用总氮、铵态氮、硝酸态氮、酰胺态氮等表示方法。由于铵盐中 NH$_4^+$ 的酸性太弱（K_a=5.6×10^{-10}），不能用 NaOH 标准溶液直接滴定，故要采用蒸馏法（又称凯氏定氮法）或甲醛法进行测定。

甲醛与 NH$_4^+$ 作用生成质子化的六次甲基四胺和 H$^+$，反应式为

$$4NH_4^+ + 6HCHO === (CH_2)_6N_4H^+ + 3H^+ + 6H_2O$$

生成的 (CH$_2$)$_6$N$_4$H$^+$（K_a=7.1×10^{-6}）也可以被 NaOH 准确滴定，因而该反应称为弱酸的强化，这里 4mol NH$_4^+$ 在反应中生成了 4mol 可被准确滴定的酸，故氮与 NaOH 的化学计量数之比为 1。若含量以氨表示，结果计算式为

$$w_{NH_3} = \frac{c_{NaOH} V_{NaOH} M_{NaOH}}{W_{试样}} \times 100\%$$

若试样中含有游离酸，加甲醛之前应事先以甲基红为指示剂，用 NaOH 溶液预中和至甲基红变为黄色（pH≈6），再加入甲醛，以酚酞为指示剂用 NaOH 标准溶液滴定强化后的产物。

三、主要仪器和试剂

1. 仪器

50mL 碱式滴定管，250mL 锥形瓶，250mL 容量瓶，25mL 移液管，50mL 量筒，500mL

试剂瓶，100mL 烧杯等。

2. 试剂

0.1mol/L NaOH 标准溶液，酚酞指示剂（2g/L 乙醇溶液），甲基红指示剂，邻苯二甲酸氢钾基准物质，（1+1）甲醛，硫酸铵肥料试样。

四、实验内容

1. 0.1mol/L NaOH 标准溶液的配制及标定

在称量瓶中以差减法称量 3 份 $KHC_8H_4O_4$，每份 0.4～0.6g，分别置于 250mL 锥形瓶中，加入 40～50mL 蒸馏水，待试剂完全溶解后，加入 2～3 滴酚酞指示剂，用待标定的 NaOH 溶液滴定至呈微红色且 30s 不褪色即为终点，计算 NaOH 溶液的浓度和各次标定结果的相对偏差。

2. 甲醛溶液的处理

甲醛溶液中常含有微量酸，消耗 NaOH 标准溶液使实验结果产生误差，因此应事先中和（甲醛常以白色聚合状态存在，此白色乳状物是多聚甲醛，可加入少量的浓硫酸加热使之解聚）。取甲醛溶液的上层清液于烧杯中，加入蒸馏水稀释一倍，加入 2～3 滴酚酞指示剂，用 NaOH 标准溶液滴定甲醛溶液至溶液呈微红色。

3. 硫酸铵肥料中氮含量的测定

准确称取硫酸铵肥料 2～3g 于小烧杯中，加入少量蒸馏水溶解，然后把溶液定量转移至 250mL 容量瓶中，用蒸馏水稀释至刻度，摇匀。移取 3 份 25.00mL 试液分别置于 250mL 锥形瓶中，加入 1 滴甲基红指示剂，用 0.1mol/L NaOH 溶液中和至呈黄色，加入 10mL（1+1）甲醛溶液，再加 1～2 滴酚酞指示剂，充分摇匀，放置 1min 后，用 0.1mol/L NaOH 标准溶液滴定至溶液呈微橙红色，并持续 30s 不褪色即为终点。平行测定 3 次，根据 NaOH 溶液的用量计算试样中氮的质量分数。

五、实验结果

1. 数据记录

编号	1	2	3
硫酸铵试样质量/g			
硫酸铵试液总体积/mL			
移取硫酸铵试液体积/mL			
V_{NaOH}/mL			
w_N/%			

2. 结果计算

计算平均值及相对平均偏差。

六、注意事项

（1）试样中含有游离酸，在加甲醛之前先用 NaOH 溶液中和，此时应采用甲基红作指示剂，不能用酚酞。如试样中不含游离酸，可省略此步操作。

（2）由于 NH_4^+ 与甲醛反应在室温下进行较慢，故加入甲醛后需放置几分钟，使反应完全。

（3）溶解邻苯二甲酸氢钾时，不能将玻璃棒伸入锥形瓶搅拌。

（4）酚酞只需加 1～2 滴，多加要消耗 NaOH 引起误差。

（5）不可在三个锥形瓶中同时加指示剂。

（6）临近终点时，NaOH 溶液应半滴半滴地加以免超过终点，且要用洗瓶及时淋洗锥形瓶内壁。

七、思考题

（1）本方法加入甲醛的目的是什么？预先用 NaOH 溶液中和除去试样中的游离酸时，能否用酚酞作指示剂？为什么？

（2）NH_4^+ 为 NH_3 的共轭酸，为什么不能直接用 NaOH 溶液滴定？

（3）NH_4NO_3、NH_4Cl 和 NH_4HCO_3 中的含氮量能否用甲醛法测定？

实验 15　工业纯碱总碱度的测定

一、实验目的

（1）了解基准物质碳酸钠的分子式和化学性质。

（2）掌握 HCl 标准溶液的配制、标定过程。

（3）掌握强酸滴定二元弱碱的滴定过程、突跃范围及指示剂的选择。

（4）掌握定量转移操作的基本要点。

二、实验原理

工业纯碱的主要成分为碳酸钠，商品名为苏打，其中可能还含有少量 NaCl、Na_2SO_4、NaOH 及 $NaHCO_3$ 等成分。常以 HCl 标准溶液为滴定剂测定总碱度来衡量产品的质量。滴定反应为

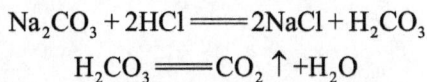

$$Na_2CO_3 + 2HCl \Longrightarrow 2NaCl + H_2CO_3$$
$$H_2CO_3 \Longrightarrow CO_2 \uparrow + H_2O$$

反应产物 H_2CO_3 易形成过饱和溶液并分解为 CO_2 逸出。化学计量点时溶液 pH 为 3.8～3.9，可选用甲基橙为指示剂，用 HCl 标准溶液滴定，溶液由黄色转变为橙色即为终点。试样中的 $NaHCO_3$ 同时被中和。

由于试样易吸收水分和 CO_2，应在 270～300℃将试样烘干 2h，以除去吸附水并使 $NaHCO_3$ 全部转化为 Na_2CO_3，工业纯碱的总碱度通常以 $w_{Na_2CO_3}$ 或 w_{Na_2O} 表示，由于试样均匀性较差，应称取较多试样，使其更具代表性。测定的允许误差可适当放宽一点。

三、主要仪器和试剂

1. 仪器

50mL 酸式滴定管，250mL 锥形瓶，250mL 容量瓶，25mL 移液管，50mL 量筒，500mL 试剂瓶，100mL 烧杯等。

2. 试剂

0.1mol/L HCl 标准溶液，酚酞指示剂（2g/L 乙醇溶液），甲基橙指示剂（1g/L），甲基红-溴甲酚绿混合指示剂，无水碳酸钠基准物质，工业纯碱试样。

四、实验内容

1. 0.1mol/L HCl 标准溶液的配制及标定

取在 270～300℃干燥至恒量的基准无水碳酸钠 0.12～0.14g，准确称取 3 份，分别置于 250mL 锥形瓶中，加 50mL 蒸馏水溶解后，加甲基红-溴甲酚绿混合指示剂 10 滴，用盐酸溶液（0.1mol/L）滴定至溶液由绿色变为紫红色，煮沸约 2min，冷却至室温（或旋摇 2min），继续滴定至暗紫色在 30s 内不褪色即为终点，记下所消耗的标准溶液的体积，平行测定 3 次。根据所消耗的 HCl 体积及无水碳酸钠的质量计算 HCl 的浓度。

2. 总碱度的测定

准确称取工业纯碱试样约 2g 倾入烧杯中（因试样中常含有杂质和水分，故称试样应多些，尽量使之具有代表性，并应预先在 270～300℃中处理成干基试样），加少量水使其溶解，必要时可稍加热促进溶解。冷却后，将溶液定量转入 250mL 容量瓶中，加水稀释至刻度，充分摇匀。平行移取 3 份或 5 份 25.00mL 试液分别放入 250mL 锥形瓶中，加水 20mL，加入 1～2 滴甲基橙指示剂，用 HCl 标准溶液滴定溶液由黄色恰好变为橙色且 30s 不褪色即为终点。计算试样中 Na_2CO_3 或 Na_2O 的含量，即为总碱度。测定的各次相对偏差应在±0.5%以内。

五、实验结果

1. 数据记录

自行设计表格。

2. 结果计算

计算平均值及相对平均偏差。

六、注意事项

（1）配制的样品溶液应为澄清透明的。

（2）甲基橙加入量为 1～2 滴，不宜过多。因终点由黄色变为橙色，若指示剂较多则不易观察。

（3）摇动要充分，特别是邻近终点时，滴定速率要慢，加速摇动。

七、思考题

（1）无水 Na_2CO_3 保存不当，吸收了 1%的水分，用此基准物质标定 HCl 溶液浓度时，对其结果产生何种影响？

（2）甲基橙、甲基红及甲基红-溴甲酚绿混合指示剂的变色范围各为多少？混合指示剂的优点是什么？

（3）在以 HCl 溶液滴定时，怎样使用甲基橙及酚酞两种指示剂来判别试样是由 $NaOH\text{-}Na_2CO_3$ 或 $Na_2CO_3\text{-}NaHCO_3$ 组成的？

实验 16　豆浆中蛋白质的测定（凯氏定氮法）

一、实验目的

（1）了解微量凯氏定氮法测定食品中含氮量的方法。

（2）学习凯氏定氮法的操作技术。

二、实验原理

有机含氮化合物试样与浓硫酸共热时，有机氮全部转化为无机铵盐 $(NH_4)_2SO_4$，该过程称为消解式消化。由于有机含氮化合物试样与浓硫酸消化过程进行缓慢，在实验中常添加硫酸铜和硫酸钾混合物来促进消化，硫酸铜是催化剂，硫酸钾可提高消化液的沸点。消化时间随试样性质而异，一般在 30min～1h。消化过程的化学反应式如下

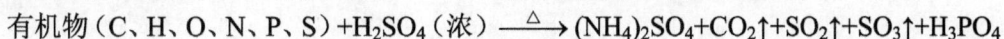

有机物（C、H、O、N、P、S）$+H_2SO_4$（浓）$\xrightarrow{\triangle}$ $(NH_4)_2SO_4+CO_2\uparrow+SO_2\uparrow+SO_3\uparrow+H_3PO_4$

消化后得到的消化液中的硫酸铵与浓强碱加热反应，放出氨。将氨蒸馏到过量的标准无机酸溶液中，再用标准碱溶液返滴定剩余的标准酸溶液。根据测得的氨量计算样品的总氮量。

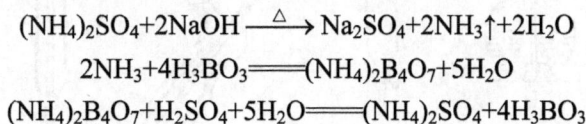

$$(NH_4)_2SO_4+2NaOH \xrightarrow{\triangle} Na_2SO_4+2NH_3\uparrow+2H_2O$$

$$2NH_3+4H_3BO_3 =\!=\!= (NH_4)_2B_4O_7+5H_2O$$

$$(NH_4)_2B_4O_7+H_2SO_4+5H_2O =\!=\!= (NH_4)_2SO_4+4H_3BO_3$$

三、主要仪器和试剂

1. 仪器

凯氏烧瓶，凯氏定氮仪，分析天平，10mL 移液管，50mL 碱式滴定管，烘箱，消化炉，玻璃漏斗，100mL 容量瓶。

2．试剂

0.1mol/L HCl 标准溶液，0.1mol/L NaOH 标准溶液，30%过氧化氢，30% NaOH 溶液，浓硫酸，2%硼酸溶液，约 0.01mol/L HCl 标准溶液，甲基红指示剂。

催化剂：硫酸铜-硫酸钾固体混合物 [$CuSO_4$：K_2SO_4（质量比）=4：1]。

四、实验内容

1．消化

准确移取豆浆 4～6mL（吸取量可根据含蛋白质多少而定），放入干燥的 150mL 凯氏烧瓶中底部，加浓硫酸 10～20mL，加催化剂 2g，稍摇匀，然后在瓶口插入玻璃漏斗，在通风橱中加热消化。开始时用小火加热，待水分蒸发后可略加大火焰。瓶内液体逐渐由黄变黑，之后再变成浅黄色。为了缩短消化时间，可在消化过程中将消化烧瓶从加热的火焰上取下，稍冷却后，沿瓶壁滴加 30%的过氧化氢溶液数滴，再继续加热至溶液呈淡蓝色，表示消化完全。放冷后，将消化液定量转移到 100mL 容量瓶中，加蒸馏水定容至刻度，摇匀备用，即为消化液。

试剂空白实验：取与样品消化相同的硫酸铜、硫酸钾、浓硫酸，按以上同样方法进行消化，冷却，加水定容至 100mL，得试剂空白消化液。

2．蒸馏测定

（1）仪器装置的检查与洗涤。按图 3-16 装好微量凯氏定氮装置。清洗仪器采用蒸汽冲洗，整个装置要求不漏气。在蒸汽发生瓶内装水约 2/3，加甲基红指示剂数滴及数毫升硫酸，以保持水呈酸性，加入数粒玻璃珠（或沸石）以防止暴沸。测定前定氮装置用以下方法洗涤两三次：从样品进入口加水适量（约占反应管 1/3 体积），通入蒸汽煮沸，产生的蒸汽冲洗冷凝管，数分钟后关闭漏斗下的夹子，使反应管中的废液倒吸流到反应室外层，打开收集器下端夹子由橡胶管排出。如此数次，即可使用。

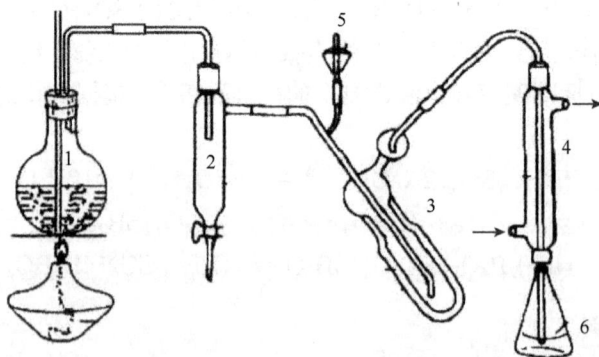

图 3-16　微量凯氏定氮装置

1. 水蒸气发生器；2. 蒸汽分离器；3. 反应室；4. 冷凝管；5. 小漏斗及棒状玻璃塞（样品入口处）；6. 蒸馏液接收瓶

（2）消化液中含氮量的测定。从滴定管准确放出约 30mL 0.1mol/L HCl 标准溶液于

250mL 锥形瓶中，将此锥形瓶承接在冷凝器下端，并使冷凝器出口浸入液面以下，注意此操作前需先放松收集器下端的夹子，以免锥形瓶内溶液倒吸。

　　然后准确吸取上述稀释的消化液 10mL 于漏斗中，小心打开夹子，使试样流入蒸馏瓶中，用 3～5mL 蒸馏水洗涤漏斗 3 次，洗涤水一并流入蒸馏瓶中，再用量筒量取 5～10mL 30%氢氧化钠溶液，通过漏斗慢慢流入蒸馏瓶，然后用少量水洗漏斗并留少量水在漏斗中作水封。夹紧收集器的夹子，加热蒸汽发生瓶，使蒸汽冲入蒸馏瓶中，并携带反应生成的氨逸出，被吸收液吸收。从蒸馏瓶上部的圆球烫手开始计时，蒸馏 3min，此时氨气已蒸馏完全，放下承接的锥形瓶，让冷凝器出口离开液面，继续蒸馏 1min，同时用蒸馏水冲洗冷凝器出口外壁，取下锥形瓶，用 0.1mol/L NaOH 标准溶液回滴，记录所消耗标准碱液的体积 A。

　　以同样的步骤进行空白值的测定，消耗碱液体积 B。

　　计算每毫升消化液中氮的质量（mg）和豆浆中蛋白质的含量。

五、实验结果

　　1. 数据记录

　　自行设计表格。

　　2. 结果计算

$$w_{蛋白质} = \frac{(B-A)c_{NaOH} \times 14.008 \times \frac{100}{10} \times F}{V_{试样} \times 1000} \times 100\%$$

式中，A 为滴定样品时所消耗 NaOH 标准溶液的体积；B 为滴定空白时所消耗 NaOH 标准溶液的体积；$V_{试样}$ 为试样的体积；14.008 为氮的相对原子质量；F 为氮换算为蛋白质的校正系数。

六、注意事项

　　（1）蛋白质是一类复杂的含氮化合物，每一种蛋白质都有其固定的含氮量（一般为 14%～18%，平均为 16%）。因此，测定蛋白质的含量，只需将其氮的含量乘以校正系数即可。氮换算为蛋白质的校正系数（F）一般食物为 6.25；乳制品为 6.38；面粉为 5.70；高粱为 6.24；花生为 5.46；米为 5.95；大豆及其制品为 5.71；肉与肉制品为 6.25；大麦、小米、燕麦、裸麦为 5.83；芝麻、向日葵为 5.30。

　　（2）本实验也可采用硼酸作为氨的吸收液，再用盐酸标准溶液进行滴定，从而计算出含氮量。

　　（3）配制 30%氢氧化钠溶液时，会产生大量的热，需注意安全。同时，如此高浓度的氢氧化钠溶液对玻璃有极大的腐蚀性，一般都是现用现配。

七、思考题

　　（1）蒸汽发生瓶中的水为什么要调节至酸性？

　　（2）在实验中加入粉末硫酸钾-硫酸铜混合物的作用是什么？

（3）蒸馏时冷凝管下端为什么要浸没在液体中？

3.4　配位滴定实验

配位滴定法也称为络合滴定法，它是以配位反应为基础的滴定分析方法，即金属离子与配位剂结合形成配合物。配位滴定法是重要的容量分析法之一。

实验 17　EDTA 标准溶液的配制和标定

一、实验目的

（1）了解 EDTA 标准溶液的配制和标定原理。

（2）掌握常用的标定 EDTA 的方法。

二、实验原理

EDTA 是乙二胺四乙酸（常用 H_4Y 表示）的英文缩写。它难溶于水，通常使用其二钠盐 EDTA·2Na·2H$_2$O 配制标准溶液。EDTA·2Na·2H$_2$O 是白色结晶或结晶性粉末，室温下其溶解度为 111g/L（约 0.3mol/L）。配制 EDTA 标准溶液时，通常先把 EDTA 配成所需要的大概浓度，然后用基准物质标定。

用于标定 EDTA 的基准物质有：含量不低于 99.95%的某些金属，如 Cu、Zn、Ni、Pb等，以及它们的金属氧化物，或某些盐类，如 $ZnSO_4·7H_2O$、$CaCO_3$、$MgSO_4·7H_2O$ 等。

在选用纯金属作为标准物质时，应注意金属表面氧化膜的存在会带来标定时的误差，应将氧化膜用细砂纸擦去，或用稀酸将氧化膜溶解，先用蒸馏水，再用乙醚或丙酮冲洗，于 105℃的烘箱中烘干，冷却后再称量。

三、主要仪器和试剂

1. 仪器

50mL 酸式滴定管，250mL 锥形瓶，250mL 容量瓶，500mL 烧杯，移液管，电炉等。

2. 试剂

（1）乙二胺四乙酸二钠盐（0.01mol/L）。

（2）NH$_3$-NH$_4$Cl 缓冲溶液：称取 20g NH$_4$Cl，溶于水后，加 100mL 氨水，用蒸馏水稀释至 1L，pH≈10。

（3）铬黑 T（5g/L）：称 0.50g 铬黑 T，溶于含有 25mL 三乙醇胺、75mL 无水乙醇的溶液中，低温保存，有效期约为 100 天。

（4）锌片：纯度为 99.9%。

（5）Mg^{2+}-EDTA 溶液：先配制 0.05mol/L 的 $MgCl_2$ 和 0.05mol/L EDTA 溶液（当配制的 EDTA 浓度较大时，即使加热溶解速率也太慢，此时可加入少量的 NaOH，调节溶液的 pH 稍大于 5）各 500mL，然后在 pH=10 的氨性条件下，铬黑 T 作指示剂，用上述 EDTA

滴定 Mg^{2+}，按所得比例把 $MgCl_2$ 和 EDTA 混合，确保 $MgCl_2$：EDTA（物质的量比）=1：1。

（6）六次甲基四胺（200g/L），（1+1）HCl 溶液，（1+1）氨水，甲基红指示剂（1g/L 乙醇溶液）。

（7）$CaCO_3$ 基准物质于 110℃烘箱中干燥 2h，稍冷后置于干燥器中冷却至室温，备用。

（8）二甲酚橙水溶液（2g/L）：低温保存，有效期为半年。

除基准物质外，以上化学试剂均为分析纯，实验用水为蒸馏水。

四、实验内容

1. 标准溶液和 EDTA 溶液的配制

（1）0.01mol/L Ca^{2+} 标准溶液的配制。计算配制 250mL 0.01mol/L Ca^{2+} 标准溶液所需的 $CaCO_3$ 的质量。用差减法准确称取计算所得质量的基准 $CaCO_3$ 于 150mL 烧杯中，称量值与计算值偏离最好不超过 10%。先以少量水润湿，盖上表面皿，从烧杯嘴处往烧杯中滴加约 5mL（1+1）HCl 溶液，使 $CaCO_3$ 全部溶解。加水 50mL，微沸几分钟以除去 CO_2[酸性溶液中，当 $Ca(HCO_3)_2$ 含量较高时，会析出 $CaCO_3$ 沉淀，使终点拖长，导致指示剂的变色不敏锐，因此要除去 CO_2]。冷却后用水冲洗烧杯内壁和表面皿，定量转移 $CaCO_3$ 溶液于 250mL 容量瓶中，用水稀释至刻度，摇匀，计算标准 Ca^{2+} 的浓度。

（2）0.01mol/L 锌标准溶液的配制。准确称取基准锌，称量值与计算值偏离不超过 5%，把基准锌置于 150mL 烧杯中，加入 6mL（1+1）HCl 溶液，立即盖上表面皿，待锌完全溶解后，以少量水冲洗表面皿和烧杯内壁，定量转移 Zn^{2+} 溶液于 250mL 容量瓶中，用水稀释至刻度，摇匀，计算锌标准溶液的浓度。

（3）0.01mol/L EDTA 溶液的配制。计算配制 500mL 0.01mol/L EDTA 二钠盐所需 EDTA 的质量。称取上述质量的 EDTA 于 200mL 烧杯中，加水，温热溶解，冷却后移入聚乙烯塑料瓶中。

2. EDTA 溶液浓度的标定

（1）以 Zn^{2+} 为基准物质标定 EDTA。用移液管吸取 25.00mL 0.01mol/L Zn^{2+} 标准溶液于锥形瓶中，加 1 滴甲基红，用（1+1）氨水中和 Zn^{2+} 标准溶液中的 HCl，溶液由红色变为黄色时即可。加 20mL 水和 10mL NH_3-NH_4Cl 缓冲溶液，再加 3 滴铬黑 T 指示剂，用 EDTA 溶液滴定，当溶液由红色变为蓝紫色且 30s 不褪色即为终点。平行滴定 3 次，取平均值计算 EDTA 的准确浓度。

（2）以 $CaCO_3$ 为基准物质标定 EDTA。用移液管吸取 25.00mL 0.01mol/L Ca^{2+} 标准溶液于锥形瓶中，加 1 滴甲基红，用氨水中和 Ca^{2+} 标准溶液中的 HCl，当溶液由红色变为黄色即可。加 20mL 水和 5mL Mg^{2+}-EDTA，然后加入 10mL NH_3-NH_4Cl 缓冲溶液，再加 3 滴铬黑 T 指示剂，立即用 EDTA 滴定，当溶液由酒红色转变为紫蓝色时即为终点。平行滴定 3 次，用平均值计算 EDTA 的准确浓度。

（3）以二甲酚橙为指示剂标定 EDTA。用移液管吸取 25.00mL Zn^{2+} 标准溶液于锥形瓶中，加 2 滴二甲酚橙指示剂，滴加 200g/L 六次甲基四胺至溶液呈现稳定的紫红色，再加 5mL 六次甲基四胺。用 EDTA 滴定，当溶液由紫红色恰好转变为黄色且 30s 不褪色时即为终点。平行滴定 3 次，取平均值，计算 EDTA 的准确浓度。

五、实验结果

1. 数据记录

编号	1	2	3
$V_{Ca^{2+}}$ /mL			
$c_{Ca^{2+}}$ / (mol/L)			
V_{EDTA}/mL			
c_{EDTA}/ (mol/L)			
c_{EDTA}（平均）/ (mol/L)			

自行设计以 Zn^{2+} 为基准物质标定 EDTA 的表格。

2. 结果计算

计算平均值及相对平均偏差。

六、注意事项

（1）市售 EDTA·2Na·2H$_2$O 有粉末状和结晶型两种，粉末状的较易溶解，结晶型的在水中溶解缓慢，可加热使其溶解。

（2）储存 EDTA 标准溶液时应选用硬质玻璃瓶，用聚乙烯瓶储存更好，以免 EDTA 与玻璃中的金属离子作用。

（3）配位反应进行的速率较慢（不像酸碱反应能在瞬间完成），故滴定时加入 EDTA 溶液的速率不能太快，在室温时尤其要注意，临近终点时应逐滴加入，并充分摇荡。

（4）由于缓冲溶液的缓冲作用是有一定限度的，因此必须先用氨水调节溶液的 pH，后加缓冲溶液，并且加完缓冲溶液后应立即滴定，逐一滴定。

七、思考题

（1）配制 EDTA 标准溶液时，为什么不用乙二胺四乙酸而用其二钠盐？

（2）在中和标准物质中的 HCl 时，能否用酚酞取代甲基红？为什么？

（3）阐述 Mg^{2+}-EDTA 能够提高终点敏锐度的原理。

（4）滴定为什么要在缓冲溶液中进行？如果没有缓冲溶液存在，将会导致什么现象发生？

实验 18   钙制剂中钙含量的测定

一、实验目的

（1）学会钙制剂的溶样方法。

（2）掌握钙离子的测定方法。

二、实验原理

钙与身体健康息息相关，钙除成骨以支撑身体外，还参与人体的代谢活动，它是细胞的主要阳离子，还是人体最活跃的元素之一。缺钙可导致儿童佝偻病、青少年发育迟缓、孕妇高血压、老年人的骨质疏松症，缺钙还可引起神经病、糖尿病、外伤流血不止等多种过敏性疾病。补钙越来越被人们所重视，因此，许多钙制剂相应而生。钙制剂中钙的含量可采用 EDTA 法进行直接测定。

钙制剂一般用酸溶解并加入少量三乙醇胺，以消除 Fe^{3+} 等干扰离子，调节 pH≈12～13，以铬蓝黑 R 作指示剂，指示剂与钙生成红色的络合物，当用 EDTA 滴定至计量点时，游离出指示剂，溶液呈现蓝色。

三、主要仪器和试剂

1. 仪器

50mL 酸式滴定管，250mL 锥形瓶，250mL 容量瓶，移液管等。

2. 试剂

0.01mol/L EDTA 标准溶液，NaOH（5mol/L），HCl（6mol/L），三乙醇胺（200g/L），铬蓝黑 R（5g/L）乙醇溶液，Mg^{2+}-EDTA 溶液，铬黑 T 指示剂，甲基红指示剂，（1+1）氨水，NH_3-NH_4Cl 缓冲溶液（pH=10），钙制剂。

0.01mol/L $CaCO_3$ 标准溶液：准确称取基准物质 $CaCO_3$ 0.25g 左右，先以少量水润湿，再逐滴小心加入 6mol/L HCl，至 $CaCO_3$ 完全溶解，定量转入 250mL 容量瓶中，以水稀释至刻度，并计算其浓度。

四、实验内容

1. 0.01mol/L EDTA 标准溶液的配制及标定

用移液管吸取 25.00mL 0.01mol/L Ca^{2+} 标准溶液于锥形瓶中，加 1 滴甲基红，用氨水中和 Ca^{2+} 标准溶液中的 HCl，当溶液由红色变为黄色即可。加 20mL 水和 5mL Mg^{2+}-EDTA，然后加入 10mL NH_3-NH_4Cl 缓冲溶液，再加 3 滴铬黑 T 指示剂，立即用 EDTA 滴定，当溶液由酒红色转变为紫蓝色即为终点。平行测定 3 次，取平均值计算 EDTA 的准确浓度。

2. 钙制剂钙含量的测定

准确称取钙制剂（视含量多少而定，本实验以葡萄糖酸钙为例）2g 左右，加 6mol/L HCl 5mL，加热溶解完全后，定量转移到 250mL 容量瓶中，用水稀释至刻度，摇匀。

准确移取上述试液 25.00mL，加入 5mL 三乙醇胺溶液，5mL 5mol/L NaOH，加入 25mL 水，摇匀，加 3～4 滴铬蓝黑 R，用 0.01mol/L EDTA 标准溶液滴定至溶液由红色变为蓝色即为终点，根据消耗 EDTA 的体积，计算出钙的质量分数及每片中钙的含量（g/片）。

五、实验结果

1. 数据记录

c_{EDTA}/（mol/L）	1	2	3
钙制剂的质量/g			
V_{EDTA}/mL			
钙的质量分数			
每片中钙的含量/（g/片）			

2. 结果计算

计算平均值及相对平均偏差。

六、注意事项

钙制剂视钙含量多少而确定称量范围。有色有机钙因颜色干扰无法辨别终点，应先进行消化处理。牛奶、钙奶均为乳白色，终点颜色变化不太明显，接近终点时再补加 2～3 滴指示剂。

七、思考题

（1）试述铬蓝黑 R 的变色原理。
（2）计算钙制剂中钙含量分别为 40%、10%左右的称量范围。
（3）拟定牛奶和钙奶等液体钙制剂的测定方法。

实验 19　驱蛔灵糖浆中枸橼酸哌嗪含量的测定

一、实验目的

了解利用络合滴定法间接测定有机物质的方法。

二、实验原理

儿童服用的驱蛔灵糖浆中的有效成分为枸橼酸哌嗪，其结构式为

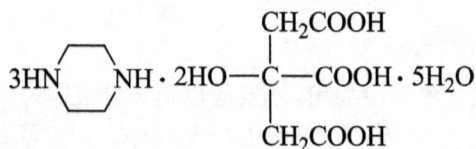

$$3HN \diagdown \diagup NH \cdot 2HO-\underset{\underset{CH_2COOH}{|}}{\overset{\overset{CH_2COOH}{|}}{C}}-COOH \cdot 5H_2O$$

枸橼酸哌嗪可与硝酸铅结合生成白色的哌嗪铅盐沉淀。将此白色沉淀从黄色糖浆中分离出来，用硝酸溶解后，以 EDTA 标准溶液滴定生成的硝酸铅，即可求得驱蛔灵糖浆中的枸橼酸哌嗪的含量。

三、主要仪器和试剂

1. 仪器

50mL 酸式滴定管，250mL 锥形瓶，250mL 容量瓶，50mL 量筒，漏斗，移液管等。

2. 试剂

0.02mol/L EDTA 标准溶液，0.01mol/L 硝酸，（1+1）硝酸，（1+1）氨水，酒石酸（10%水溶液），铬黑 T 指示剂，NH_3-NH_4Cl 缓冲溶液（pH=10）。

0.04mol/L 硝酸铅溶液：称取 6.5g 硝酸铅固体，先滴加少量（1+1）硝酸，再加蒸馏水，溶解后用蒸馏水稀释至 500mL。

四、实验内容

准确称取 2g 驱蛔灵糖浆于 150mL 小烧杯中，加入 30mL 0.04mol/L 硝酸铅溶液，生成白色沉淀。将此沉淀过滤，并以蒸馏水洗涤沉淀，每次约用 10mL 水，洗涤 6～7 次，取 100mL 容量瓶承接于漏斗下，滴加 5mL（1+1）硝酸于漏斗中以溶解沉淀。再以 0.01mol/L 硝酸溶液洗涤滤纸数次，洗涤液也收集于容量瓶中，以蒸馏水稀释至刻度，摇匀。

吸取上述铅盐溶液 25.00mL，以（1+1）氨水中和至浑浊出现，再滴加（1+1）硝酸使沉淀完全溶解。加入 5mL 酒石酸溶液、10mL NH_3-NH_4Cl 缓冲溶液及少许铬黑 T 指示剂，以 0.02mol/L EDTA 标准溶液滴定至溶液由紫红色变为纯蓝色。计算糖浆中枸橼酸哌嗪的含量。

五、实验结果

1. 数据记录

自行设计表格。

2. 结果计算

$$枸橼酸哌嗪含量（g/g）=\frac{c_{EDTA}\times V_{EDTA}\times 732.7}{m_{样品}}$$

计算平均值及相对平均偏差（$M_{枸橼酸哌嗪}$=732.7）。

六、注意事项

（1）因糖浆黏度较大，若用吸量管移取试样，体积误差较大，故本实验采用称量的方法取样。

（2）用 HNO_3 溶解漏斗中的沉淀时，应将滴定管接近沉淀慢慢滴加，以提高溶解效率。

七、思考题

（1）本实验中沉淀枸橼酸哌嗪的硝酸铅溶液浓度是否需要标定？

（2）在生成哌嗪铅盐白色沉淀后，除了本实验中将沉淀溶解进行测定的方法外，还可以用什么方法测定？

实验 20　自来水总硬度的测定（微型滴定法）

一、实验目的

（1）了解水硬度的测定意义和常用硬度的表示方法。

（2）掌握测定水的总硬度的方法和条件。

（3）掌握掩蔽干扰离子的条件及方法。

二、实验原理

水的总硬度是指水中镁盐和钙盐的含量。水硬度的测定分为水的总硬度及钙-镁硬度两种，前者是测定 Ca、Mg 总量，后者则是分别测定 Ca 和 Mg 的含量。硬度对工业用水影响很大，各种工业对水的硬度都有一定的要求，尤其是锅炉用水。饮用水硬度过高会影响肠胃的消化功能等。因此硬度是水质分析的重要指标之一。

国内外规定的测定水的总硬度的标准分析方法是在 pH=10 的氨性缓冲溶液中，以铬黑 T 为指示剂，用 EDTA 标准溶液滴定钙镁总量。用 EDTA 滴定 Ca^{2+}、Mg^{2+} 总量时，一般是在 pH=10 的氨性缓冲溶液中，以铬黑 T（EBT）为指示剂，计量点前 Ca^{2+} 和 Mg^{2+} 与 EBT 生成紫红色络合物，滴定至计量点时，游离出指示剂，溶液呈现纯蓝色。

滴定时用三乙醇胺掩蔽 Fe^{3+}、Al^{3+}、Ti^{4+}，以 Na_2S 或巯基乙酸掩蔽 Cu^{2+}、Pb^{2+}、Zn^{2+}、Cd^{2+}、Mn^{2+} 等干扰离子，消除对铬黑 T 指示剂的封闭作用。

为了提高滴定终点的敏锐性，氨性缓冲溶液中可加入一定量的 Mg^{2+}-EDTA。由于 Mg^{2+}-EDTA 的稳定性大于 Ca^{2+}-EDTA，使终点颜色变化明显。

对于水的总硬度，各国表示方法有所不同，我国《生活饮用水卫生标准》规定，生活用水总硬度以 $CaCO_3$ 计，不得超过 450mg/L。

三、主要仪器和试剂

1. 仪器

5mL 微型滴定管，50mL 锥形瓶，100mL 容量瓶，移液管等。

2. 试剂

0.01mol/L EDTA 标准溶液，HCl（6mol/L），三乙醇胺（200g/L），铬黑 T 指示剂，甲基红指示剂，氨水（5mol/L），NH_3-NH_4Cl 缓冲溶液（pH=10），Na_2S 溶液（20g/L），锌片（99.99%）。

氨性缓冲溶液（pH=10）的配制：称取 1g NH_4Cl，加入少量水使其溶解后，加入 5mL 浓氨水，加入 Mg^{2+}-EDTA 盐的全部溶液，用水稀释至 50mL。

Mg^{2+}-EDTA 盐溶液的配制：称取 0.13g $MgCl_2·6H_2O$ 于 50mL 烧杯中，加少量水溶解后转入 50mL 容量瓶中，用水稀释至刻度，用干燥的 25.00mL 移液管移取 25.00mL，加 5mL pH=10 的 NH_3-NH_4Cl 缓冲溶液，3～4 滴铬黑 T 指示剂，用 0.1mol/L EDTA 滴定至溶

液由紫红色变为蓝紫色，即为终点，取与消耗量同量的 EDTA 溶液加入容量瓶剩余的镁溶液中，即成 Mg^{2+}-EDTA 盐溶液。将此溶液全部加入上述缓冲溶液中。此缓冲溶液适用于镁盐含量低的水样。

四、实验内容

1. 0.01mol/L EDTA 标准溶液的标定

准确称取 0.1g 锌片于 50mL 烧杯中，加入 2mL 6mol/L HCl，盖上表面皿，待完全溶解后，用水吹洗表面皿和烧杯壁，将溶液转入 100mL 容量瓶，用水稀释至刻度，摇匀。

用移液管移取 1.00mL Zn^{2+} 溶液于 25mL 锥形瓶中，加 1 滴甲基红，滴加氨水使溶液呈现微黄色，再加 3mL 蒸馏水，1mL 氨性缓冲液，摇匀，加入 1 滴铬黑 T 指示剂（约 0.05mL），用 EDTA 溶液滴定至溶液由紫红色变为蓝紫色即为终点，平行测定 3～7 次，记下消耗 EDTA 溶液的体积（mL），计算 EDTA 溶液的浓度。

2. 水样的分析

打开水龙头，放水数分钟，用已洗净的试剂瓶承接 100mL 水样，盖上瓶盖备用。取水样 5.00～50mL 于锥形瓶中，加三乙醇胺 0.3mL（若水样含有重金属离子，需加入 0.1mL Na_2S 溶液），加入 1mL pH=10 的 NH_3-NH_4Cl 缓冲溶液及 1 滴铬黑 T 指示剂（约 0.05mL），用 EDTA 标准溶液滴定至溶液由紫红色变为蓝紫色即为终点。平行测定 3～7 次。计算水的总硬度，以 $CaCO_3$（mg/L）计。

五、实验结果

1. 数据记录

c_{EDTA}/（mol/L）	1	2	3
水样体积/mL			
EDTA 标液最后读数/mL			
EDTA 标液最初读数/mL			
EDTA 标液体积/mL			
水的总硬度/（mg/L）			
平均值			
相对偏差			

2. 结果计算

计算平均值及相对平均偏差。

六、注意事项

（1）水样中 HCO_3^-、H_2CO_3 含量高时，会影响终点变色的观察，加入 1 滴 HCl，使水样酸化，加热煮沸去除 CO_2。

（2）水样中含铁量超过 10mg/L 时，用三乙醇胺掩蔽不完全，需用蒸馏水将水样稀释到 Fe^{3+} 含量不超过 10mg/L。

七、思考题

（1）配位滴定中加入缓冲溶液有什么作用？

（2）什么样的水样应加含 Mg^{2+}-EDTA 的氨性缓冲溶液？Mg^{2+}-EDTA 的作用是什么？对测定结果有没有影响？

实验 21　保险丝中铅含量的测定

一、实验目的

（1）掌握保险丝的溶样方法。

（2）进一步巩固掩蔽剂在配位滴定中的应用。

二、实验原理

一般的保险丝主要成分为铅及少量的 Cu、Sb 等元素，用酸溶解后，在配位滴定中都能与 EDTA 形成配合物。在酸性溶液中采用硫脲掩盖 Cu，NH_4F 掩蔽 Sb，六次甲基四胺调节试液 pH=5～6，二甲酚橙为指示剂，用 EDTA 滴定可测定出铅的含量。

三、主要仪器和试剂

1. 仪器

50mL 酸式滴定管，250mL 锥形瓶，250mL 容量瓶，移液管等。

2. 试剂

0.01mol/L EDTA 标准溶液，0.01mol/L 锌标准溶液，六次甲基四胺（200g/L），HNO_3（5mol/L），二甲酚橙（2g/L），甲基红指示剂，（1+1）氨水，NH_3-NH_4Cl 缓冲溶液，铬黑 T 指示剂，NH_4F（固体），硫脲（固体），保险丝。

四、实验内容

1. 0.01mol/L EDTA 标准溶液的配制及标定

用移液管吸取 25.00mL 0.01mol/L Zn^{2+} 标准溶液于锥形瓶中，加 1 滴甲基红，用（1+1）氨水中和 Zn^{2+} 标准溶液中的 HCl，溶液由红色变为黄色时即可。加 20mL 水和 10mL NH_3-NH_4Cl 缓冲溶液，再加 3 滴铬黑 T 指示剂，用 EDTA 溶液滴定，当溶液由红色变为蓝紫色且 30s 不褪色即为终点。平行测定 3 次，取平均值计算 EDTA 的准确浓度。

2. 保险丝中铅含量的测定

称取 0.5g 保险丝试样，加 20mL 5mol/L HNO_3，加热微沸至溶解完全，冷却至室温，定量转入 250mL 容量瓶中，用水稀释至刻度，摇匀。

移取上述试液 25.00mL 于 250mL 锥形瓶中，加 20mL 水、1g NH_4F 固体、1g 硫脲固体，加热至 60～70℃，保温 2min，冷却至室温，加入 2～3 滴二甲酚橙，滴加六次甲基四胺溶液，使溶液呈现稳定的紫红色，再过量 5mL，用 0.01mol/L EDTA 标准溶液滴定至溶液由红色变为亮黄色即为终点，根据消耗 EDTA 的体积计算保险丝中铅的质量分数。

五、实验结果

1. 数据记录

编号	1	2	3
c_{EDTA}/（mol/L）			
保险丝质量/g			
保险丝试样溶液体积/mL			
V_{EDTA}/mL			
保险丝中铅的质量分数			

2. 结果计算

计算平均值及相对平均偏差。

六、思考题

（1）试述二甲酚橙的变色原理。

（2）溶解保险丝时能否用 HCl 和 H_2SO_4 溶解？为什么？

（3）滴加六次甲基四胺溶液，溶液呈现稳定的紫红色后，为什么要再过量 5mL？

实验 22　铋铅混合液中铋、铅含量的连续配位滴定

一、实验目的

（1）学会控制不同的酸度对不同离子进行连续测定。

（2）掌握用 EDTA 进行连续滴定的方法。

（3）了解二甲酚橙指示剂的应用。

二、实验原理

混合离子的滴定常用控制酸度法、掩蔽法进行，可根据有关副反应系数论证对它们分别滴定的可能性。

测定 Pb^{2+} 与 Bi^{3+} 均以二甲酚橙为指示剂。二甲酚橙属于三苯甲烷类指示剂，易溶于水，它有 7 级酸式解离，其中 H_7In 至 H_3In^{4-} 呈黄色、H_2In^{5-} 至 In^{7-} 呈红色。因此，它在溶液中的颜色随酸度而变，在溶液 pH＜6.3 时呈黄色，pH＞6.3 时呈红色。二甲酚橙与

Bi^{3+} 及 Pb^{2+} 的配合物呈紫红色，它们的稳定性与 Bi^{3+}、Pb^{2+} 和 EDTA 所成配合物的稳定性相比要弱一些。

Bi^{3+}、Pb^{2+} 均能与 EDTA 形成稳定的配合物，lgK 值分别为 27.93 和 18.04，BiY 和 PbY 两者稳定常数相差很大，所以可以利用酸效应，控制不同的酸度，用 EDTA 分别测定 Bi^{3+}、Pb^{2+} 的含量，通常在 pH≈1 时测定 Bi^{3+}，测定 Bi^{3+} 后，加入六次甲基四胺溶液，调节试液 pH≈5~6，再测定 Pb^{2+}。

在 Bi^{3+}-Pb^{2+} 混合溶液中，首先调节溶液的 pH≈1，以二甲酚橙为指示剂，Bi^{3+} 与指示剂形成紫红色配合物（Pb^{2+} 在此条件下不会与二甲酚橙形成有色配合物），用 EDTA 标液滴定 Bi^{3+}，当溶液由紫红色恰好变为黄色，即为滴定 Bi^{3+} 的终点。在滴定 Bi^{3+} 后的溶液中，加入六次甲基四胺溶液，调节溶液 pH=5~6，此时 Pb^{2+} 与二甲酚橙形成紫红色配合物，溶液再次呈现紫红色，然后用 EDTA 标准溶液继续滴定，当溶液由紫红色恰好转变为黄色时，即为滴定 Pb^{2+} 的终点。

三、主要仪器和试剂

1. 仪器

50mL 酸式滴定管，250mL 锥形瓶，250mL 容量瓶，25mL 移液管，10mL 量筒等。

2. 试剂

0.01mol/L EDTA 标准溶液，0.01mol/L 锌标准溶液，六次甲基四胺（200g/L），二甲酚橙（2g/L）等。

Bi^{3+}、Pb^{2+} 混合液（含 Bi^{3+}、Pb^{2+} 各约 0.01mol/L）：称取 48g $Bi(NO_3)_3$、33g $Pb(NO_3)_2$ 移入含 312mL 5mol/L HNO_3 的烧杯中，在电炉上微热溶解后，稀释至 10L。

四、实验内容

1. 0.01mol/L EDTA 标准溶液的配制及标定

用移液管吸取 25.00mL 0.01mol/L Zn^{2+} 标准溶液于锥形瓶中，加 1 滴甲基红，用（1+1）氨水中和 Zn^{2+} 标准溶液中的 HCl，溶液由红色变为黄色时即可。加 20mL 水和 10mL NH_3-NH_4Cl 缓冲溶液，再加 3 滴铬黑 T 指示剂，用 EDTA 溶液滴定，当溶液由红色变为蓝紫色且 30s 不褪色即为终点。平行测定 3 次，取平均值计算 EDTA 的准确浓度。

2. Bi^{3+}、Pb^{2+} 混合液的测定

用移液管移取 3 份 25.00mL Bi^{3+}、Pb^{2+} 混合液于 250mL 锥形瓶中，加 1~2 滴二甲酚橙指示剂，用 EDTA 标准溶液滴定，当溶液由紫红色恰好变为黄色，即为 Bi^{3+} 的终点。根据消耗的 EDTA 体积，计算混合液中 Bi^{3+} 的含量（以 g/L 表示）。

在滴定 Bi^{3+} 后的溶液中，滴加六次甲基四胺溶液，至呈现稳定的紫红色后，再过量加入 5mL，此时溶液的 pH 为 5~6。用 EDTA 标准溶液滴定，当溶液由紫红色恰好转变为

黄色，即为终点。根据滴定结果，计算混合液中 Pb^{2+} 的含量（以 g/L 表示）。

五、实验结果

1. 数据记录

EDTA 标准溶液浓度/（mol/L）			
混合液体积/mL	25.00	25.00	25.00
第一终点读数/mL			
第二终点读数/mL			
V_1/mL			
V_2/mL			
平均 V_1/mL			
平均 V_2/mL			
c_{Bi}/（mol/L）			
c_{Pb}/（mol/L）			

2. 结果计算

计算平均值及相对平均偏差。

六、注意事项

（1）进行滴定时，滴定速度不要太快，并应不断摇动，以防局部酸度过大，使分析结果误差较大。

（2）在滴定时，要注意试剂加入的顺序和滴加的量，不要滴过。

七、思考题

（1）测定 Pb^{2+} 能否用 HAc-NaAc（pH=5）作缓冲溶液？为什么？

（2）描述连续滴定 Bi^{3+}、Pb^{2+} 混合液的过程中，锥形瓶中颜色变化的情形，以及颜色变化的原因。

（3）为什么不用 NaOH、NaAc 或 $NH_3 \cdot H_2O$，而用六次甲基四胺调节 pH 为 5～6？

（4）本实验能否在 pH=5～6 的溶液中先测定 Bi^{3+} 和 Pb^{2+} 的总量，然后调节 pH=1 测定 Bi^{3+} 的含量？

实验 23　工业硫酸铝中铝含量的测定

一、实验目的

（1）进一步掌握配位滴定的原理和方法。

（2）掌握置换滴定原理。

二、实验原理

工业硫酸铝中常含有少量的 Fe、Ti 等重金属离子，由于 Al^{3+} 易形成一系列多核羟基配合物，这些多核羟基配合物与 EDTA 配位缓慢，故通常采用返滴定法测定铝。加入定量且过量的 EDTA 标准溶液，在 pH≈3.5 时煮沸几分钟，使 Al^{3+} 与 EDTA 配位完全，继而 pH 为 5～6，以二甲酚橙为指示剂，用 Zn^{2+} 盐溶液返滴定过量的 EDTA 而得铝的含量。

返滴定测定铝含量时，所有能与 EDTA 形成稳定配合物的离子都产生干扰，缺乏选择性，因此一般采用氧化物置换法测定铝含量，即在用 Zn^{2+} 盐标准溶液滴定过量的 EDTA（不计体积）后，加入过量 NH_4F，加热至沸，使 AlY^- 与 F^- 之间发生置换反应，并释放出与 Al^{3+} 等物质的量的 EDTA：

$$AlY^- + 6F^- + 2H^+ \Longrightarrow AlF_6^{3-} + H_2Y^{2-}$$

释放出来的 EDTA 再用 Zn^{2+} 盐标准溶液滴定至紫红色，即为终点。

三、主要仪器和试剂

1. 仪器

50mL 酸式滴定管，250mL 锥形瓶，250mL 容量瓶，25mL 移液管，10mL 量筒等。

2. 试剂

0.02mol/L EDTA 标准溶液，0.01mol/L 锌标准溶液，六次甲基四胺（200g/L），二甲酚橙（2g/L），（1+3）HCl，（1+1）氨水，NH_4F（200g/L，储于塑料瓶中），工业硫酸铝。

四、实验内容

准确称取 1.5～1.8g 工业硫酸铝于小烧杯中，加水使试样溶解完全。定量转移试液于 250mL 容量瓶中，加水至刻度，摇匀。

准确移取 25.00mL 上述试液于 250mL 锥形瓶中，加 1mL HCl、30mL EDTA、2 滴二甲酚橙，此时试液为黄色，加氨水至溶液呈紫红色，再加 HCl 溶液，使溶液呈现黄色。煮沸 3min，冷却。加 20mL 六次甲基四胺，此时溶液应为黄色，如果溶液呈红色，还需滴加 HCl 溶液，使其变黄。Zn^{2+} 滴入锥形瓶中，用来与多余的 EDTA 配位，当溶液恰好由黄色变为紫红色时停止滴定。

于上述溶液中加 10mL NH_4F，加热至微沸，流水冷却，再补加 2 滴二甲酚橙，此时溶液应为黄色，若为红色，应滴加 HCl 溶液使其变黄，再用锌标准溶液滴定，当溶液由黄色恰好变为紫红色时即为终点，根据这次锌标准溶液所耗体积计算 Al 的质量分数。

五、实验结果

1. 数据记录

编号	1	2	3
$c_{Zn^{2+}}$ /（mol/L）			
硫酸铝的质量/g			
锌标准溶液消耗的体积/mL			
铝的质量分数			
铝的平均质量分数			

2. 结果计算

计算平均值及相对平均偏差。

六、注意事项

（1）EDTA 与铝反应时，EDTA 应过量，否则反应不完全。

（2）加入二甲酚橙指示剂后，如果溶液为紫红色，则可能是试样中铝含量过高，EDTA 加入量不足，应适量补加。

七、思考题

（1）用锌标准溶液滴定多余的 EDTA，为什么不计滴定体积？能否不用锌标准溶液，而用没有准确浓度的锌溶液滴定？

（2）实验中使用的 EDTA 需不需要标定？

（3）能否采用 EDTA 直接滴定的方法测定铝含量？

3.5　氧化还原滴定实验

氧化还原滴定法是以溶液中氧化剂和还原剂之间的电子转移为基础的一种滴定分析方法。与酸碱滴定法和配位滴定法相比，氧化还原滴定法应用非常广泛，它不仅可用于无机分析，而且可以广泛用于有机分析，许多具有氧化性或还原性的有机化合物可以用氧化还原滴定法来测定。

氧化还原反应的反应机理往往比较复杂，常伴随多种副反应，或容易引起诱导反应，而且反应速率较低，有时需要加热或加催化剂来加速。这些干扰都需针对具体情况，采用不同的方法加以克服，否则会影响滴定的定量关系。

氧化还原滴定的等当点可借助仪器（如电位分析法）确定，但通常借助指示剂判断。有些滴定剂溶液或被滴定物质本身有足够深的颜色，如果反应后褪色，则其本身就可以起到指示剂的作用，如高锰酸钾。而可溶性淀粉与痕量碘能生成深蓝色物质，当碘被还原成碘离子时，深蓝色消失，因此在碘量法中通常用淀粉溶液作指示剂。本身发生氧化还原反应的指示剂，如二苯胺磺酸钠、次甲基蓝等，在滴定到达等当点附近时，也发生氧化还原反应，且其氧化态和还原态的颜色有明显差别，从而指示出滴定终点。

实验 24　高锰酸钾标准溶液的配制和标定

一、实验目的

（1）掌握 $KMnO_4$ 溶液的配制与标定方法。

（2）掌握用 $Na_2C_2O_4$ 标定 $KMnO_4$ 溶液浓度的方法和注意事项。

二、实验原理

高锰酸钾是最常用的氧化剂之一。市售的高锰酸钾常含有少量杂质，如硫酸盐、氯化物及硝酸盐等，因此不能用直接法配制准确浓度的溶液。$KMnO_4$ 是强氧化剂，易与水中的有机物、空气中的尘埃等还原性物质作用；$KMnO_4$ 又能自行分解：

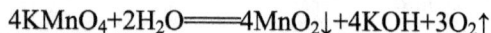

$$4KMnO_4 + 2H_2O \Longrightarrow 4MnO_2\downarrow + 4KOH + 3O_2\uparrow$$

分解的速度随溶液的 pH 变化而变化。在中性溶液中分解很慢，但 Mn^{2+} 和 MnO_2 能加速 $KMnO_4$ 的分解，见光则分解更快，溶液的浓度容易改变。通常配制的 $KMnO_4$ 溶液要在暗处放置数天，待 $KMnO_4$ 把还原性杂质充分氧化后，再除去生成的 MnO_2 沉淀，然后标定其准确浓度并保存于暗处。

标定 $KMnO_4$ 溶液的基准物质很多，如 $Na_2C_2O_4$、$H_2C_2O_4 \cdot 2H_2O$、As_2O_3 和纯铁丝等。其中 $Na_2C_2O_4$ 不含结晶水，容易精制，最为常用。

在酸性溶液中，$KMnO_4$ 和 $Na_2C_2O_4$ 反应如下：

$$2MnO_4^- + 5C_2O_4^{2-} + 16H^+ \Longrightarrow 2Mn^{2+} + 10CO_2\uparrow + 8H_2O$$

在滴定过程中，应控制温度、酸度和滴定速度。由于 MnO_4^- 为紫色，Mn^{2+} 为无色，因此滴定时可利用 MnO_4^- 本身的颜色指示滴定终点。

三、主要仪器和试剂

1. 仪器

50mL 酸式滴定管，250mL 锥形瓶，10mL 量筒，500mL 棕色试剂瓶，烧杯，微孔玻璃漏斗，抽滤装置，水浴锅，电炉，温度计等。

2. 试剂

0.02mol/L $KMnO_4$，$Na_2C_2O_4$ 基准物质，3mol/L H_2SO_4，1mol/L $MnSO_4$。

四、实验内容

1. 0.02mol/L $KMnO_4$ 标准溶液的配制

在台秤上称取约 1.6g $KMnO_4$ 固体，置于 1000mL 烧杯中，加 500mL 蒸馏水使其溶解，盖上表面皿，加热至沸并保持微沸状态约 1h，中途间或补加一定量的蒸馏水，以保持溶液体积基本不变。冷却后将溶液转移至棕色瓶内，在暗处放置 2~3 天，然后用微孔玻璃漏斗（3 号或 4 号）过滤除去 MnO_2 等杂质，滤液储存于棕色试剂瓶内备用。另外，也可将 $KMnO_4$ 固体溶于煮沸过的蒸馏水中，让该溶液在暗处放置 6～10 天，用微孔玻璃漏斗过滤备用。有时也可不经过滤而直接取上层清液进行实验。

2. 0.02mol/L $KMnO_4$ 标准溶液的标定

准确称取 3 份 105℃ 干燥至恒量的 $Na_2C_2O_4$ 基准物质 0.15～0.20g，分别置于 250mL 锥形瓶中，加 50mL 新鲜蒸馏水使之溶解，再加入 15mL 3mol/L H_2SO_4 和 2～3 滴 1mol/L $MnSO_4$，然后将锥形瓶置于水浴上加热至 75～85℃（刚好冒蒸汽），趁热用 $KMnO_4$ 溶液滴定至溶液呈微红色并保持 30s 不褪色即为终点。根据滴定消耗的 $KMnO_4$ 溶液的体积和 $Na_2C_2O_4$ 的量，计算 $KMnO_4$ 溶液的浓度（$KMnO_4$ 标准溶液久置后需重新标定）。

五、实验结果

1. 数据记录

编号	1	2	3
$m_{Na_2C_2O_4}$ /g			
V_{KMnO_4} /mL			
c_{KMnO_4} /（mol/L）			
c_{KMnO_4} 平均/（mol/L）			

2. 结果计算

$$c_{KMnO_4} = \frac{2m_{Na_2C_2O_4}}{5V_{KMnO_4} \times M_{Na_2C_2O_4} \times 10} \times 1000$$

计算平均值及相对平均偏差。

六、注意事项

（1）市售 $KMnO_4$ 中常含少量的 MnO_2 杂质，在配成溶液后，有 MnO_2 混在里面会起催化剂作用使 $KMnO_4$ 逐渐分解，所以必须过滤除去（过滤不可用滤纸）。配制必须使用新煮沸并且放冷的蒸馏水，也不能含有有机还原剂，以防还原 $KMnO_4$。

（2）由于 $Na_2C_2O_4$ 与 $KMnO_4$ 的反应较慢，需加热，但反应仍然较慢，故开始滴定时加入的 $KMnO_4$ 颜色不能立即褪色，但一经反应生成 Mn^{2+} 后，Mn^{2+} 对反应有催化作用，反应速率加快。

（3）滴定时溶液的酸度应保持在 1～2mol/L。

（4）滴定终了时，溶液温度应不低于 55℃，否则因反应速率较慢影响终点的观察与准确性。

（5）光线能促使 $KMnO_4$ 分解，故 $KMnO_4$ 溶液应储存于棕色试剂瓶中，并在暗处放置 7~10 天。

（6）由于氧化还原反应速率较慢，滴定速度不宜过快。

七、思考题

（1）配制 KMnO₄ 溶液应注意什么？用基准物质 Na₂C₂O₄ 标定 KMnO₄ 时，应在什么条件下进行？

（2）为什么用 H₂SO₄ 使溶液呈酸性？可以用 HCl 或 HNO₃ 吗？

实验 25　市售双氧水中过氧化氢含量的测定

一、实验目的

（1）掌握 KMnO₄ 溶液的配制与标定方法，对自动催化反应有所了解。

（2）掌握 KMnO₄ 测定过氧化氢的原理和方法。

（3）对 KMnO₄ 自身指示剂的特点有所体会。

二、实验原理

H_2O_2 分子中有一个过氧键—O—O—，在酸性溶液中它是强氧化剂，但遇 KMnO₄ 时表现为还原剂。在稀硫酸溶液中，H_2O_2 在室温下能定量、迅速地被高锰酸钾氧化，因此，可用高锰酸钾法测定其含量，有关反应式为

$$2MnO_4^- + 5H_2O_2 + 6H^+ =\!=\!= 2Mn^{2+} + 5O_2\uparrow + 8H_2O$$

该反应在开始时比较缓慢，滴入的第一滴 KMnO₄ 溶液不容易褪色，待生成少量 Mn^{2+} 后，由于 Mn^{2+} 的催化作用，反应速率逐渐加快，因而称为自动催化反应。化学计量点后，稍微过量的滴定剂 KMnO₄（约 10^{-6} mol/L）呈现微红色指示终点的到达。根据 KMnO₄ 标准溶液的浓度和滴定所消耗的体积，可算出试样中 H_2O_2 的含量。

若 H_2O_2 试样中含有乙酰苯胺等稳定剂，则不宜用 KMnO₄ 法测定，因为此类稳定剂也消耗 KMnO₄。这时可采用碘量法测定，利用 H_2O_2 与 KI 作用析出 I_2，然后用标准硫代硫酸钠溶液滴定生成的 I_2，根据滴定 I_2 所消耗的 $Na_2S_2O_3$ 标准溶液的体积，可以算出 H_2O_2 的浓度。

三、主要仪器和试剂

1. 仪器

50mL 酸式滴定管，250mL 锥形瓶，10mL 量筒，500mL 棕色试剂瓶，250mL 容量瓶，烧杯，移液管，微孔玻璃漏斗，抽滤装置，水浴锅，电炉，温度计等。

2. 试剂

0.02mol/L KMnO₄，Na₂C₂O₄ 基准物质，3mol/L H₂SO₄，1mol/L MnSO₄。

3% H_2O_2 试样：市售 30% H_2O_2 稀释 10 倍而成，储存在棕色试剂瓶中。

四、实验内容

1. 0.02mol/L KMnO₄ 标准溶液的配制与标定

准确称取 3 份 105℃干燥至恒量的 Na₂C₂O₄ 基准物质 0.15～0.20g，分别置于 250mL 锥形瓶中，加新鲜蒸馏水 50mL 使之溶解，再加入 15mL 3mol/L H₂SO₄，2～3 滴 1mol/L MnSO₄，然后将锥形瓶置于水浴上加热至 75～85℃（刚好冒蒸汽），趁热用 KMnO₄ 溶液滴定至溶液呈微红色并保持 30s 不褪色即为终点。根据滴定消耗的 KMnO₄ 溶液的体积和 Na₂C₂O₄ 的量，计算 KMnO₄ 溶液的浓度（KMnO₄ 标准溶液久置后需重新标定）。

2. H₂O₂ 含量的测定

用移液管移取 10.00mL H₂O₂ 试样于 250mL 容量瓶中，加水稀释至刻度，摇匀。移取 25.00mL 该稀溶液 3 份，分别置于 250mL 锥形瓶中，加 10mL 3mol/L H₂SO₄ 和 2～3 滴 MnSO₄ 溶液，然后用 KMnO₄ 标准溶液滴至溶液呈微红色并在 30s 内不褪色即为终点。根据 KMnO₄ 标准溶液的浓度和滴定消耗的体积计算 H₂O₂ 试样的含量。

五、实验结果

1. 数据记录

编号	1	2	3
c_{KMnO_4} / (mol/L)			
V_{KMnO_4} /mL			
$w_{\text{H}_2\text{O}_2}$ / (g/L)			
$w_{\text{H}_2\text{O}_2}$ 平均/ (g/L)			

2. 结果计算

$$w_{\text{H}_2\text{O}_2} = \frac{5c_{\text{KMnO}_4} \times V_{\text{KMnO}_4} \times M_{\text{H}_2\text{O}_2}}{2V_{\text{H}_2\text{O}_2}} \times \frac{250.0}{25.00}$$

计算平均值及相对平均偏差。

六、注意事项

（1）开始滴定时滴加速度应特别慢，当第一滴 KMnO₄ 颜色消失后（生成了 Mn²⁺）再继续滴定，这时的滴定速度可以加快。

（2）若是样品中含有少量稳定剂乙酰苯胺会干扰测定，应改用碘量法。

七、思考题

（1）用 KMnO₄ 法测定 H₂O₂ 含量时，能否在加热条件下滴定？为什么？

（2）用 KMnO₄ 法测定 H₂O₂ 含量时，能否用 HNO₃、HCl 或 HAc 来调节溶液酸度？为什么？

实验 26　间接滴定法测定钙制剂中的钙含量

一、实验目的

（1）了解沉淀分离的基本要求及操作。

（2）掌握氧化还原法间接测定钙含量的原理及方法。

二、实验原理

钙与身体健康息息相关，钙除成骨以支撑身体外，还参与人体的代谢活动，它是细胞的主要阳离子，还是人体最活跃的元素之一。缺钙可导致儿童佝偻病，青少年发育迟缓，孕妇高血压，老年人的骨质疏松症，缺钙还可引起神经病、糖尿病、外伤流血不止等多种过敏性疾病。补钙越来越被人们所重视，因此，许多钙制剂相应而生。

Ca^{2+} 与 $C_2O_4^{2-}$ 能形成难溶的草酸盐沉淀的反应，可以用高锰酸钾法间接测定它们的含量。反应如下：

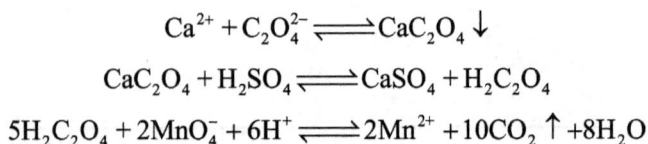

$$Ca^{2+} + C_2O_4^{2-} \rightleftharpoons CaC_2O_4 \downarrow$$

$$CaC_2O_4 + H_2SO_4 \rightleftharpoons CaSO_4 + H_2C_2O_4$$

$$5H_2C_2O_4 + 2MnO_4^- + 6H^+ \rightleftharpoons 2Mn^{2+} + 10CO_2 \uparrow + 8H_2O$$

用该法测定某些钙制剂（如葡萄糖酸钙、钙立得、盖天力等）中的钙含量，分析结果与标示量吻合。

三、主要仪器和试剂

1. 仪器

50mL 酸式滴定管，250mL 锥形瓶，10mL 量筒，500mL 棕色试剂瓶，烧杯，漏斗，滤纸，微孔玻璃漏斗，抽滤装置，水浴锅，电炉，温度计等。

2. 试剂

0.02mol/L KMnO₄，Na₂C₂O₄ 基准物质，3mol/L H₂SO₄，1mol/L H₂SO₄，1mol/L MnSO₄，0.1mol/L AgNO₃，(NH₄)₂C₂O₄（5g/L），氨水（10%），（1+1）HCl，浓盐酸，甲基橙指示剂（1g/L）。

四、实验内容

1. 0.02mol/L KMnO₄ 标准溶液的配制与标定

准确称取 3 份 105℃干燥至恒量的 Na₂C₂O₄ 基准物质 0.15～0.20g，分别置于 250mL 锥形瓶中，加新鲜蒸馏水 50mL 使之溶解，再加入 15mL 3mol/L H₂SO₄，2～3 滴 1mol/L MnSO₄，然后将锥形瓶置于水浴上加热至 75～85℃（刚好冒蒸汽），趁热用 KMnO$_4$ 溶液滴定至溶液呈微红色并保持 30s 不褪色即为终点。根据滴定消耗的 KMnO$_4$ 溶液的体积和 Na$_2$C$_2$O$_4$ 的量，计算 KMnO$_4$ 溶液的浓度（KMnO$_4$ 标准溶液久置后需重新标定）。

2. 钙含量的测定

准确称取钙制剂两份（每份含钙约 0.5g），分别置于 250mL 烧杯中，加入适量蒸馏水及 HCl 溶液，加热促使其溶解。于溶液中加入 2～3 滴甲基橙，以氨水中和溶液由红色转变为黄色，趁热逐滴加约 50mL (NH$_4$)$_2$C$_2$O$_4$，在低温电热板上（或水浴中）陈化 30min 冷却后过滤（先将上层清液倾入漏斗中），将烧杯中的沉淀洗涤数次后转入漏斗中，继续洗涤沉淀至无 Cl$^-$（承接洗液在 HNO$_3$ 介质中以 AgNO$_3$ 检查），将带有沉淀的滤纸铺在原烧杯的内壁上，用 50mL 1mol/L H$_2$SO$_4$ 把沉淀从滤纸上洗入烧杯中，再用洗瓶洗 2 次，加入蒸馏水使总体积约 100mL，加热至 70～80℃，用 KMnO$_4$ 标准溶液滴定至溶液呈淡红色，再将滤纸搅入溶液中，若溶液褪色，则继续滴定，直至出现的淡红色 30s 内不褪色即为终点。

五、实验结果

1. 数据记录

编号	1	2	3
m_s/g			
c_{KMnO_4} /（mol/L）			
V_{KMnO_4}/mL			
w_{Ca}/%			
w_{Ca} 平均/%			
w_{Ca} 标示量/%			
相对平均偏差/%			

2. 结果计算

计算平均值及相对平均偏差。

六、注意事项

（1）若用均匀沉淀法分离，则在试样分解后，加入 50mL (NH$_4$)$_2$C$_2$O$_4$ 及尿素[CO(NH$_2$)$_2$] 后加热，CO(NH$_2$)$_2$ 水解产生的 NH$_3$ 均匀地中和 H$^+$，可使 Ca^{2+} 均匀地沉淀为 CaC$_2$O$_4$ 的粗大晶形沉淀。

（2）注意滴定速度，防止滴定过量。

（3）CaC$_2$O$_4$ 转移、洗涤时，必须把滤纸上的沉淀洗涤干净，且滤纸一定要放入烧杯中一起滴定。

七、思考题

（1）以$(NH_4)_2C_2O_4$沉淀钙时，pH控制为多少？为什么选择这个pH？

（2）加入$(NH_4)_2C_2O_4$时，为什么要在热溶液中逐滴加入？

（3）洗涤CaC_2O_4沉淀时，为什么要洗至无Cl^-？

（4）试比较$KMnO_4$法测定Ca^{2+}和络合滴定法测定Ca^{2+}的优缺点。

实验 27　水中化学耗氧量的测定

一、实验目的

（1）初步了解环境分析的重要性及水样的采集和保存方法。

（2）了解水样化学耗氧量的意义。

（3）对水中化学耗氧量与水体污染的关系有所了解。

（4）掌握高锰酸钾和重铬酸钾法测定水中化学耗氧量的原理及方法。

二、实验原理

水样的耗氧量是水质污染程度的主要指标之一，它分为生物耗氧量（BOD）和化学耗氧量（COD）两种。BOD是指水中有机物质发生生物过程时所需要氧的量；COD是指在特定条件下，用强氧化剂处理水样时，水样所消耗的氧化剂的量，常用每升水消耗 O_2 的量表示。水样中的化学耗氧量与测试条件有关，因此应严格控制反应条件，按规定的操作步骤进行测定。

测定化学耗氧量的方法有重铬酸钾法、酸性高锰酸钾法和碱性高锰酸钾法。重铬酸钾法是指在强酸性条件下，向水样中加入过量的$K_2Cr_2O_7$，让其与水样中的还原性物质充分反应，剩余的$K_2Cr_2O_7$以邻菲啰啉为指示剂，用硫酸亚铁铵标准溶液返滴定。根据消耗的$K_2Cr_2O_7$溶液的体积和浓度，计算水样的耗氧量。氯离子干扰测定，可在回流前加硫酸银除去。该法适用于工业污水及生活污水等含有较多复杂污染物的水样的测定。其滴定反应式为

$$Cr_2O_7^{2-}+6Fe^{2+}+14H^+ \rightleftharpoons 2Cr^{3+}+6Fe^{3+}+7H_2O$$

酸性高锰酸钾法测定水样的化学耗氧量是指在酸性条件下，向水样中加入过量的$KMnO_4$溶液，并加热溶液让其充分反应，然后再向溶液中加入过量的 $Na_2C_2O_4$ 标准溶液还原多余的 $KMnO_4$，剩余的 $Na_2C_2O_4$ 再用 $KMnO_4$ 溶液返滴定。根据 $KMnO_4$ 的浓度和水样所消耗的 $KMnO_4$ 溶液体积，计算水样的耗氧量。该法适用于污染不十分严重的地面水和河水等的化学耗氧量的测定。若水样中 Cl^- 含量较高，可加入 Ag_2SO_4 消除干扰，也可改用碱性高锰酸钾法进行测定。有关反应如下：

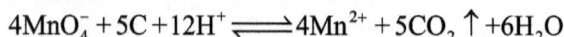

$$4MnO_4^-+5C+12H^+ \rightleftharpoons 4Mn^{2+}+5CO_2\uparrow+6H_2O$$

$$2MnO_4^-+5C_2O_4^{2-}+16H^+ \rightleftharpoons 2Mn^{2+}+10CO_2\uparrow+8H_2O$$

这里，C泛指水中的还原性物质或耗氧物质，主要为有机物。

三、主要仪器和试剂

1. 仪器

50mL 酸式滴定管，250mL 锥形瓶，量筒，棕色试剂瓶，250mL 容量瓶，移液管，烧杯，水浴锅，电炉，回流装置等。

2. 试剂

0.02mol/L $KMnO_4$ 标准溶液，6mol/L H_2SO_4，浓硫酸，Ag_2SO_4（固体）。

$KMnO_4$ 溶液（约 0.002mol/L）：移取 25.00mL（约 0.02mol/L）$KMnO_4$ 标准溶液于 250mL 容量瓶中，加水稀释至刻度，摇匀即可。

$Na_2C_2O_4$ 标准溶液（约 0.005mol/L）：准确称取 0.16～0.18g $Na_2C_2O_4$ 基准物质，在 105℃烘干 2h，冷却后置于小烧杯中，用适量水溶解后，定量转移至 250mL 容量瓶中，加水稀释至刻度，摇匀。按实际称取质量计算其准确浓度。

$K_2Cr_2O_7$ 溶液（约 0.040mol/L）：准确称取约 2.9g 在 150～180℃烘干过的 $K_2Cr_2O_7$ 基准试剂于小烧杯中，加少量水溶解后，定量转入 250mL 容量瓶中，加水稀释至刻度，摇匀。按实际称取的质量计算其准确浓度。

邻二氮菲指示剂：称取 1.485g 邻二氮菲和 0.695g $FeSO_4 \cdot 7H_2O$，溶于 100mL 水中，摇匀，储于棕色瓶中。

硫酸亚铁铵（0.1mol/L）：用小烧杯称取 9.8g 六水硫酸亚铁铵，加 10mL 6mol/L H_2SO_4 溶液和少量水，溶解后加水稀释至 250mL，储于试剂瓶内，待标定。

四、实验内容

1. 水样中化学耗氧量的测定（酸性高锰酸钾法）

（1）0.02mol/L $KMnO_4$ 标准溶液的配制与标定。准确称取 3 份 105℃干燥至恒量的 $Na_2C_2O_4$ 基准物质 0.15～0.20g，分别置于 250mL 锥形瓶中，加新鲜蒸馏水 50mL 使之溶解，再加入 15mL 3mol/L H_2SO_4，2～3 滴 1mol/L $MnSO_4$，然后将锥形瓶置于水浴上加热至 75～85℃（刚好冒蒸汽），趁热用 $KMnO_4$ 溶液滴定至溶液呈微红色并保持 30s 不褪色即为终点。根据滴定消耗的 $KMnO_4$ 溶液的体积和 $Na_2C_2O_4$ 的量，计算 $KMnO_4$ 溶液的浓度（$KMnO_4$ 标准溶液久置后需重新标定）。

（2）化学耗氧量的测定。于 250mL 锥形瓶中，加入 100.00mL 水样和 5mL 6mol/L H_2SO_4 溶液，再用滴定管或移液管准确加入 10.00mL 0.002mol/L $KMnO_4$ 标准溶液，然后尽快加热溶液至沸，并准确煮沸 10min（紫红色不应褪去，否则应增加 $KMnO_4$ 溶液的体积）。取下锥形瓶，冷却 1min 后，准确加入 10.00mL 0.005mol/L $Na_2C_2O_4$ 标准溶液，充分摇匀（此时溶液应为无色，否则应增加 $Na_2C_2O_4$ 的用量，记下加入 $Na_2C_2O_4$ 溶液的总体积 V_1）。趁热用 0.002mol/L $KMnO_4$ 标准溶液滴定至溶液呈微红色，记下消耗 $KMnO_4$ 溶液的总体积 V_2。如此平行测定 3 次。另取 100mL 蒸馏水代替水样进行实验，求空白值。计算水样的化学耗氧量。

2. 水样中化学耗氧量的测定（重铬酸钾法）

（1）硫酸亚铁铵溶液的标定。准确移取 10.00mL 0.040mol/L K$_2$Cr$_2$O$_7$ 溶液三份，分别置于 250mL 锥形瓶中，加入 30mL 水，20mL 浓 H$_2$SO$_4$ 溶液（注意应慢慢加入，并随时摇匀），3 滴指示剂，然后用硫酸亚铁铵溶液滴定，溶液由黄色变为红褐色即为终点，记下硫酸亚铁铵溶液的体积。如此平行测定 3 次，计算硫酸亚铁铵的浓度。

（2）化学耗氧量的测定。取 50.00mL 水样于 250mL 回流锥形瓶中，准确加入 15.00mL 0.040mol/L K$_2$Cr$_2$O$_7$ 标准溶液、20mL 浓 H$_2$SO$_4$ 溶液、1g Ag$_2$SO$_4$ 固体和数粒玻璃珠，轻轻摇匀后，加热回流 2h。若水样中氯含量较高，则先往水样中加 1g HgSO$_4$ 和 5mL 浓硫酸，待 HgSO$_4$ 溶解后，再加入 25.00mL K$_2$Cr$_2$O$_7$ 溶液、20mL 浓 H$_2$SO$_4$、1g Ag$_2$SO$_4$，加热回流。冷却后用适量蒸馏水冲洗冷凝管，取下锥形瓶，用水稀释至约 150mL。加 3 滴指示剂，用硫酸亚铁铵标准溶液滴定至溶液呈红褐色即为终点，记下所用硫酸亚铁铵的体积。以 50.00mL 蒸馏水代替水样进行上述实验，测定空白值。计算水样的化学耗氧量。

五、实验结果

1. 数据记录

化学耗氧量的测定（酸性高锰酸钾法）

序号	$m_{Na_2C_2O_4}$ /g	V_1/mL	V_2/mL	COD	COD$_{平}$/（mg/L）	d_r/%
1						
2						
3						

NH$_4$FeSO$_4$ 标准溶液的标定

序号	$m_{K_2Cr_2O_7}$ /g	$V_{NH_4FeSO_4}$ /mL	$c_{NH_4FeSO_4}$ /（mol/L）	$c_{NH_4FeSO_4平均}$ /（mol/L）	d_r/%
1					
2					
3					

化学耗氧量的测定（重铬酸钾法）

序号	$V_{K_2Cr_2O_7}$ /mL	$V_{NH_4FeSO_4}$ /mL	COD	COD$_{平}$/（mg/L）	d_r/%
1					
2					
3					

2. 结果计算

计算平均值及相对平均偏差。

六、注意事项

（1）废水中有机物种类繁多，但对于主要含烃基、脂肪、蛋白质及挥发性物质（如乙醇、丙酮等）的生活污水和工业废水，其中 90% 以上的有机物可以被氧化，如吡啶、甘氨酸等有些有机物则难以被氧化。因此，在实际测定中，氧化剂种类、浓度和氧化条件等对测定结果均有影响，必须严格按规定操作步骤进行分析，并在报告结果时注明所用的方法。

（2）本实验中，在加热氧化有机污染物时，仪器完全敞开。如果废水中易挥发性化合物含量较高，应使用回流冷凝装置加热，否则结果将偏低。

（3）超过 85℃时，$Na_2C_2O_4$ 会分解，使测量的结果偏高。

七、思考题

（1）水样中加入 $KMnO_4$ 溶液煮沸后，若紫红色褪去，说明什么？应怎样处理？

（2）用重铬酸钾法测定时，若在加热回流后溶液变绿，是什么原因？应如何处理？

（3）水样中氯离子的含量高时，为什么对测定有干扰？如何消除？

（4）水样中化学耗氧量的测定有何意义？

实验 28　石灰石中钙含量的测定

一、实验目的

（1）掌握用高锰酸钾法测定钙的原理和方法。

（2）了解沉淀分离的基本要求与操作。

二、实验原理

石灰石的主要成分是 $CaCO_3$（含钙量约为 40%），此外还含有一定量的 $MgCO_3$、SiO_2、Fe_2O_3 和 Al_2O_3 等杂质。用高锰酸钾法测定石灰石中的钙，先要将石灰石溶解并使其中的钙以 CaC_2O_4 的形式沉淀下来，沉淀经过滤洗净后，再用稀硫酸溶液将其溶解，然后用 $KMnO_4$ 标准溶液滴定释放出来的 $H_2C_2O_4$。根据消耗的 $KMnO_4$ 溶液的量，计算钙的含量。有关反应如下：

$$CaCO_3 + 2H^+ =\!=\!= Ca^{2+} + CO_2\uparrow + H_2O$$

$$Ca^{2+} + C_2O_4^{2-} =\!=\!= CaC_2O_4\downarrow$$

$$CaC_2O_4 + 2H^+ =\!=\!= H_2C_2O_4 + Ca^{2+}$$

$$5H_2C_2O_4 + 2MnO_4^- + 6H^+ =\!=\!= 2Mn^{2+} + 10CO_2\uparrow + 8H_2O$$

除碱金属离子外，多种金属离子干扰测定，因此当有较大量的干扰离子存在时，应预先对其进行分离或将其掩蔽。

三、主要仪器和试剂

1. 仪器

50mL 酸式滴定管，250mL 锥形瓶，量筒，移液管，烧杯，研钵，电炉等。

2. 试剂

0.02mol/L $KMnO_4$ 标准溶液，0.05mol/L $(NH_4)_2C_2O_4$，（1+1）氨水，（1+1）HCl，1mol/L H_2SO_4，甲基橙指示剂（1g/L 水溶液），0.1mol/L $AgNO_3$，石灰石试样。

四、实验内容

准确称取约 0.15g 研细并烘干的石灰石试样两份，分别置于 250mL 烧杯中，加入适量蒸馏水，盖上表面皿（稍留缝隙），缓慢滴加 10mL HCl 溶液，并轻轻摇动烧杯，待不产生气泡后，用小火加热至微沸。稍冷后向溶液中加入 2～3 滴甲基橙，再滴加氨水至溶液由红色变为黄色，趁热逐滴加入约 50mL $(NH_4)_2C_2O_4$ 溶液，在低温电热板上（或水浴中）陈化 30min。冷却后过滤（先将上层清液倾入漏斗中），将烧杯中的沉淀洗涤数次后转入漏斗中，继续洗涤沉淀至无 Cl^-（承接洗液在 HNO_3 介质中以 $AgNO_3$ 检查），将带有沉淀的滤纸铺在原烧杯的内壁上，用 50mL 1mol/L 的 H_2SO_4 将沉淀由滤纸上洗入烧杯中，再用洗瓶洗 2 次，加入蒸馏水使总体积约为 100mL，加热至 70～80℃，用 $KMnO_4$ 标准溶液滴定至溶液呈淡红色，再将滤纸搅入溶液中，若溶液褪色，则继续滴定，直至出现的淡红色 30s 内不消失即为终点。计算石灰石中钙的质量分数。

五、实验结果

1. 数据记录

编号	m_s/g	V_{KMnO_4} /mL	w_{Ca}	$w_{Ca, 平均}$	d_r/%
1					
2					

2. 结果计算

计算平均值及相对平均偏差。

六、思考题

（1）以 $(NH_4)_2C_2O_4$ 沉淀钙时，pH 应控制为多少？为什么？

（2）加入 $(NH_4)_2C_2O_4$ 时，为什么要在热溶液中逐滴加入？

（3）洗涤 CaC_2O_4 沉淀时，为什么要洗至无 Cl^-？

（4）试比较 $KMnO_4$ 法测定 Ca^{2+} 和络合滴定法测定 Ca^{2+} 的优缺点。

实验 29 硫代硫酸钠标准溶液的配制与标定

一、实验目的

（1）掌握 $Na_2S_2O_3$ 溶液的配制及标定方法。

（2）了解置换碘量法的原理。

二、实验原理

硫代硫酸钠（$Na_2S_2O_3 \cdot 5H_2O$）一般含有少量杂质，如 S、Na_2SO_3、Na_2SO_4 等，容易风化和潮解，因此 $Na_2S_2O_3$ 标准溶液只能用间接法配制。

$Na_2S_2O_3$ 在中性或弱碱性溶液中稳定，在酸性溶液中不稳定。若配制 $Na_2S_2O_3$ 标准溶液所用的水中含较多 CO_2，则 pH 偏低，当 pH<4.6 时，$Na_2S_2O_3$ 即分解：

$$Na_2S_2O_3 + CO_2 + H_2O \Longrightarrow NaHSO_3 + NaHCO_3 + S\downarrow$$

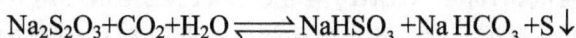

使配制的 $Na_2S_2O_3$ 溶液变混。此分解作用一般发生在溶液配成后的最初 10 天内。另外，水中某些微生物也会分解 $Na_2S_2O_3$，因此，配制 $Na_2S_2O_3$ 标准溶液时，应用新煮沸经冷却的蒸馏水溶解，以除去水中的 CO_2 并杀死微生物；加少量 Na_2CO_3（浓度约 0.02%），使溶液呈弱碱性，防止 $Na_2S_2O_3$ 的分解；配好后放置 3～5 天，待其浓度稳定后，滤除 S，再标定。

标定 $Na_2S_2O_3$ 溶液最常用的基准物质是 $K_2Cr_2O_7$。标定时采用置换滴定法，先将 $K_2Cr_2O_7$ 与过量的 KI 作用，再用 $Na_2S_2O_3$ 标准溶液滴定析出的 I_2。此外，还可采用纯铜和 KIO_3 基准物质进行标定。

三、主要仪器和试剂

1. 仪器

50mL 酸式滴定管，250mL 锥形瓶，250mL 容量瓶，量筒，移液管，烧杯，棕色试剂瓶等。

2. 试剂

2mol/L KI，1mol/L NH_4SCN，0.1mol/L $K_2Cr_2O_7$ 标准溶液，4mol/L NH_4HF_2，H_2O_2（30%），$Na_2S_2O_3 \cdot 5H_2O$（固体），Na_2CO_3（固体），纯铜（ω>99.9%），KIO_3 基准物质，（1+1）氨水，（1+1）HCl，（1+1）HAc，1mol/L H_2SO_4，淀粉指示剂（5g/L）。

四、实验内容

1. 0.1mol/L $Na_2S_2O_3$ 标准溶液的配制

称取 25g $Na_2S_2O_3 \cdot 5H_2O$ 于烧杯中，加入 300～500mL 新煮沸经冷却的蒸馏水，溶解后，加入约 0.1g Na_2CO_3，用新煮沸且冷却的蒸馏水稀释至 1L，储存于棕色试剂瓶中，在暗处放置 3～5 天后标定。

2. 0.1mol/L Na$_2$S$_2$O$_3$ 标准溶液的标定

（1）用 K$_2$Cr$_2$O$_7$ 标准溶液标定。准确移取 25.00mL K$_2$Cr$_2$O$_7$ 标准溶液于锥形瓶中，加入 5mL（1+1）HCl 溶液、5mL 2mol/L KI 溶液，摇匀，在暗处放置 5min（让其反应完全）后，加入 100mL 蒸馏水，用待标定的 Na$_2$S$_2$O$_3$ 溶液滴定至淡黄色，然后加入 2mL 5g/L 淀粉指示剂，继续滴定至溶液呈现亮绿色即为终点。平行测定 3 次，计算 Na$_2$S$_2$O$_3$ 标准溶液的浓度。

（2）用纯铜标定。准确称取 0.2g 左右纯铜，置于 250mL 烧杯中，加入约 10mL（1+1）HCl，在摇动条件下逐滴加入 2~3mL 30% H$_2$O$_2$，至金属铜分解完全（H$_2$O$_2$ 不应过量太多）。加热，将多余的 H$_2$O$_2$ 分解赶尽，然后定量转入 250mL 容量瓶中，加水稀释至刻度线，摇匀。

准确移取 25.00mL 纯铜溶液于 250mL 锥形瓶中，滴加（1+1）氨水至刚好产生沉淀，然后加入 8mL HAc 溶液、10mL NH$_4$HF$_2$ 溶液、10mL KI 溶液，用 Na$_2$S$_2$O$_3$ 溶液滴定至淡黄色，再加入 3mL 淀粉溶液，继续滴定至浅蓝色。再加入 10mL NH$_4$SCN 溶液，继续滴定至溶液的蓝色消失即为终点，记下所消耗的 Na$_2$S$_2$O$_3$ 溶液的体积，计算 Na$_2$S$_2$O$_3$ 标准溶液的浓度。

（3）用 KIO$_3$ 基准物质标定。准确称取 0.8917g KIO$_3$ 基准物质于烧杯中，加水溶解后，定量转入 250mL 容量瓶中，加水稀释至刻度，充分摇匀。吸取 25.00mL KIO$_3$ 标准溶液 3 份，分别置于 250mL 锥形瓶中，加入 20mL 2mol/L KI 溶液、5mL 1mol/L H$_2$SO$_4$，加水稀释至约 100mL，立即用待标定的 Na$_2$S$_2$O$_3$ 溶液滴定至浅黄色，然后再加入 5mL 淀粉溶液，继续滴定至蓝色变为无色即为终点。

五、实验结果

1. 数据记录

编号	$m_{基准}$/g	$V_{Na_2S_2O_3}$/mL	$c_{Na_2S_2O_3}$/（mol/L）	$c_{Na_2S_2O_3,平均}$/（mol/L）	d_r/%
1					
2					
3					

2. 结果计算

计算平均值及相对平均偏差。

六、注意事项

（1）滴定结束后的溶液，放置后会变蓝色。如果不是很快变蓝（经 5min 以上），则是空气氧化所致，不影响结果。如果很快变蓝，说明反应不完全，遇此情况应重做实验。

（2）滴定开始时要快摇慢滴，以减少 I$_2$ 的挥发，近终点时要慢摇、用力旋摇，以减

少淀粉对 I_2 的吸附。

（3）滴加 H_2O_2 不宜过快，滴加完 H_2O_2 后，不要过快加热，否则 H_2O_2 会很快分解而失去作用。

（4）加淀粉指示剂不要太早，否则终点不明显。

七、思考题

（1）用 $K_2Cr_2O_7$ 作基准物质标定 $Na_2S_2O_3$ 标准溶液时，为什么要加入过量 KI？为什么加酸后放置一定时间后才加水稀释？如果加 KI 而不加 HCl 溶液或加酸后不放置或少放置一定时间即加水稀释，会产生什么影响？

（2）为什么在滴定至近终点时才加入淀粉指示剂？过早加入会出现什么现象？

实验 30　胆矾中铜含量的测定（间接碘量法）

一、实验目的

（1）掌握间接碘量法测定铜的原理和方法。

（2）进一步巩固碘量法的操作。

二、实验原理

胆矾（$CuSO_4 \cdot 5H_2O$）是农药波尔多液的主要原料。胆矾中的铜常用间接碘量法进行测定。样品在酸性溶液中，加入过量的 KI，使 KI 与 Cu^{2+} 作用生成难溶性的 CuI，并析出 I_2，再用 $Na_2S_2O_3$ 标准溶液滴定析出的 I_2：

$$2Cu^{2+}+4I^- \!=\!=\!= 2CuI\!\downarrow +I_2$$

$$I_2+ 2S_2O_3^{2-} \!=\!=\!= S_4O_6^{2-} +2I^-$$

由于 CuI 沉淀表面吸附 I_2，分析结果偏低，为此可在大部分 I_2 被 $Na_2S_2O_3$ 溶液滴定后，再加入 KSCN 使 CuI（$K_{sp}=1.1\times10^{-12}$）沉淀转化为溶解度更小的 CuSCN（$K_{sp}=4.8\times10^{-10}$）沉淀，把吸附的碘释放出来，从而提高测定结果的准确度。

根据 $Na_2S_2O_3$ 标准溶液的浓度及消耗的体积计算试样中铜的含量。

为了防止 I^- 的氧化（Cu^{2+} 催化此反应），反应不能在强酸性溶液中进行。由于 Cu^{2+} 的水解及 I_2 易被碱分解，反应也不能在碱性溶液中进行。一般控制溶液 pH 在 3～4 的弱酸介质中进行。

样品中若含有 Fe^{3+}，对测定有干扰（Fe^{3+} 能氧化 I^- 生成 I_2，使测得结果偏高），可加入 NaF 掩蔽。

本方法常用于铜合金、矿石（铜矿）及农药等试样中铜的测定。

三、主要仪器和试剂

1. 仪器

50mL 酸式滴定管，250mL 锥形瓶，250mL 容量瓶，量筒，移液管，烧杯等。

2. 试剂

2mol/L KI，0.1mol/L Na$_2$S$_2$O$_3$ 标准溶液，KSCN（10%），1mol/L H$_2$SO$_4$，淀粉指示剂（5g/L），胆矾样品。

四、实验内容

1. 0.1mol/L Na$_2$S$_2$O$_3$ 标准溶液的配制与标定

准确移取 25.00mL K$_2$Cr$_2$O$_7$ 标准溶液于锥形瓶中，加入 5mL（1+1）HCl 溶液、5mL 2mol/L KI 溶液，摇匀，在暗处放置 5min（让其反应完全）后，加入 100mL 蒸馏水，用待标定的 Na$_2$S$_2$O$_3$ 溶液滴定至淡黄色，然后加入 2mL 5g/L 淀粉指示剂，继续滴定至溶液呈现亮绿色即为终点。平行测定 3 次，计算 Na$_2$S$_2$O$_3$ 标准溶液的浓度。

2. 胆矾中铜含量的测定

准确称取 6g 左右胆矾样品，置于 100mL 烧杯中，加入 10mL 1mol/L H$_2$SO$_4$，加少量水使样品溶解，定量转入 250mL 容量瓶中，用水稀释至刻度，摇匀。

移取上述试液 25.00mL 置于 250mL 锥形瓶中，加水 50mL，加 10mL 2mol/L KI 溶液，用 Na$_2$S$_2$O$_3$ 标准溶液滴定至淡黄色，然后加入淀粉溶液 5mL，继续滴定至溶液呈浅蓝色，再加入 10mL 10% KSCN 溶液，用 Na$_2$S$_2$O$_3$ 标准溶液滴定至蓝色恰好消失即为终点，此时溶液呈肉红色。平行测定 3 次，记下消耗的 Na$_2$S$_2$O$_3$ 标准溶液的体积，计算样品中的铜含量。

五、实验结果

1. 数据记录

编号	$m_{胆矾}$/g	$V_{Na_2S_2O_3}$/mL	w_{Cu}/%	$w_{Cu,平均}$/%	d_r/%
1					
2					
3					

2. 结果计算

$$w_{Cu} = \frac{c_{Na_2S_2O_3} \times V_{Na_2S_2O_3} \times 10^{-3} \times M_{Cu}}{W_{样}} \times 100\%$$

计算平均值及相对平均偏差。

六、注意事项

（1）滴定要在避光、快速、勿剧烈摇动下进行。

（2）淀粉指示剂不能早加，因滴定反应中产生大量的 CuI 沉淀，若淀粉与 I$_2$ 过早地生成蓝色配合物，大量的 I_3^- 被 CuI 吸附，终点呈较深的灰黑色，不易于终点观察。

（3）加入 KSCN 不能过早，且加入后要剧烈摇动溶液，以利于沉淀转化和释放出被吸附的 I_3^-。

（4）滴定结束后的溶液放置后会变蓝色。如果不是很快变蓝（经 5min 以上），则是空气氧化所致，不影响结果。如果很快变蓝，说明反应不完全，遇此情况应重做实验。

七、思考题

（1）溶解胆矾试样时，为什么加 H_2SO_4 溶液？能否用 HCl 溶液呢？

（2）碘量法测定铜时，为什么要在弱酸性介质中进行？若酸度过低或过高，对测定结果有何影响？

（3）碘量法测定铜时，若过早地加入 KSCN，会发生什么反应？对测定结果有何影响？

实验 31　硫酸亚铁铵中铁含量的测定（重铬酸钾法）

一、实验目的

（1）掌握重铬酸钾法测定亚铁盐中铁含量的原理和方法。
（2）了解氧化还原指示剂的作用原理和使用方法。

二、实验原理

$K_2Cr_2O_7$ 在酸性介质中可将 Fe^{2+} 定量地氧化，其本身被还原为 Cr^{3+}，反应式为

$$Cr_2O_7^{2-}+6Fe^{2+}+14H^+ \!=\!\!=\!\!= 2Cr^{3+}+6Fe^{3+}+7H_2O$$

滴定在 H_3PO_4-H_2SO_4 混合酸介质中进行，以二苯胺磺酸钠为指示剂，滴定至溶液呈紫红色，即为终点。

Fe^{3+} 的限量分析则是利用 Fe^{3+} 与 KSCN 形成血红色配合物，将硫酸亚铁铵成品配制成溶液与各标准溶液进行比色，以确定杂质 Fe^{3+} 的含量范围。

三、主要仪器和试剂

1. 仪器

50mL 酸式滴定管，250mL 锥形瓶，250mL 容量瓶，量筒，移液管，烧杯，目视比色管等。

2. 试剂

KSCN（25%），3mol/L HCl，3mol/L H_2SO_4，浓硫酸，二苯胺磺酸钠指示剂（0.2%），H_3PO_4（85%），$K_2Cr_2O_7$（A.R.），硫酸亚铁铵试样，硫酸亚铁铵（A.R.）。

四、实验内容

1. 0.02mol/L $K_2Cr_2O_7$ 标准溶液的配制

用差减法准确称取 1.2～1.3g 烘干过的 $K_2Cr_2O_7$ 于 250mL 烧杯中，加 H_2O 溶解，定量

转入 250mL 容量瓶中，加 H_2O 稀释至刻度，充分摇匀。计算其准确浓度。

2. 硫酸亚铁铵中 Fe^{2+} 的测定

准确称取 1.0～1.5g 硫酸亚铁铵试样，置于 250mL 烧杯中，加入 8mL 3mol/L H_2SO_4 防止水解，再加入蒸馏水加热溶解，然后转移至 250mL 容量瓶中定容，充分摇匀。

平行移取 3 份 25.00mL 上述样品溶液分别置于 3 个锥形瓶中，各加 50mL H_2O、10mL 3mol/L H_2SO_4，再加入 5～6 滴二苯胺磺酸钠指示剂，摇匀后用 $K_2Cr_2O_7$ 标准溶液滴定，至溶液出现深绿色时，加 5.0mL 85% H_3PO_4，继续滴至溶液呈紫色或紫蓝色。计算试液中 Fe 的含量。

3. Fe^{3+} 的限量分析

（1）Fe^{3+} 标准溶液的配制。准确称取 0.8634g $NH_4Fe(SO_4)_2·12H_2O$，溶于少量水中，加 2.5mL 浓 H_2SO_4，移入 1000mL 容量瓶中，用水稀释至刻度，此溶液为 0.1000g/L Fe^{3+}。

（2）标准色阶的配制。取 0.50mL Fe^{3+} 标准液于 25mL 比色管中，加 2mL 3mol/L HCl 和 1mL 25% KSCN 溶液，用去离子水稀释至刻度，摇匀，配制成相当于一级试剂的标准液（含 Fe^{3+} 为 0.05mg/g，即质量分数 w 为 0.05%）。

同样地，分别取 1.00mL 和 2.00mL Fe^{3+} 标准溶液配制成相当于二级和三级试剂的标准液（含 Fe^{3+} 分别为 0.10mg/g、0.20mg/g，即质量分数 w 分别为 0.01%、0.02%）。

4. 产品级别的确定（与标准色阶进行目视比色）

准确称取 1.0g 硫酸亚铁铵产品于 25mL 比色管中，加 15mL H_2O、2mL 3mol/L HCl 和 1mL 25% KSCN 溶液，加 H_2O 稀释至刻度，摇匀，与标准色阶进行目视比色，确定产品级别。

五、实验结果

1. 数据记录

$m_{K_2Cr_2O_7}$ /g			
$c_{K_2Cr_2O_7}$ /（mol/L）			
编号　　　项目	I	II	III
$V_{亚铁盐}$/mL	25.00	25.00	25.00
$V_{初,K_2Cr_2O_7}$ /mL			
$V_{末,K_2Cr_2O_7}$ /mL			
$V_{用量,K_2Cr_2O_7}$ /mL			
w_{Fe}			
平均值			
相对平均偏差			

2. 结果计算

$$w_{Fe} = \frac{6c_{K_2Cr_2O_7} \times V_{K_2Cr_2O_7} \times M_{Fe}}{m_s \times \dfrac{25.00}{250.00}}$$

计算平均值及相对平均偏差。

六、思考题

（1）为什么 $K_2Cr_2O_7$ 可以直接配制标准溶液？

（2）加入 H_3PO_4 的作用是什么？

实验 32　维生素 C 制剂（瓜果蔬菜）中抗坏血酸含量的测定

一、实验目的

（1）掌握碘标准溶液的配制和标定方法。

（2）了解直接碘量法测定抗坏血酸的原理和方法。

二、实验原理

抗坏血酸又称维生素 C，分子式为 $C_6H_8O_6$，由于分子中的烯二醇基具有还原性，能被 I_2 氧化成二酮基：

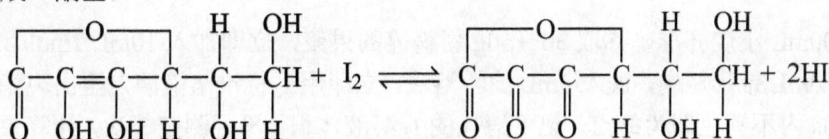

因而可用 I_2 标准溶液直接滴定。其滴定反应式为

$$C_6H_8O_6 + I_2 \Longrightarrow C_6H_6O_6 + 2HI$$

用直接碘量法可测定药片、注射液、饮料、蔬菜、水果等中的维生素 C 含量。

由于维生素 C 的还原性很强，较易被溶液和空气中的氧气氧化，在碱性介质中这种氧化作用更强，因此滴定宜在酸性介质中进行，以减少副反应的发生。考虑到 I^- 在强酸性溶液中也易被氧化，故一般选在 pH=3～4 的弱酸性溶液中进行滴定。

维生素 C 在医药和化学上应用非常广泛。在分析化学中常用在光度法和配位滴定法中作为还原剂，如 Fe^{3+} 还原为 Fe^{2+}，Cu^{2+} 还原为 Cu^+，Se^{3+} 还原为 Se 等。

三、主要仪器和试剂

1. 仪器

50mL 酸式滴定管，250mL 锥形瓶，量筒，移液管，烧杯，棕色试剂瓶，研钵等。

2. 试剂

0.01mol/L $Na_2S_2O_3$ 标准溶液，淀粉指示剂（5g/L），2mol/L HAc，0.02mol/L $K_2Cr_2O_7$

标准溶液，I₂。

固体维生素 C 样品（维生素 C 片剂）或取新鲜瓜果蔬菜的可食部分捣碎为果浆。

四、实验内容

1. 0.05mol/L I₂ 标准溶液的配制

称取 3.3g I₂ 和 5g KI，置于研钵中，加少量水，在通风橱中研磨。待 I₂ 全部溶解后，将溶液转入棕色试剂瓶中，加水稀释至 250mL，充分摇匀，放于暗处保存。

2. 0.05mol/L I₂ 标准溶液的标定

用移液管移取 25.00mL Na₂S₂O₃ 标准溶液于 250mL 锥形瓶中，加 50mL 蒸馏水、5mL 淀粉溶液，然后用 I₂ 标准溶液滴定至溶液呈浅蓝色，30s 内不褪色即为终点。平行测定 3 次，计算 I₂ 溶液的浓度。

3. 维生素 C 制剂中抗坏血酸含量的测定

准确称取约 0.2g 研碎了的维生素 C 药片，置于 250mL 锥形瓶中，加入 100mL 新煮沸并冷却的蒸馏水、10mL 2mol/L HAc 溶液和 5mL 淀粉溶液，立即用 I₂ 标准溶液滴定至出现稳定的浅蓝色且在 30s 内不褪色即为终点，记下消耗的 I₂ 溶液体积。平行测定 3 次，计算试样中抗坏血酸的质量分数。

4. 瓜果蔬菜中抗坏血酸含量的测定

用 100mL 小烧杯准确称取 30～50g 新捣碎的果浆，立即加入 10mL 2mol/L HAc，定量转入 250mL 锥形瓶中，加入 5mL 淀粉溶液，立即用 I₂ 标准溶液滴定至出现稳定的浅蓝色且在 30s 内不褪色即为终点，记下消耗的 I₂ 溶液体积。平行测定 3 次，计算果浆中抗坏血酸的质量分数。

五、实验结果

I₂ 标准溶液的标定

编号	$V_{Na_2S_2O_3}$ /mL	V_{I_2} /mL	c_{I_2} / (mol/L)	c_{I_2} 平均/ (mol/L)	d_r /%
1					
2					
3					

维生素 C 制剂中抗坏血酸的含量

编号	m_s /g	V_{I_2} /mL	$w_{维生素C}$	$w_{维生素C}$ 平均	d_r /%
1					
2					
3					

瓜果蔬菜中抗坏血酸的含量

编号	m_s/g	V_{I_2} /mL	w 维生素C	w 维生素C平均	d_r/%
1					
2					
3					

六、思考题

（1）溶解 I_2 时，加入过量 KI 的作用是什么？

（2）维生素 C 固体试样溶解时为什么要加入新煮沸并冷却的蒸馏水？

（3）果浆中加入乙酸的作用是什么？

（4）碘量法的误差来源有哪些？应采取哪些措施减小误差？

3.6　沉淀滴定与重量分析实验

重量分析包括挥发法、萃取法、沉淀法，其中以沉淀法的应用最为广泛，在此仅介绍沉淀法的基本操作。沉淀法的基本操作包括：沉淀的进行，沉淀的过滤和洗涤，烘干或灼烧，称量等。为使沉淀完全、纯净，应根据沉淀的类型选择适宜的操作条件，对于每步操作都要细心地进行，以得到准确的分析结果。下面主要介绍沉淀的过滤、洗涤和转移的基础知识和基本操作。

1. 沉淀的过滤

根据沉淀在灼烧中是否会被纸灰还原及称量形式的性质，选择滤纸或玻璃滤器过滤。

1）滤纸的选择

定量滤纸又称无灰滤纸（每张灰分在 0.1mg 以下或准确已知）。由沉淀量和沉淀的性质决定选用大小和致密程度不同的快速、中速和慢速滤纸。晶形沉淀多用致密滤纸过滤，蓬松的无定形沉淀要用较大的疏松滤纸。由滤纸的大小选择合适的漏斗，放入的滤纸应比漏斗沿低 0.5～1cm。

2）滤纸的折叠和安放

先将滤纸沿直径对折成半圆，再根据漏斗的角度折叠（可以大于 60°）。折好的滤纸一个半边为三层，另一个半边为单层，为使滤纸三层部分紧贴漏斗内壁，可将滤纸的上角撕下，并留做擦拭沉淀用。将折叠好的滤纸放在洁净的漏斗中，用手指按住滤纸，加蒸馏水至满，必要时用手指小心轻压滤纸，把留在滤纸与漏斗壁之间的气泡赶走，使滤纸紧贴漏斗并使水充满漏斗颈形成水柱，以加快过滤速度。

3）沉淀的过滤

一般采用倾泻法过滤。将漏斗置于漏斗架上，接受滤液的洁净烧杯放在漏斗下面，使漏斗颈下端在烧杯边沿以下 3～4cm 处，并与烧杯内壁靠紧。先将沉淀倾斜静置，然后将上层清液小心倾入漏斗滤纸中，使清液先通过滤纸，而沉淀尽可能地留在烧杯中，尽量不搅动沉淀，操作时一手拿住玻璃棒，使其与滤纸近于垂直，玻璃棒位于三层滤纸上方，但不与滤纸接触。另一只手拿住盛沉淀的烧杯，烧杯嘴靠住玻璃棒，慢慢将烧杯倾斜，使上层清液沿着玻璃棒流入滤纸中，随着滤液的流注，漏斗中液体的体积增加，至滤纸高度的2/3 处时停止倾注（切勿注满）。停止倾注时，可沿玻璃棒将烧杯嘴往上提一小段，扶正烧杯；在扶正烧杯以前不可将烧杯嘴离开玻璃棒，并注意不让沾在玻璃棒上的液滴或沉淀损失，把玻璃棒放在烧杯内，但勿把玻璃棒靠在烧杯嘴部。

2. 沉淀的洗涤和转移

1）洗涤沉淀

一般也采用倾泻法，为提高洗涤效率，按"少量多次"的原则进行。即加入少量洗涤液，充分搅拌后静置，待沉淀下沉后，倾泻上层清液，再重复操作数次后，将沉淀转移到滤纸上。

2）转移沉淀

在烧杯中加入少量洗涤液，将沉淀充分搅起，立即将悬浊液一次转移到滤纸中。然后用洗瓶吹洗烧杯内壁、玻璃棒，再重复以上操作数次。这时在烧杯内壁和玻璃棒上可能仍残留少量沉淀，可用撕下的滤纸角擦拭，放入漏斗中，进行最后的冲洗。沉淀全部转移完全后，再在滤纸上进行洗涤，以除尽全部杂质。注意在用洗瓶冲洗时是自上而下螺旋式的冲洗，以使沉淀集中在滤纸锥体最下部，重复多次，直至检查无杂质为止。

实验 33　生理盐水中氯化钠含量的测定

一、实验目的

（1）了解沉淀滴定法的原理。

（2）掌握法扬司法测生理盐水中 NaCl 含量的方法。

二、实验原理

沉淀滴定法是以沉淀反应为基础的滴定方法。例如

$$Ag^{+}+X^{-}\Longrightarrow AgX\downarrow$$

其中 X^{-} 代表 Cl^{-}、Br^{-}、I^{-}、CN^{-}、SCN^{-} 等离子。银量法常用的指示终点的方法有铬酸钾指示剂法（莫尔法）、铁铵矾指示剂法（福尔哈德法）和吸附指示剂法（法扬司法）。

法扬司法是以 $AgNO_3$ 作标准溶液，以吸附指示剂指示滴定终点测定卤离子的滴定方法。如用 $AgNO_3$ 滴定 Cl^{-}，以荧光黄（HFIn）作指示剂，荧光黄先在溶液中离解（pH=7～10）：

$$HFIn \Longrightarrow H^{+} + FIn^{-}$$

FIn^{-} 在溶液中呈黄绿色。

化学计量点前：由于 $AgNO_3$ 吸附 Cl^{-}，这时 FIn^{-} 不被吸附，溶液呈黄绿色。

化学计量点后稍过量的 Ag^{+} 被 $AgCl$ 沉淀吸附形成 $AgCl\cdot Ag^{+}$，而 $AgCl\cdot Ag^{+}$ 强烈吸附

FIn⁻，使结构发生变化而呈粉红色，指示滴定终点。

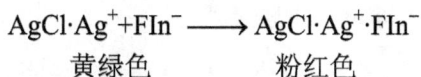

$$AgCl \cdot Ag^+ + FIn^- \longrightarrow AgCl \cdot Ag^+ \cdot FIn^-$$
$$\text{黄绿色} \qquad\qquad \text{粉红色}$$

硝酸银的浓度根据下式进行计算：

$$c_{AgNO_3} = \frac{c_{NaCl} \times 20.00}{V_{AgNO_3}}$$

式中，c_{AgNO_3} 为 $AgNO_3$ 标准溶液的浓度（mol/L）；c_{NaCl} 为基准 NaCl 的浓度（mol/L）；V_{AgNO_3} 为消耗 $AgNO_3$ 的体积（mL）。三份结果的相对偏差不应大于 0.2%。

氯化钠的含量（质量体积分数）根据下式计算：

$$\rho_{NaCl} = \frac{c_{AgNO_3} \times V_{AgNO_3} \times \dfrac{M_{NaCl}}{1000}}{V_{\text{生理盐水}}} \times 100\%$$

式中，c_{AgNO_3} 为 $AgNO_3$ 标准溶液的浓度（mol/L）；V_{AgNO_3} 为消耗 $AgNO_3$ 的体积（mL）；$V_{\text{生理盐水}}$ 为消耗生理盐水的体积（mL）；M_{NaCl} 为 NaCl 的摩尔质量（g/mol）。

三、主要仪器和试剂

1. 仪器

滴定管，移液管，锥形瓶，称量瓶，容量瓶，试剂瓶，烧杯，洗瓶，铁架台，滴定管夹，玻璃棒，分析天平。

2. 试剂

0.05mol/L $AgNO_3$ 标准溶液，0.050 00mol/L NaCl 标准溶液，荧光黄-淀粉指示剂溶液，5% K_2CrO_4 溶液，生理盐水（50g/L NaCl）。

四、实验内容

1. 0.05mol/L $AgNO_3$ 标准溶液的标定

移取 20.00mL NaCl 标准溶液 3 份于 3 个 250mL 锥形瓶中，各加 20mL 蒸馏水、0.75mL 5% K_2CrO_4 溶液，在不断摇动下用 $AgNO_3$ 溶液滴定至呈现砖红色沉淀即达到终点。重复测定 3 次，3 次结果相对偏差不应大于 0.2%。

2. 生理盐水中氯化钠含量的测定

移取生理盐水 10.00mL 3 份于 3 个锥形瓶中，加蒸馏水 10mL，再加 1mL 荧光黄-淀粉指示剂溶液，在充分摇动下用 $AgNO_3$ 标准溶液滴定，直至黄绿色消失，沉淀表面变为粉红色即达到终点。

重复测定 3 次，3 次结果相对偏差不应大于 0.2%。

五、注意事项

（1）因 $2AgNO_3 \longrightarrow 2Ag + 2NO_2 + O_2$，所以 $AgNO_3$ 溶液必须保存在棕色瓶中，滴定时

采用棕色滴定管。

（2）应尽量避免 AgNO₃ 溶液与皮肤接触。

六、思考题

（1）K₂CrO₄ 指示剂的浓度太大或太小对测定有何影响？

（2）用荧光黄作指示剂时溶液的酸度范围为什么需要控制在 pH=7～10？

实验 34　氯化物中氯含量的测定（福尔哈德法）

一、实验目的

（1）掌握沉淀滴定法的原理及基本操作。

（2）掌握福尔哈德法测氯化物中氯含量的方法。

二、实验原理

福尔哈德法是用铁铵矾[NH₄Fe(SO₄)₂·12H₂O]作指示剂的银量法。在酸性溶液中以铁铵矾作指示剂，用硫氰酸铵或硫氰酸钾标准溶液直接滴定 Ag^+，生成 AgSCN 沉淀，化学计量点后稍过量的 SCN^- 与指示剂中 Fe^{3+} 产生淡红色 $Fe(SCN)^{2+}$，指示滴定终点。

终点前：$\qquad\qquad Ag^+ + SCN^- \longrightarrow AgSCN\downarrow$

终点时：$\qquad\qquad SCN^- + Fe^{3+} \longrightarrow Fe(SCN)^{2+}$（淡红色）

硫氰酸钾浓度根据下式计算：

$$c_{KSCN} = \frac{c_{AgNO_3} \times V_{AgNO_3}}{V_{KSCN}}$$

式中，c_{AgNO_3} 为 AgNO₃ 标准溶液的浓度，mol/L；V_{AgNO_3} 为消耗 AgNO₃ 的体积，mL；V_{KSCN} 为消耗硫氰酸钾的体积，mL；c_{KSCN} 为硫氰酸钾的浓度，mol/L。

氯离子含量根据下式计算：

$$w_{Cl^-} = \frac{(c_{AgNO_3} \times V_{AgNO_3} - c_{KSCN} \times V_{KSCN}) \times \dfrac{M_{Cl^-}}{1000}}{W_{样品} \times \dfrac{20.00}{200.00}} \times 100\%$$

式中，c_{AgNO_3} 为 AgNO₃ 标准溶液的浓度，mol/L；V_{AgNO_3} 为消耗 AgNO₃ 的体积，mL；V_{KSCN} 为消耗硫氰酸钾的体积，mL；c_{KSCN} 为硫氰酸钾的浓度，mol/L；M_{Cl^-} 为 Cl⁻ 的摩尔质量，g/mol；$W_{样品}$ 为称取的食盐样品的质量，g。

三、主要仪器和试剂

1. 仪器

滴定管，移液管，锥形瓶，称量瓶，容量瓶，试剂瓶，烧杯，洗瓶，铁架台，滴定管夹，玻璃棒，分析天平。

2．试剂

0.05mol/L $AgNO_3$ 标准溶液，KSCN 固体，40% $NH_4Fe(SO_4)_2$ 水溶液，6mol/L HNO_3 溶液，石油醚，食盐样品。

四、实验内容

1. 0.05mol/L $AgNO_3$ 标准溶液的标定

见实验 33。

2. KSCN 标准溶液的配制与标定

称取 KSCN 约 4.85g（用 NH_4SCN 则为约 3.8g）溶于水并稀释至 1000mL，溶液储于玻璃试剂瓶中。移取 20.00mL 已标定的 $AgNO_3$ 标准溶液 3 份于 250mL 锥形瓶中，加 20mL 蒸馏水、5mL 6mol/L HNO_3 溶液。再加 1mL 40%铁铵矾指示剂，用 KSCN 溶液滴定至出现微红色且在剧烈振荡后仍不消失即达终点。

重复测定 3 次，3 次结果的相对偏差不应大于 0.2%。

3．食盐中氯含量的测定

准确称取约 0.75g 食盐样品于烧杯中，加少量水溶解后转移至 250mL 容量瓶中稀释至刻度线，摇匀。移取 20.00mL 样品溶液 3 份于 3 个锥形瓶中，各加 20.00mL 蒸馏水、5mL 6mol/L HNO_3 溶液，在不断振荡的情况下从滴定管逐滴加入 $AgNO_3$ 标准溶液 30.00mL（准确读数），然后加 2mL 石油醚，用橡胶塞塞住瓶口，剧烈振荡半分钟，再加 1mL 铁铵矾指示剂，用 KSCN 标准溶液滴定至出现淡红色，轻轻摇动也不消失即达滴定终点。

重复测定 3 次，3 次实验结果的相对偏差不应大于 0.2%。

五、注意事项

（1）本实验中因 AgSCN 的溶度积小于 AgCl 的溶度积，故 SCN^- 会使生成的 AgCl 沉淀转化为 AgSCN 而使 Cl^- 重新释放而消耗较多的 KSCN，造成较大的滴定误差。因此，加入石油醚使其包在 AgCl 沉淀表面，减少 AgCl 沉淀与溶液的接触，防止转化。

（2）本实验加 HNO_3 是为了防止 Fe^{3+} 的水解，但硝酸中不应含有氮的低价氧化物，以免与 Fe^{3+} 及 SCN^- 形成红色化合物，影响终点观察。新煮后放冷的 HNO_3 可除低价氮氧化物。

（3）KSCN 溶液滴定时必须剧烈振荡，否则由于 AgSCN 吸附 Ag^+ 而使终点过早出现。

六、思考题

（1）本实验中为什么需要加石油醚？
（2）本实验为什么要用 HNO_3 酸化？能否用 HCl 或 H_2SO_4 代替？

实验 35 莫尔法测定酱油中 NaCl 的含量

一、实验目的

（1）学会 $AgNO_3$ 标准溶液的配制和标定方法。

（2）掌握莫尔法测定可溶性氯化物的原理及方法。

二、实验原理

某些可溶性氯化物中氯含量的测定常采用莫尔法。在中性或弱碱性条件下，以 K_2CrO_4 为指示剂，用 $AgNO_3$ 标准溶液进行滴定，主要反应如下：

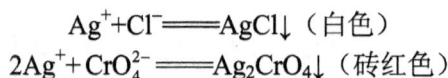

$$Ag^+ + Cl^- =\!=\!= AgCl\downarrow（白色）$$
$$2Ag^+ + CrO_4^{2-} =\!=\!= Ag_2CrO_4\downarrow（砖红色）$$

由于 AgCl 的溶解度小于 Ag_2CrO_4，根据分步沉淀的原理，溶液中首先析出 AgCl 沉淀。当 AgCl 定量沉淀后，稍微过量的 Ag^+ 即与 CrO_4^{2-} 形成砖红色的 Ag_2CrO_4 沉淀，它与白色的 AgCl 沉淀一起，使溶液略带橙红色即为终点。

滴定必须在中性或弱碱性液中进行，最适宜 pH 范围为 6.5～10.5。如果有铵盐存在，溶液的 pH 需控制在 6.5～7.2。

指示剂的用量对滴定准确度有影响，一般以 5×10^{-3} mol/L 为宜。

凡是能与 Ag^+ 生成难溶性化合物或配合物的阴离子都干扰测定，如 PO_4^{3-}、AsO_4^{3-}、SO_3^{2-}、CO_3^{2-}、$C_2O_4^{2-}$、S^{2-} 等。大量 Cu^{2+}、Ni^{2+}、Co^{2+} 等有色离子将影响终点的观察。凡是能与 CrO_4^{2-} 指示剂生成难溶化合物的阳离子也干扰测定，如 Ba^{2+}、Pb^{2+} 能与 CrO_4^{2-} 分别生成 $BaCrO_4$ 和 $PbCrO_4$ 沉淀。Al^{3+}、Fe^{3+}、Bi^{3+}、Sn^{4+} 等高价金属离子在中性或弱碱性溶液中易水解产生沉淀，会干扰测定。

$AgNO_3$ 标准溶液既可以用直接法配制，也可以用间接法配制。间接法配制的 $AgNO_3$ 标准溶液可用 NaCl 基准试剂标定。

三、主要仪器和试剂

1. 仪器

50mL 酸式滴定管，25mL 移液管，5mL 吸量管，250mL 容量瓶，100mL 容量瓶，250mL 锥形瓶，50～100mL 烧杯，玻璃棒，洗耳球，小滴瓶，洗瓶。

2. 试剂

$AgNO_3$ 标准溶液（待标定），酱油试样，5% K_2CrO_4 溶液，NaCl 基准试剂。

四、实验内容

1. 0.05mol/L $AgNO_3$ 标准溶液的配制

称取 1.3g $AgNO_3$ 溶于 150mL 蒸馏水中，转入棕色试剂瓶中，置于暗处保存，待标定。

2. 0.05mol/L AgNO₃ 标准溶液的标定

见实验 33。

3. 酱油试样的稀释

用 5mL 吸量管移取待测酱油试样 5.00mL 于 100mL 容量瓶中，加水至刻度，摇匀。

4. 酱油中 NaCl 含量的测定

用 5mL 吸量管移取酱油稀释液 5.00mL 于 250mL 锥形瓶中，加水 40mL，混匀。加入 1mL 5% K₂CrO₄ 溶液，在不断摇动下，用 AgNO₃ 标准溶液滴定至砖红色即为终点，平行测定 3 次。

五、思考题

（1）莫尔法测氯时，为什么溶液的 pH 必须控制在 6.5～10.5？

（2）以 K₂CrO₄ 作指示剂时，指示剂浓度过大或过小对测定有什么影响？

（3）配制好的 AgNO₃ 标准溶液为什么要储于棕色瓶中，并置于暗处？

（4）能否用莫尔法以 NaCl 标准溶液直接滴定 Ag⁺？为什么？

（5）当试样中含有铅、钡、铋元素时，能否用此法测定氯离子？

（6）在滴定过程中，特别是化学计量点附近为什么要不断地剧烈摇动？

六、实验数据记录与处理

1. AgNO₃ 标准溶液的标定

编号	I	II	III
倾出 NaCl 的质量 m/g			
AgNO₃ 溶液的终读数/mL 初读数/mL 用量/mL			
$c_{AgNO_3} = \dfrac{\dfrac{m_{NaCl}}{M_{NaCl}} \times \dfrac{25.00}{250.0}}{10^{-3} \times V_{AgNO_3}} / (mol/L)$			
平均值/（mol/L）			
相对平均偏差/%			

2. 酱油中 NaCl 含量的测定

编号	I	II	III
移取酱油稀释液的体积/mL		10.00	
溶液的终读数/mL 初读数/mL 用量/mL			

续表

编号	I	II	III
$\rho_{\mathrm{NaCl}} = \dfrac{(cV)_{\mathrm{AgNO_3}} \times M_{\mathrm{NaCl}}}{5.00} \times \dfrac{100.0}{5.00}$ /（g/L）			
平均值/（g/L）			
相对平均偏差/%			

实验 36　可溶性钡盐中钡含量的测定

一、实验目的

（1）了解测定 $BaCl_2 \cdot 2H_2O$ 中钡含量的原理和方法。

（2）掌握晶形沉淀的制备、过滤、洗涤、灼烧及恒量的基本操作技术。

（3）了解微波技术在样品干燥方面的应用。

二、实验原理

$BaSO_4$ 重量法既可用于测定 Ba^{2+} 的含量，也可用于测定 SO_4^{2-} 的含量。

称取一定量的 $BaCl_2 \cdot 2H_2O$，以水溶解，加稀 HCl 溶液酸化，加热至微沸，在不断搅动的条件下，缓慢地加入稀的、热的 H_2SO_4，Ba^{2+} 与 SO_4^{2-} 反应，形成晶形沉淀。沉淀经陈化、过滤、洗涤、烘干、炭化、灰化、灼烧后，以 $BaSO_4$ 的形式称量。可求出 $BaCl_2 \cdot 2H_2O$ 中钡的含量。

Ba^{2+} 可生成一系列微溶化合物，如 $BaCO_3$、BaC_2O_4、$BaCrO_4$、$BaHPO_4$、$BaSO_4$ 等，其中以 $BaSO_4$ 溶解度最小，100mL 溶液中，100℃时溶解 0.4mg，25℃时仅溶解 0.25mg。当过量沉淀剂存在时，溶解度大为减小，一般可以忽略不计。

硫酸钡重量法一般在 0.05mol/L 左右盐酸介质中进行沉淀，这是为了防止产生 $BaCO_3$、$BaHPO_4$、$BaHAsO_4$ 沉淀及防止生成 $Ba(OH)_2$ 共沉淀。同时，适当提高酸度，增加 $BaSO_4$ 在沉淀过程中的溶解度，以降低其相对过饱和度，有利于获得较好的晶形沉淀。

用 $BaSO_4$ 重量法测定 Ba^{2+} 时，一般用稀 H_2SO_4 作沉淀剂。为了使 $BaSO_4$ 沉淀完全，H_2SO_4 必须过量。由于 H_2SO_4 在高温下可挥发除去，故沉淀带下的 H_2SO_4 不会引起误差，因此沉淀剂可过量 50%～100%。

由于本实验采用微波炉干燥恒量 $BaSO_4$ 沉淀，若沉淀中包藏有 H_2SO_4 等高沸点杂质，利用微波加热技术干燥 $BaSO_4$ 沉淀过程中杂质难以分解或挥发。因此，对沉淀条件和洗涤操作等的要求更高，主要包括将含 Ba^{2+} 试液进一步稀释，沉淀剂（H_2SO_4）过量控制在 20%～50%等。

$PbSO_4$、$SrSO_4$ 的溶解度均较小，Pb^{2+}、Sr^{2+} 对钡的测定有干扰。NO_3^-、ClO_3^-、Cl^- 等

阴离子和 K^+、Na^+、Ca^{2+}、Fe^{3+} 等阳离子均可以引起共沉淀现象，故应严格控制沉淀条件，减少共沉淀现象，以获得纯净的 $BaSO_4$ 晶形沉淀。

三、主要仪器和试剂

1. 仪器

微波炉，循环真空水泵，G_4 微化玻璃坩埚。

2. 试剂

1mol/L H_2SO_4，2mol/L HCl，分析纯 $BaCl_2 \cdot 2H_2O$ 固体，0.1mol/L $AgNO_3$。

四、实验内容

1. 称样及沉淀的制备

准确称取两份 0.4～0.6g $BaCl_2 \cdot 2H_2O$ 试样，分别置于 250mL 烧杯中，加入约 100mL 水、3mL 2mol/L HCl 溶液，搅拌溶解，加热至近沸。

另取 4mL 1mol/L H_2SO_4 两份于两个 100mL 烧杯中，加水 30mL，加热至近沸，趁热将两份 H_2SO_4 溶液分别用小滴管逐滴地加入两份热的钡盐溶液中，并用玻璃棒不断搅拌，直至两份 H_2SO_4 溶液加完为止。待 $BaSO_4$ 沉淀下沉后，于上层清液中加入 1～2 滴 H_2SO_4 溶液，仔细观察沉淀是否完全。沉淀完全后，用橡皮筋和称量纸封口，陈化过夜（或在水浴上陈化 0.5～1h）。

2. 坩埚称量

将洁净的 G_4 微化玻璃坩埚用真空泵抽 2min 以除去玻璃砂板微孔中的水分，便于干燥。置于微波炉中，于 500W（中高温挡）的输出功率下进行干燥，第一次 10min，第二次 4min。每次干燥后置于干燥器中冷却 10～15min（刚放进时留一小缝隙，约 30s 后再盖严），然后用电子分析天平快速称量。要求两次干燥后称量所得质量之差不超过 0.4mg（已恒量）。

3. 样品分析

用倾泻法将沉淀转移到坩埚中，抽干。用稀硫酸（1mL 1mol/L H_2SO_4 加 100mL 水配成）洗涤沉淀三四次，每次约 10mL，直至滤液中不含 Cl^- 为止（检查方法：用试管收集 2mL 滤液，加入 2 滴 $AgNO_3$，若无白色浑浊产生，表示 Cl^- 已洗净）。然后将坩埚置于微波炉中火干燥 10min，在干燥器中冷却 10min，称量。再在微波炉中火干燥 4min，干燥器中干燥 10min，称量。两次称量质量之差的绝对值小于 0.4mg 即可认为已恒量。

五、数据记录与处理

项目＼序号		1	2
$m_{BaCl_2 \cdot 2H_2O}$ / g			
坩埚号			
$m_{坩埚}$ / g	第一次称量		
	第二次称量		
$m_{坩埚}$ / g			
$m_{坩埚+BaSO_4}$ / g	第一次称量		
	第二次称量		
$m_{坩埚+BaSO_4}$ / g			
m_{BaSO_4} / g			
w_{Ba} / %			
$\overline{w}_{Ba}$ / %			
E_r / %			
$\overline{E_r}$ / %			

六、思考题

（1）为什么要在稀热 HCl 溶液中且不断搅拌的条件下逐滴加入沉淀剂沉淀 $BaSO_4$？HCl 加入太多有何影响？

（2）为什么要在热溶液中沉淀 $BaSO_4$，但要在冷却后过滤？晶形沉淀为什么要陈化？

（3）什么是倾泻法过滤？洗涤沉淀时为什么用洗涤液或水都要少量多次？

（4）什么是灼烧至恒量？

实验 37　丁二酮肟法测定钢样中的镍含量

一、实验目的

（1）学习有机沉淀剂在重量分析中的应用。

（2）学习重量分析法的操作技能。

二、实验原理

丁二酮肟分子式为 $C_4H_8O_2N_2$，相对分子质量为 116.2，是二元弱酸，以 H_2D 表示，在氨性溶液中以 HD^- 为主，与 Ni^{2+} 发生配位反应：

$$Ni^{2+}+ \begin{matrix} CH_3C{=}NOH \\ | \\ CH_3C{=}NOH \end{matrix} +2NH_3 \cdot H_2O = \left[\begin{matrix} & O \cdots H{-}O & \\ CH_3C{=}N & & N{=}CCH_3 \\ | & Ni & | \\ CH_3C{=}N & & N{=}CCH_3 \\ & O{-}H \cdots O & \end{matrix} \right] \downarrow + 2NH_4^+ + 2H_2O$$

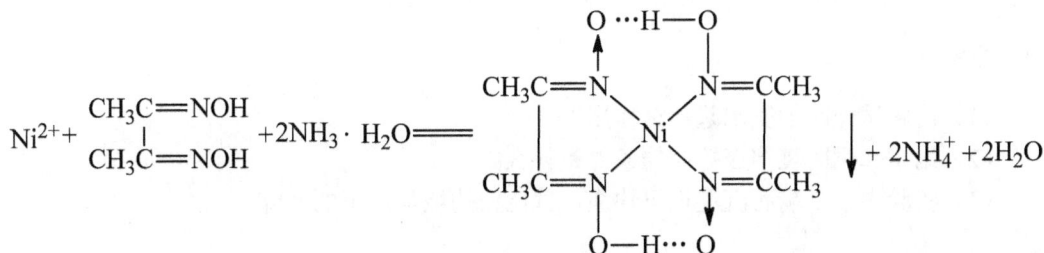

沉淀经过滤、洗涤，在 120℃下烘干至恒量，称量丁二酮肟镍沉淀的质量。

丁二酮肟镍沉淀的条件是 pH=8～9 氨性溶液。pH 过小则生成 H₂D 沉淀易溶解，pH 过高易形成 $Ni(NH_3)_4^{2+}$，同样增加沉淀的溶解度。Fe^{3+}、Al^{3+}、Cr^{3+}、Ti^{3+} 在氨水中也生成沉淀，有干扰；Cu^{2+}、Cr^{2+}、Fe^{2+}、Pd^{2+} 也可以形成配合物，产生共沉淀，加入柠檬酸或酒石酸掩蔽干扰离子。

三、主要仪器和试剂

1. 仪器

2 个 G₄ 微孔玻璃坩埚。

2. 试剂

混合酸 HCl+HNO₃+H₂O（3+1+2），50%酒石酸或柠檬酸溶液，丁二酮肟（1%乙醇溶液），（1+1）氨水，2mol/L HNO₃，（1+1）HCl，0.1mol/L AgNO₃，氨-氯化铵洗涤液（100mL 水中加 1mL NH₃·H₂O+1g NH₄Cl），钢样。

四、实验内容

称取两份钢样（含 Ni 30～80mg），分别置于 400mL 烧杯中，加入 20～40mL 混合酸，盖上表面皿，低温加热溶解后，煮沸除去氮的氧化物，加入 5～10mL 50%酒石酸溶液（每克试样加 10mL），然后在不断搅动下滴加（1+1）NH₃·H₂O 至溶液 pH=8～9，此时溶液转变为蓝绿色。若有不溶物，应将沉淀过滤，并用热的 NH₃·H₂O+NH₄Cl 洗涤液，洗涤 3 次，洗涤液与滤液合并。

滤液用（1+1）HCl 酸化，用热水稀释至 300mL，加热至 70～80℃，在搅拌下加入 1%丁二酮肟乙醇溶液（每毫克约需 1mL 10%丁二酮肟溶液），最后再多加 20～30mL，但所加试剂的总量不要超过试液体积的 1/3，以免增大沉淀的溶解度。

在不断搅拌下，滴加（1+1）氨水，至 pH=8～9（在酸性溶液中，逐步中和而形成均相沉淀，有利于大晶体产生）。在 60～70℃下保温 30～40min（加热陈化），取下、冷却、用 G₄ 微孔玻璃坩埚进行减压过滤，用微氨性的 2%酒石酸洗涤烧杯和沉淀 8～10 次，再用温热水洗涤沉淀至无 Cl⁻（用 AgNO₃ 检验），将沉淀与微孔坩埚在 130～150℃烘箱中烘干 1h，冷却，称量，再烘干、冷却、称量直至恒量，计算镍的质量分数。

五、思考题

（1）溶解试样时加氨水起什么作用？

（2）用丁二酮肟沉淀应控制的条件是什么？

（3）实验中丁二酮肟沉淀也可灼烧，试比较灼烧与烘干的利弊。

实验38　葡萄糖干燥失重的测定

一、实验目的

（1）掌握葡萄糖干燥失重的测定方法。

（2）掌握真空干燥的操作。

（3）明确恒量的意义。

二、实验原理

葡萄糖干燥失重为葡萄糖样品干燥后的损失质量，以样品损失质量对样品原质量的质量分数表示。

《中华人民共和国药典（2010 年版）》规定，葡萄糖在 105℃干燥至恒量，减失质量水物为 7.5%～9.5%，无水物不得超过 1.0%。

本实验采用挥发重量法，将试样加热，使其中水分及挥发性物质逸去，再称出试样减失后的质量。

由于葡萄糖受热后，在温度较高时，能融化于吸湿水及结晶水中，因此，本实验参照国际标准《葡萄糖干燥失重测定方法》（ISO 1741—1980）和《中华人民共和国国家标准葡萄糖干燥失重测定方法》（GB 12101—1989），真空干燥测定葡萄糖干燥失重。

将葡萄糖放在温度为 100℃、压力不超过 135MPa 的真空烘箱内干燥，称量至恒量，计算葡萄糖的干燥失重。

本标准适用于无水葡萄糖和一水葡萄糖。

三、主要仪器和试剂

1. 仪器

分析天平，金属碟（直径约 50mm，并带有密封盖），真空烘箱，真空泵，干燥系统（由装满干硅胶的干燥塔和一组装有硫酸的气体洗涤器相连组成，并依次连接到真空烘箱的空气入口处），干燥器。

2. 试剂

一水葡萄糖，无水葡萄糖。

四、实验内容

金属碟和盖放入烘箱内，温度控制在 100℃，烘干 1h。然后放入干燥器内冷却至室温，将碟和盖精确称量，精确至 0.0002g。把 10g 无水葡萄糖或约 5g 一水葡萄糖放入碟内，盖上盖子称量，精确至 0.0002g。

将装有样品盖上盖子的碟放入烘箱内，拿去盖放在碟旁，将烘箱温度保持在（100±1）℃，烘干 4h，并使烘箱内的压力不超过 135MPa。4h 后，关掉真空泵并使空气通过干燥系统慢慢进入烘箱直至达到与外面大气压平衡。将碟拿出烘箱前，用盖子盖好，然后取出放入干燥器内，使之冷却到室温，再称量，精确至 0.0002g。若在测试过程中或测定完成后，样品带有明显黄色，那么应改在较低的温度下进行测定，并在测定报告上注明。对同一样品进行 2 次测定。

五、实验结果

1. 数据记录

自行设计表格。

2. 结果计算

根据试样干燥前后的质量，按下式计算试样的干燥失重：

$$葡萄糖干燥失重 = \frac{S-W}{S} \times 100\%$$

式中，S 为干燥前试样的质量，g；W 为干燥后试样的质量，g。

六、思考题

（1）什么是干燥失重？加热干燥适宜于哪些药物的测定？

（2）什么是恒量？影响恒量的因素有哪些？恒量时，几次称量数据中哪一次为实重？

3.7　吸光光度分析实验

吸光光度法是基于物质对光的选择性吸收而建立起来的分析方法，包括比色法、可见及紫外吸光光度法及红外光谱法。

吸光光度法是采用分光器获得纯度较高的单色光，基于物质对单色光的选择性吸收测定物质组分的分析方法。

1. 吸光光度法原理

吸光光度法是借助分光光度计测定溶液的吸光度，根据朗伯-比尔定律确定物质溶液的浓度。吸光光度法是比较有色溶液对某一波长光的吸收情况。

2. 吸光光度法的特点

1）灵敏度高

一般吸光光度法所测定的下限可达 $10^{-6} \sim 10^{-5}$mol/L，因而有较高的灵敏度，适用于微量组分的分析。

2）准确度较高

吸光光度法的相对误差为 2%～5%，采用精密的分光光度计测量，相对误差为 1%～

2%，其准确度虽不如滴定分析法高，但已满足微量组分测定的准确度要求，而对微量组分的测定，滴定分析法是难以进行的。

3）简便、快速

吸光光度法所使用的仪器为分光光度计，其操作简单，易于掌握。近年来，由于一些灵敏度高、选择性好的显色剂和各种掩蔽剂不断出现，常可不经分离直接进行吸光度分析，有效地简化了测量步骤，提高了分析速度。

4）应用广泛

几乎所有的无机物和许多有机化合物都可直接或间接地用吸光光度法进行测定。此外，该法还可用来研究化学反应的机理，以及溶液的化学平衡等理论，如测定配合物的组成，弱酸、弱碱的离解常数等。由于有机试剂和配位化学的迅速发展及分光光度计性能的提高，吸光光度法已广泛用于生产和科研部门。

3. 测定方法

（1）单一组分的测定。

比较法。比较法是先配制与被测试液浓度相近的标准溶液和被测试液，在相同条件下显色、定容后，测其相应的吸光度，根据朗伯-比尔定律求出待测试液的含量。应当注意，进行计算时，只有当被测试液浓度与标准溶液浓度相近时，结果才可靠，否则将有较大的误差。

除了比较法，还有标准曲线法。

（2）高含量组分的测定用示差法。

（3）多组分的分析是基于吸光度的加和性。

实验 39　吸光光度法测定水和废水中的总磷含量

一、实验目的

（1）掌握钼锑抗钼蓝光度法测定总磷的原理和操作方法。
（2）掌握用过硫酸钾消解水样的方法。
（3）掌握吸光光度分析实验的重要环节，并熟练使用分光光度计。

二、实验原理

在天然水和废水中，磷几乎都以各种磷酸盐的形式存在，分别是正磷酸盐、缩合磷酸盐（焦磷酸盐、偏磷酸盐和多磷酸盐）及与有机物相结合的磷酸盐。它们普遍存在于溶液、腐殖质粒子、水生生物或其他悬浮物中。关于水中磷的测定，通常按其存在形态，分别测定总磷、溶解性正磷酸盐和总溶解性磷。本实验所测定的是水中的总磷。主要分为两步：第一步用氧化剂过硫酸钾，将水样中不同形态的磷转化成正磷酸盐；第二步测定正磷酸盐浓度，从而求得总磷含量。

本实验采用过硫酸钾氧化-钼锑抗钼蓝光度法测定总磷。在微沸（最好是在高压釜内经 120℃加热）条件下，过硫酸钾将试样中不同形态的磷氧化为磷酸根。在酸性条件下，正磷酸盐与钼酸铵反应（以酒石酸锑钾为催化剂），生成磷钼杂多酸，被抗坏血酸还原，变成蓝色络合物，即磷钼蓝。其钼蓝浓度的多少与磷含量呈正相关关系，以此测定水样中的总磷。相关反应式如下：

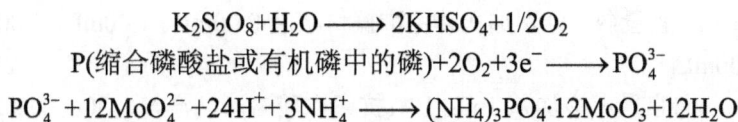

$$K_2S_2O_8+H_2O \longrightarrow 2KHSO_4+1/2O_2$$

$$P(缩合磷酸盐或有机磷中的磷)+2O_2+3e^- \longrightarrow PO_4^{3-}$$

$$PO_4^{3-}+12MoO_4^{2-}+24H^++3NH_4^+ \longrightarrow (NH_4)_3PO_4 \cdot 12MoO_3+12H_2O$$

本方法的最低检出浓度为 0.01mg/L，测定上限为 0.60mg/L，适用于测定地面水、生活污水及日化、磷肥、机械加工表面的磷化处理、农药、钢铁、焦化等行业的工业废水中的正磷酸盐分析。砷含量大于 2mg/L 时，可用硫代硫酸钠除去干扰；硫化物含量大于 2mg/L，可以通入氮气除去干扰；若铬含量大于 50mg/L，可用亚硫酸钠除去干扰。

三、主要仪器和试剂

1. 仪器

分光光度计，50mL 容量瓶，刻度吸量管等。

2. 试剂

$K_2S_2O_8$（50g/L），H_2SO_4[（3+7）、（1+1）、（1mol/L）]，NaOH（1mol/L，6mol/L），酚酞（10g/L，95%的乙醇溶液配制）。

抗坏血酸溶液（100g/L）：用少量水将 10g 抗坏血酸溶解于烧杯中，稀释至 100mL，储存于棕色细口瓶中，待用。此溶液在较低温度下可稳定 3 周，如果发现变黄，应重新配制。

钼酸铵溶液：溶解 13g 钼酸铵$(NH_4)_6Mo_7O_{24} \cdot 4H_2O$ 于 100mL 水中，另溶解 0.35g 酒石酸锑钾 $KSbC_4H_4O_7 \cdot 1/2H_2O$ 于 100mL 水中。在不断搅拌下，将钼酸铵溶液徐徐加入 300mL 的（1+1）H_2SO_4 中，再加入酒石酸锑钾溶液，混匀，储存于棕色细口瓶中，置于冷处保存，至少可以稳定 2 个月。

磷标准储备溶液（P，30μg/mL）：将装有磷酸二氢钾的称量瓶置于 105～110℃的干燥箱中，干燥 2h，取出冷却后放入干燥器中。准确称取 0.1317g（±0.001g）经过干燥的磷酸二氢钾置于烧杯中，加水溶解后转移至 1000mL 容量瓶中，加入约 800mL 水、5mL（1+1）H_2SO_4，再用水稀释至刻度，摇匀。

磷标准工作溶液（P，3.0μg/mL）：准确吸取磷标准储备溶液 25.00mL 于 250mL 容量瓶中，用水稀释至刻度，摇匀。使用当天配制。

四、实验内容

1. 水样的采取、消解及预处理

从水样瓶中取 25.00mL 混匀的水样（含磷≤30μg）于 250mL 烧杯中，加水至 50mL，加数粒玻璃珠，加 1mL（3+7）H_2SO_4，5mL 50g/L $K_2S_2O_8$。置于可调温电炉或电热板上加热至沸腾，保持微沸 30～40min，至体积约 10mL 为止。冷却后，加 1 滴酚酞，边摇边滴加 NaOH 溶液至刚呈微红色，再滴加 1mol/L H_2SO_4 使红色刚好褪去。

2. 制作标准曲线

取 6 个 50mL 容量瓶，分别加入磷标准操作溶液 0.00mL、1.00mL、3.00mL、5.00mL、7.00mL、10.00mL。

（1）显色。向容量瓶中加入 1mL 10%抗坏血酸溶液，混匀，30s 后加 2mL 钼酸铵溶液充分混匀，加水至 50mL，放置 15min。

（2）测定。使用 1cm 比色皿，于 700nm 波长处，以试剂空白溶液为参比，测定吸光度。以磷含量为横坐标，吸光度值为纵坐标，绘制标准曲线。

3. 试样测定

对已经处理的样品，按步骤（1）、（2）进行显色和测定吸光度。从标准曲线上查出磷的含量。

五、数据记录

编号	1	2	3	4	5	6	试样
V/mL	0.00	1.00	3.00	5.00	7.00	10.00	25.00
A							

六、思考题

（1）本实验测定吸光度时，以试剂空白溶液为参比，这同以水作参比时相比较，在扣除试剂空白方面，做法有什么不同？

（2）通过本实验，总结吸光光度分析的重要环节。

实验 40　邻二氮菲分光光度法测定微量铁

一、实验目的

（1）掌握邻二氮菲分光光度法测定微量铁的方法原理。

（2）掌握分光光度计的使用方法和构造。

（3）学习如何选择吸光光度分析的实验条件。

二、实验原理

1. 确定适宜条件的原因

在可见光分光光度法的测定中，通常是将被测物与显色剂反应，使之生成有色物质，然后测定其吸光度，进而求得被测物质的含量。因此，显色条件的完全程度和吸光度的测量条件都会影响到测量结果的准确性。为了使测定有较高的灵敏度和准确性，必须选择适宜的显色反应条件和仪器测量条件。通常所研究的显色反应条件有显色温度和时间、显色剂用量、显色液酸度、干扰物质的影响因素及消除等，但主要是测量波长和参比溶液的选择。对显色剂用量和测量波长的选择是该实验的内容。

2. 如何确定适宜的条件

条件试验的一般步骤为改变其中一个因素，暂时固定其他因素，显色后测量相应的溶液吸光度，通过吸光度与变化因素的曲线来确定适宜的条件。

3. 测定工业盐酸中铁含量的原理

根据朗伯-比尔定律：$A=\varepsilon bc$。当入射光波长 λ 及光程 b 一定时，在一定浓度范围内，有色物质的吸光度 A 与该物质的浓度 c 成正比。只要绘出以吸光度 A 为纵坐标，浓度 c 为横坐标的标准曲线，测出试液的吸光度，就可以由标准曲线查得对应的浓度值，即工业盐酸中铁的含量。

4. 邻二氮菲法的优点

用分光光度法测定试样中的微量铁，目前一般采用邻二氮菲法，该法具有高灵敏度、高选择性，且具有稳定性好、干扰易消除等优点。

5. 邻二氮菲法简介

邻二氮菲为显色剂，选择测定微量铁的适宜条件和测量条件，并用于工业盐酸中铁的测定。

6. 邻二氮菲可测定试样中铁的总量的条件和依据

邻二氮菲也称邻菲罗啉（简写为 phen），是光度法测定铁的优良试剂。在 pH=2~9 的范围内，邻二氮菲与二价铁生成稳定的橘红色配合物（$[Fe(phen)_3]^{2+}$）。

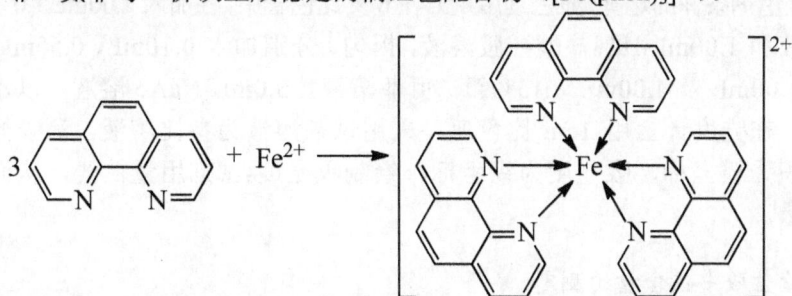

此配合物的 $\lg K_{稳}$=21.3，摩尔吸光系数 ε_{510}=1.1×10^{4}L/(mol·cm)，而 Fe^{3+} 能与邻二氮菲生成 3∶1 配合物，呈淡蓝色，$\lg K_{稳}$=14.1。所以在加入显色剂之前，应用盐酸羟胺（$NH_2OH·HCl$）将 Fe^{3+} 还原为 Fe^{2+}，其反应式如下：

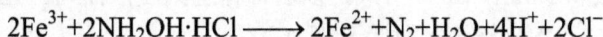

$$2Fe^{3+}+2NH_2OH·HCl \longrightarrow 2Fe^{2+}+N_2+H_2O+4H^++2Cl^-$$

测定时控制溶液的酸度为 pH=5 较为适宜，用邻二氮菲可测定试样中铁的总量。

三、主要仪器和试剂

1. 仪器

721 型分光光度计，1cm 吸收池，10mL 吸量管，50mL 比色管。

2. 试剂

10%盐酸羟胺溶液（新配），1mol/L 乙酸钠溶液，1mol/L NaOH 溶液，6mol/L HCl。

100μg/mL 铁标准溶液：准确称取 0.176g 分析纯硫酸亚铁铵[$FeSO_4 \cdot (NH_4)_2SO_4 \cdot 6H_2O$] 于小烧杯中，加水溶解，加入 6mol/L HCl 溶液 5mL，定量转移至 250mL 容量瓶中稀释至刻度，摇匀。所得溶液每毫升含铁 0.100mg（100μg/mL）。

0.15%邻二氮菲水溶液：称取 1.5g 邻二氮菲，先用 5～10mL 95%乙醇溶解，再用蒸馏水稀释至 1000mL。

四、实验内容

1. 准备工作

打开仪器电源开关，预热，调节仪器。

2. 测量工作

以通过空白溶液的透射光强度为 I_0，通过待测液的透射光强度为 I，由仪器给出透射比 T，再由 T 值算出吸光度 A 值。

（1）吸收曲线的绘制和测量波长的选择。用吸量管吸取 2.00mL 1.0×10^{-3}mol/L 铁标准溶液，注入 50mL 比色管中，加入 1.00mL 10%盐酸羟胺溶液，摇匀，加入 2.00mL 0.15% 邻二氮菲溶液、5.0mL NaAc 溶液，以水稀释至刻度。在分光光度计上用 1cm 比色皿，以溶剂为参比溶液，在 440～560nm，每隔 10nm 测量一次吸光度（在最大吸收波长处，每隔 2nm 测一次），以波长为横坐标，吸光度为纵坐标，绘制吸收曲线，选择测量的适宜波长。

（2）显色剂条件的选择（显色剂用量）。在 6 支比色管中，各加入 2.00mL 1.0×10^{-3}mol/L 铁标准溶液和 1.00mL 10%盐酸羟胺溶液，摇匀。分别加入 0.10mL、0.50mL、1.00mL、2.00mL、3.00mL 及 4.00mL 0.15%邻二氮菲溶液、5.0mL NaAc 溶液，以水稀释至刻度，摇匀。在光度计上用 1cm 比色皿，采用试剂溶液为参比溶液，测吸光度。以邻二氮菲体积为横坐标，吸光度为纵坐标，绘制吸光度-试剂用量曲线，从而确定最佳显色剂用量。

3. 工业盐酸中铁含量的测定

（1）标准曲线的制作。在 6 个 50mL 比色管中，分别加入 0.00mL、0.20mL、0.40mL、0.60mL、0.80mL、1.00mL 100μg/mL 铁标准溶液，再加入 1.00mL 10%盐酸羟胺溶液、2.00mL 0.15%邻二氮菲溶液和 5.0mL NaAc 溶液，以水稀释至刻度，摇匀。在 512nm 处，用 1cm 比色皿，以试剂空白为参比溶液，测吸光度 A。

（2）试样测定。准确吸取 3 份适量的工业盐酸，按标准曲线的操作步骤，测定其吸光度。

五、注意事项

（1）不能颠倒各种试剂的加入顺序。

（2）读数据时要注意 A 和 T 所对应的数据。透射比与吸光度的关系为：$A = \lg(I_0/I) =$

lg(1/T)；测定条件指测定波长和参比溶液的选择。

（3）最佳波长选择好后不要再改变。

（4）每次测定前要注意调满刻度。

六、思考题

（1）邻二氮菲分光光度法测定微量铁时为什么要加入盐酸羟胺溶液？

（2）参比溶液的作用是什么？本实验中可否用蒸馏水作参比溶液？

（3）邻二氮菲与铁的显色反应其主要条件有哪些？

实验 41　紫外-可见分光光度法测定水中的苯酚含量

一、实验目的

（1）了解紫外-可见分光光度计的基本原理。

（2）掌握紫外-可见分光光度计的基本操作。

（3）紫外-可见吸收光谱的绘制和定量测定方法。

二、实验原理

苯酚是工业废水中一种有害污染物质，需控制水中酚的含量。苯酚在 270～295nm 波长处有特征吸收峰，其吸光度与苯酚的含量成正比，应用朗伯-比尔定律可直接测定水中总酚的含量。

分子的紫外-可见吸收光谱是由于分子中的某些基团吸收了紫外-可见辐射光后，发生了电子能级跃迁而产生的吸收光谱。它是带状光谱，反映了分子中某些基团的信息。可以用标准光谱图再结合其他手段进行定性分析。根据朗伯-比尔定律：$A=\varepsilon bc$（A 为吸光度，ε 为摩尔吸光系数，b 为液池厚度，c 为溶液浓度），可以对溶液进行定量分析。在紫外-可见吸收分光光度分析中，必须注意溶液 pH 的影响，因为溶液的 pH 不仅有可能影响被测物吸光强度，还可能影响被测物的峰的形状和位置。酚类化合物就有这一现象，例如，苯酚在溶液中存在如下电离平衡：

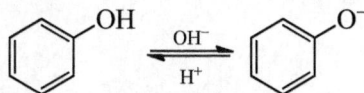

苯酚在紫外区有三个吸收峰，在酸性或中性溶液中，λ_{max} 为 196.3nm、210.4nm 和 269.8nm；在碱性溶液中 λ_{max} 位移至 207.1nm、234.8nm 和 286.9nm。在不同 pH 范围的溶液中，苯酚的紫外吸收光谱有很大差别，因此在用紫外-可见吸收分光光度分析苯酚时应添加缓冲溶液，本实验是通过加氢氧化钠强碱溶液来控制溶液 pH 的。

T6 型紫外-可见分光光度计是单光束紫外-可见分光光度计。仪器原理是光源发出光谱，经单色器分光，然后单色光通过样品池达到检测器，把光信号转变为电信号，再经过信号放大、模/数转换，将数据传输给计算机，由计算机软件处理。

三、主要仪器和试剂

1. 仪器

T6 型紫外-可见分光光度计，1cm 石英比色皿。

2. 试剂

苯酚标准溶液（10%），0.25mol/L NaOH。

0.1mg/mL 苯酚标准溶液：准确称取 0.010g 苯酚于 100mL 烧杯中，加入 20mL 去离子水使之溶解，加入 0.8mL 0.1mol/L NaOH，混合均匀，移入 100mL 容量瓶，用去离子水稀释至刻度，摇匀。

四、实验内容

1. 配置系列标准溶液

准确移取 0.1mg/mL 的苯酚标准溶液 0.00mL（1 号）、2.00mL（2 号）、4.00mL（3 号）、6.00mL（4 号）、8.00mL（5 号）、10.00mL（6 号）分别置于 50mL 容量瓶中，各加 10 滴 10% NaOH 溶液，并用蒸馏水稀释至刻度，摇匀。

2. 绘制吸收曲线及标准工作曲线

用 1cm 石英比色皿，以 NaOH 空白溶液为参比，在 200～300nm 范围内，测量系列标准溶液中的 3 号（或 4 号）的吸光度 A，绘制吸收曲线，找出最大吸收波长 λ_{max}。以 1cm 石英比色皿，以 NaOH 空白溶液为参比，在选定的最大吸收波长下分别测定标准系列样品的吸光度，绘制标准工作曲线。

3. 测定未知溶液

取未知液 10.00mL 置于 50.00mL 容量瓶中，加 10 滴 10% NaOH 溶液，用蒸馏水稀释至刻度。以 NaOH 空白溶液为参比，用 1cm 的比色皿在最大吸收波长处测定吸光度 A。

4. 计算未知溶液的含量

计算未知溶液的含量（mg/mL）。

五、实验数据处理

1. 绘制苯酚碱性溶液的标准工作曲线

由实验测得紫外吸收的数据如下

序号	苯酚体积/mL	吸光度	稀释后的浓度/（mg/mL）
1	0.00		
2	2.00		
3	4.00		
4	6.00		

续表

序号	苯酚体积/mL	吸光度	稀释后浓度/（mg/mL）
5	8.00		
6	10.00		
7	10.00（未知浓度）		

2. 计算未知样中苯酚的浓度

由苯酚碱性溶液的标准工作曲线计算得到的吸光度-浓度函数关系为

$$A=28.108c-0.0061（A 为吸光度，c 为溶液浓度）$$

则可求出未知样品中苯酚稀释后浓度 $c_1=(A+0.0061)/28.108=0.0011(\text{mg/mL})$，则未知样品中苯酚稀释前浓度 $c_2=c_1V_1/V_2=0.0011×50/10=0.0055(\text{mg/mL})$。

3. 求出苯酚在碱性溶液中波长最大吸收峰的摩尔吸光系数

根据朗伯-比尔定律：$A=\varepsilon bc$，则 $\varepsilon=A/bc$，已知液池厚度 $b=1\text{cm}$。

序号	苯酚浓度 c/（mg/mL）	吸光度	摩尔吸光系数 ε/（cm²/mg）
2	0.004		
3	0.008		
4	0.012		
5	0.016		
6	0.020		
平均摩尔吸光系数 ε/（cm²/mg）			

六、思考题

（1）实验中为什么要加入 NaOH？

（2）本实验是在紫外吸收光谱中波长最大的吸收峰下进行测定的，是否可以在另外两个吸收峰下进行定量测定？为什么？

实验 42　蔬菜中铁含量的测定

一、实验目的

（1）综合学习样品的处理方法。

（2）用所学知识，用仪器分析法测定物质的含量。

（3）学会对实验最佳条件的选取进行讨论。

（4）练习灵活运用各种基本操作的能力和查阅资料的能力。

二、实验原理

国际预防研究所研究结果表明：蔬菜中含有的微量元素具有预防肿瘤和抑制癌症的作

用。常吃蔬菜，既可以补充人体必需的铁元素，又可以起到保健预防治疗疾病的目的。

采用邻二氮菲分光光度法对蔬菜不同部位中铁的含量进行测定，方法简便、快速、准确，为指导人们合理食用蔬菜进行补铁及开发蔬菜产品提供理论依据。

样品的处理：食品中的金属元素，由于常与蛋白质、维生素等有机物结合成难溶或难以解离的物质，因此在测定前需要破坏有机结合体，释放出被测组分。通常采用有机物破坏法，在高温条件下加入氧化剂，使有机物分解，其中碳、氧、氢等元素生成二氧化碳和水呈气体状态逸出，而被测的金属元素则会以氧化物或无机盐的形式残留下来。有机物破坏法又分为干法和湿法。本实验采用干法灰化法对样品进行处理。

1. 干法灰化法

以氧气为氧化剂，在高温下长时间灼烧，使有机物彻底氧化分解，生成 CO_2 和 H_2O 及其他挥发性气体逸散掉，残留即灰分供检测，可分为直接灰化法、$Ca(OH)_2$ 法、NaOH 法等。

（1）直接灰化法（用于含铜、铅、锌、铁等样品中有机物的破坏）。固体样品（称量）→灼烧→500℃马弗炉→灰白色→冷却→加 2mL（1+1）盐酸→加热至澄清溶液→转移至 100mL 容量瓶中，定容。

（2）NaOH 法（含锡样）。称样+3mL 10% NaOH→蒸发皿→水浴蒸干→600℃灰化为白色→冷却→加 5mL 水→蒸干→加 10mL 浓盐酸→溶解→取 10mL→转移至 50mL 容量瓶→用（1+1）盐酸定容。

2. 分光光度法

（1）光度法测定的条件。分光光度法测定物质含量时应注意的条件主要是显色反应的条件和测定吸光度的条件。显色反应的条件有显色剂的用量、介质的酸度、显色时温度、显色时间及干扰物质的消除方法等；测量吸光度的条件包括入射光波长的选择、吸光度范围和参比溶液等。

（2）邻二氮菲-亚铁配合物。邻二氮菲是测定微量铁的一种较好的试剂。在 pH=2～9 的条件下，Fe^{2+} 与邻二氮菲生成稳定的橘红色配合物。在显色前，首先用盐酸羟胺将 Fe^{3+} 还原为 Fe^{2+}，其反应式如下：

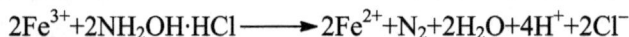

$$2Fe^{3+}+2NH_2OH \cdot HCl \longrightarrow 2Fe^{2+}+N_2+2H_2O+4H^++2Cl^-$$

测定时，控制溶液酸度在 pH=5 左右较为适宜。酸度过高，反应进行较慢；酸度太低，则 Fe^{2+} 水解，影响显色。

三、主要仪器和试剂

1. 仪器

722 型分光光度计，马弗炉，电热炉，容量瓶，移液管，普通天平，电子天平，比色管，电子天平，烧杯，移液管，比色皿，漏斗及漏斗架等。

2. 试剂

（1）1mg/mL 铁标准溶液。准确称取 4.3g 分析纯 $NH_4Fe(SO_4)_2 \cdot 12H_2O$，置于烧杯中，

用 15mL 2mol/L 盐酸溶解后移入 500mL 容量瓶中,定容,摇匀。

（2）10μg/mL 铁标准溶液。用移液管准确移取 5mL 1mg/mL 的铁标准溶液于 500mL 容量瓶中,定容,摇匀。

（3）0.1%邻二氮菲溶液。准确称取 0.10g 邻二氮菲,置于烧杯中加热溶解后,移入 100mL 容量瓶中,定容,摇匀。

（4）5%盐酸羟胺溶液。称取 10g 盐酸羟胺固体,用量筒量取 80mL 水加热溶解,转移至 100mL 容量瓶中,定容,摇匀。

（5）1mol/L NaAc 溶液。称取 13.6g NaAc 固体,置于烧杯中溶解后,移入 100mL 容量瓶中,定容,摇匀。

（6）4mol/L NaOH 溶液。称取 16g NaOH 固体溶于烧杯中,冷却后移入 100mL 容量瓶中,定容,摇匀。

（7）2mol/L HCl 溶液。用移液管准确移取 10mL 浓盐酸于 50mL 容量瓶中,定容,摇匀。

（8）（1+1）HCl 溶液。用移液管准确移取 25mL 浓盐酸于 50mL 容量瓶中,定容,摇匀。

（9）浓硝酸,浓硫酸,6mol/L NaOH。

3. 实验用品

新鲜蔬菜（菠菜、芹菜、韭菜、青椒、油菜）或菜干。

四、实验内容

1. 样品处理

（1）取新鲜青椒捣碎,称取 100g,置于蒸发皿中,在通风橱中小火加热,直至不再冒烟为止,然后将其放入马弗炉内灰化（约 2h）,取出冷却后,加入（1+1）盐酸,并用小火加热使其全部溶解,然后过滤,移入 100mL 容量瓶中。定容,摇匀,备用。

（2）用研钵将菜干磨成粉末,准确称取 0.4932g 菜干粉末,放入锥形瓶中,加入 25mL 浓硝酸和 3mL 浓硫酸,盖上表面皿,然后将锥形瓶放在酒精灯上煮沸至棕色,冷却,逐滴加入 1~2mL 浓硝酸,再煮沸,重复以上操作。当最后一次加浓硝酸不再变棕色时,停止加入浓硝酸,继续加热至冒白烟并持续 1~2min,溶液保持淡黄色,冷却,静置,过滤。取滤液于 250mL 烧杯中,用 6mol/L NaOH 溶液调 pH 为 4~6,定量移入容量瓶,加蒸馏水至刻度,摇匀,作为待测液。

两种样品可以任选其一,有兴趣且时间允许也可以都做。

2. 条件试验

（1）最佳波长的测定。准确移取 5mL 10μg/mL 铁标准溶液于 25mL 比色管中,加入 1mL 5%盐酸羟胺溶液,摇匀,冷却,2min 后加入 5mL 1mol/L NaAc 溶液和 3mL 0.1%邻二氮菲溶液，定容，摇匀。在分光光度计上用 1cm 比色皿，以水为参比溶液，用不同波长（430～580nm），每隔 10nm 测一次吸光度（峰值附近每 5nm 测一次吸光度），并绘制吸光度-波长曲线，找出最佳波长区间。

（2）最佳时间的选择。准确移取 5mL 10μg/mL 铁标准溶液于 25mL 比色管中，加入 1mL 5%盐酸羟胺溶液，摇匀，冷却，2min 后加入 5mL 1mol/L NaAc 溶液和 3mL 0.1%邻二氮菲溶液，定容，摇匀。在 510nm 处，用分光光度计测得吸光度，并记下读数，然后每隔 5min 测一次吸光度，30min 后每隔 10min 测一次吸光度，并绘制吸光度-时间曲线，找出最佳显色时间。

（3）显色剂最佳用量的测定。取 7 支 25mL 比色管并编号，分别加入 5mL 10μg/mL 铁标准溶液，再加入 1mL 10%盐酸羟胺溶液，摇匀，冷却，2min 后加入 5mL 1mol/L NaAc 溶液，再分别加入 0.1%邻二氮菲溶液 0.3mL、0.6mL、1.0mL、1.5mL、2.0mL、3.0mL、4.0mL，定容，摇匀。一定时间后用 1cm 比色皿，以水为参比溶液，用分光光度计在 510nm 处测定吸光度，并绘制吸光度-显色剂用量曲线，找出显色剂的最佳用量。

（4）最佳 pH 范围。用移液管准确移取 5mL 10μg/mL 铁标准溶液于 100mL 容量瓶中，再加入 5mL 2mol/L HCl 和 10.0mL 5%盐酸羟胺溶液，摇匀，2min 后加入 30mL 0.1%邻二氮菲溶液，定容，摇匀，备用。取 7 支 25mL 比色管并编号，用移液管分别取上述溶液 5mL 于其中，向各容量瓶中加入 0.4mol/L NaOH 溶液 0.00mL、2.00mL、3.00mL、4.00mL、6.00mL、8.00mL 及 10.00mL，定容，摇匀，用 pH 试纸测其 pH，用 1cm 比色皿，以水为参比溶液，测定吸光度，并绘制吸光度-NaOH 用量曲线，找出最佳 pH。

（5）缓冲剂最佳用量的测定。取 7 支 25mL 比色管并编号，分别加入 5mL 10μg/mL 铁标准溶液，再加入 1.0mL 5%盐酸羟胺溶液，摇匀，2min 后分别加入 1mol/L NaAc 溶液 2.00mL、3.00mL、4.00mL、5.00mL、6.00mL、7.00mL 及 9.00mL，再分别加入 3mL 0.1%邻二氮菲溶液，定容，摇匀，用 1cm 比色皿，以水为参比溶液，测定吸光度，并绘制吸光度-缓冲剂用量曲线，找出缓冲剂最佳用量。

3. 铁含量的测定

（1）标准系列（1 号～6 号）及未知物溶液（7 号）的配置：在 7 个 25mL 比色管中，按下表，上下依次加入各试剂。

序号	1	2	3	4	5	6	7
10μg/mL 铁标准溶液/mL	0.0	2.0	4.0	6.0	8.0	10.0	X（待测）
10%盐酸羟胺溶液/mL	1.0	1.0	1.0	1.0	1.0	1.0	1.0
1mol/L NaAc 溶液/mL	4.0	4.0	4.0	4.0	4.0	4.0	4.0
0.1%邻二氮菲溶液/mL	2.0	2.0	2.0	2.0	2.0	2.0	2.0

注：1mol/L NaAc 溶液应在 2min 后加。

将各比色管中溶液调节 pH 为 5.0，定容，摇匀。

（2）吸光度的测定。用 1cm 比色皿，以试剂空白为参比溶液，在 510nm 处，测 1 号～6 号溶液的吸光度，以 25mL 溶液中铁含量为横坐标，相应吸光度为纵坐标，利用 1 号～6 号系列标准溶液可绘制标准曲线。

由 7 号溶液的吸光度在标准曲线上查出 5.00mL 样品溶液中 Fe 的吸光度值，计算原样品溶液中铁的含量。

实验 43　熏肉制品中亚硝酸盐含量的测定

一、实验目的

（1）掌握紫外分光光度法测定原理及操作。

（2）学习如何选择吸光光度分析的实验条件。

二、实验原理

自样品中抽提分离出亚硝酸盐，亚硝酸盐在酸性条件下与对氨基苯磺酸发生重氮化反应生成重氮盐，此重氮盐再与 α-萘胺试剂发生偶合反应，生成紫红色偶氮化合物。其颜色的深度与样液中亚硝酸的含量成正比，可比色测定。反应式如下：

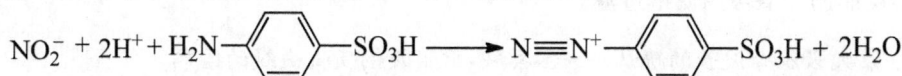

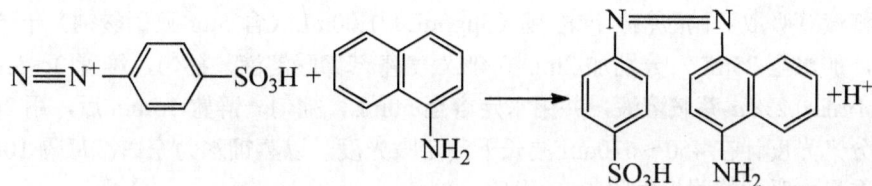

$$NO_2^- + 2H^+ + H_2N\!\!-\!\!\bigcirc\!\!-\!\!SO_3H \longrightarrow N\!\!\equiv\!\!N^+\!\!-\!\!\bigcirc\!\!-\!\!SO_3H + 2H_2O$$

$$N\!\!\equiv\!\!N^+\!\!-\!\!\bigcirc\!\!-\!\!SO_3H + \text{（} \alpha\text{-萘胺）NH}_2 \longrightarrow \text{（偶氮化合物）} + H^+$$

$$\text{肉制品中亚硝酸盐的含量(mg/kg)} = \dfrac{X \times \dfrac{1}{1000} \times 1000}{m \times \dfrac{20}{500} \times \dfrac{1}{50}}$$

式中，X 为由测得的吸光度值在标准曲线上对应的亚硝酸钠质量浓度，$\mu g/mL$；m 为样品质量，g。也就是样品经沉淀蛋白质、除去脂肪后，在弱酸条件下亚硝酸盐与对氨基苯磺酸重氮化后，用分光光度计测量含量。

三、主要仪器和试剂

1. 仪器

研钵，分光光度计，分析天平，2mL、5mL、10mL 移液管，漏斗，25mL 容量瓶，50mL 容量瓶，滤纸。

2. 试剂

（1）亚铁氰化钾溶液。称取 10.6g 亚铁氰化钾[$K_4Fe(CN)_6\cdot 3H_2O$]溶于水，并稀释至 100mL。

（2）乙酸锌溶液。称取 22.0g 乙酸锌[Zn(CH$_3$COO)$_2$·2H$_2$O]，加 3mL 冰醋酸溶于水，并稀释至 100mL。

（3）饱和硼砂溶液。称取 5.0g 硼酸钠（Na$_2$BO$_4$·10H$_2$O）溶于 100mL 热水中，冷却备用。

（4）亚硝酸钠标准溶液（200μg/mL）。精确称取 0.1000g 于硅胶干燥器中干燥 24h 的亚硝酸钠（优级纯），加水定容至 500mL。

（5）亚硝酸钠标准溶液（5μg/mL）。临用前，吸取 200μg/mL 的亚硝酸钠标准溶液 25mL，用水定容至 1000mL。

（6）0.4%对氨基苯磺酸溶液（4g/L）。0.2% α-萘胺溶液（2g/L）。

四、实验内容

1. 样品处理

样品中硝酸盐及亚硝酸盐的提取：称取经搅拌混合均匀的样品 5g 于 50mL 烧杯中，加入硼砂饱和溶液 12.5mL，以玻璃棒搅拌，然后用 70℃左右的水约 300mL，将其稀释并冷却后转移至 500mL 容量瓶，沸水浴中加热 15min，取出，加入 5mL 亚铁氰化钾溶液，摇匀，再加 5mL 乙酸锌溶液，以沉淀蛋白质。冷却至室温，用水定容，摇匀。放置片刻，去除上层脂肪，清液用滤纸过滤。

2. 最大吸收峰波长的确认——α-萘胺-亚硝酸钠吸收曲线的绘制

用移液管吸取亚硝酸钠标准溶液（5μg/mL）1.00mL（含 5μg 亚硝酸钠）于 50mL 容量瓶中，加水至 25mL，分别加 2mL 0.4%对氨基苯磺酸溶液，摇匀，静置 3～5min 后，各加入 1mL 0.2% α-萘胺溶液，并用水定容至 50mL，摇匀。静置 15min 后，用 2cm 比色皿，用分光光度计在 450～610nm 波长下测定吸光度，以蒸馏水为空白。每隔 10nm 测量一次，在最大吸收峰附近每隔 5nm 测量一次。

以波长为横坐标，吸光度为纵坐标，绘制 α-萘胺-亚硝酸钠吸收曲线，找出最大吸收峰的波长。

3. 显色剂 α-萘胺溶液最佳用量的确定

用移液管精确吸取 4 份亚硝酸钠标准液（5μg/mL）1.00mL（含 5μg 亚硝酸钠）分别于 50mL 容量瓶中，各加水至 25mL，各加 2mL 0.4%对氨基苯磺酸溶液，摇匀，静置 3～5min 后，分别加入 0.50mL、1.00mL、1.50mL、2.00mL 0.2% α-萘胺溶液，并用水定容至 50mL，摇匀。静置 15min 后，用 2cm 比色皿，用分光光度计在最大吸收峰的波长下测定吸光度，以蒸馏水为空白。

记录不同用量对应的吸光度，找出最大吸光度所对应的 α-萘胺溶液用量。

4. 获得最大吸光度的最佳显色时间的确定

用移液管吸取亚硝酸钠标准溶液（5μg/mL）1.00mL（含 5μg 亚硝酸钠）于 50mL 容量瓶中，加水至 25mL，分别加 2mL 0.4%对氨基苯磺酸溶液，摇匀，静置 3～5min 后，各加入最佳用量的 0.2% α-萘胺溶液，并用水定容至 50mL，摇匀。分别静置 5min、10min、15min、20min 后，用 2cm 比色皿，用分光光度计在最大吸收峰的波长下测定吸光度，以蒸馏水为空白。

记录不同时间所对应的吸光度，找出最大吸光度所对应的显色时间。

5. 亚硝酸钠标准曲线的绘制

用移液管精确吸取亚硝酸钠标准溶液（5μg/mL）0.00mL、0.20mL、0.40mL、0.60mL、0.80mL、1.00mL、1.50mL、2.00mL（各含 0μg、1.0μg、2.0μg、3.0μg、4.0μg、5.0μg、7.5μg、10.0μg 亚硝酸钠）于一组 50mL 容量瓶中，各加水至 25mL，分别加 2mL 0.4% 对氨基苯磺酸溶液，摇匀，静置 3～5min 后，各加入最佳用量的 0.2% α-萘胺溶液，并用水定容至 50mL，摇匀。静置 15min 后，用 2cm 比色皿，用分光光度计在最大吸收峰的波长下测定吸光度，以蒸馏水为空白。以测得的各比色液的吸光度对应的亚硝酸浓度作曲线。比色液中亚硝酸钠浓度为 0～0.30μg/mL 时，两者呈线性关系。本法的标准偏差为±3.0%。

6. 亚硝酸盐的测定

另取 20mL 待测液于 25mL 容量瓶中，加 1mL 0.4% 对氨基苯磺酸溶液，摇匀。静置 3～5min 后，加入二分之一最佳用量的 0.2% α-萘胺溶液，比色测定，记录吸光度。根据标准曲线方程算得相应的亚硝酸钠浓度（μg/mL），计算试样中亚硝酸盐（以亚硝酸钠计）的含量。

实验 44　钢铁及合金中锰含量的测定

一、实验目的

（1）了解用分光光度法测定钢中锰含量的原理和方法。

（2）熟练掌握分光光度计的使用，进一步训练正确使用移液管、容量瓶。

（3）练习作图法处理实验数据。

二、实验原理

锰是金属材料中的重要冶金元素之一。它在钢中通常以固溶体及化合态的形式存在。锰是良好的脱氧剂和脱硫剂，能降低由于钢中的硫所引起的热脆性，从而改善钢的热加工性能，提高钢的可锻性。增加锰的含量，可提高钢的强度和硬度。

普通钢中含锰量为 0.25%～8%，低合金锰钢中锰的含量为 0.8%～1.5%，耐磨的高锰钢的锰含量达 14%。

锰的化合物易溶于硫酸、稀硝酸，形成二价离子。在锰的化合物中，二价锰离子最稳定。这种离子在酸性条件下可能被氧化成七价锰，即高锰酸。用还原剂标准溶液滴定或根据高锰酸根颜色的深度与含量成正比来用分光光度法都可测定锰含量。

所得到的 MnO_4^- 溶液，以空白试样为参比液，可用分光光度计在波长 530nm 处测定其吸光度。将一系列已知浓度的 MnO_4^- 标准溶液，按上述相同方法处理后，用分光光度计测出它们的吸光度。以吸光度（A）为纵坐标，标准溶液浓度（c）为横坐标作图，得到 A

与 c 的关系曲线，称为工作曲线。通过工作曲线可查到样品溶液的吸光度所对应的浓度，进而可换算出钢样中锰的含量。

国家标准分析方法有：GB/T 223.4—2008《钢铁及合金 锰含量的测定 电位滴定或可视滴定法》、GB/T 223.58—1987《钢铁及合金化学分析方法 亚砷酸钠-亚硝酸钠滴定法测定锰量》、GB/T 223.63—1988《钢铁及合金化学分析方法 高碘酸钠（钾）光度法测定锰量》、GB/T 223.64—1988《钢铁及合金化学分析方法 火焰原子吸收光谱法测定锰量》。

三、主要仪器和试剂

王水（浓盐酸：浓硝酸=3∶1），高氯酸（浓），过硫酸铵溶液（15%），EDTA 溶液（5%），0.01mol/L 高锰酸钾标准溶液。

混合酸：1g 硝酸银溶于 500mL 水中，加入 25mL 浓硫酸、30mL 浓磷酸、30mL 浓硝酸，用水稀释至 1L。

四、实验内容

1. 试样测定

称取 0.5000g 试样于 150mL 锥形瓶中，加入 15～20mL 王水，加热溶解后加入 5mL 高氯酸，继续加热至冒白烟 1min。冷却，加入少量水溶解盐类，并移入 50mL 容量瓶中，用水稀释至刻度，摇匀。

吸取 5mL 试液于 150mL 锥形瓶中，加入 20mL 混合酸，加热近沸。加入 5mL 过硫酸铵溶液，煮沸 1min。冷却后，移入 50mL 容量瓶中。用水稀释至刻度，摇匀。

空白液：取少量试液加入 2 滴 EDTA 溶液，至颜色褪尽。

在 530nm 波长处，用 2cm 比色皿，用空白液调零，测定吸光度。

2. 标准曲线的绘制

（1）标准样品的曲线。称取相同或相近牌号、不同锰量的标准样品，同试样操作，绘制吸光度和锰量的标准曲线。

（2）标液的曲线。吸取 1.00mL、3.00mL、5.00mL、7.00mL、9.00mL 高锰酸钾标准溶液于一组 50mL 容量瓶中，用水稀释至刻度，摇匀，同试样操作，绘制吸光度和锰量的标准曲线。

五、数据处理

以溶液的吸光度为纵坐标，$KMnO_4$ 的浓度为横坐标，在坐标纸上作出标准系列溶液的 A-c 关系工作曲线。由钢样溶液的吸光度在工作曲线上查出其相应的浓度，计算钢样中锰的含量。

六、思考题

（1）在本实验中，分光光度计的波长为什么要调在 530nm 处？

（2）使用移液管、容量瓶配制溶液的操作中，应注意哪些方面？

（3）如何根据钢样溶液中 MnO_4^- 的浓度计算钢样中锰的含量？

七、注意事项

（1）本法最适于高铬钢、镍铬不锈钢中锰的测定。

（2）碳钢或低合金钢可用以下方法：称取 0.1000～0.5000g 试样，加 20mL 混酸溶解。加 5mL 过硫酸铵，并加热煮沸 1min，冷却后以水稀释至 50mL。以水作空白，测其吸光度。

（3）生铁试样溶解后，需将石墨碳滤去，以后按步骤（2）中的碳钢或低合金钢的方法进行。

（4）测定范围：锰含量为 0.070%～1.00%。

附：锰的炉前快速分光光度法

1．方法要点

试样以酸溶解，在一定的酸度条件下，硝酸银作催化剂，过硫酸铵将锰氧化为高锰酸，测定其吸光度。

2．分析步骤

称取 0.0500g 试样于 100mL 锥形瓶中，加入 15mL 混酸，加热溶解，加入 5mL 过硫酸铵（10%），煮沸 10s，立即加入 50mL 水。于 530nm 波长处，用 1cm 比色皿，以水作空白，测定吸光度。

3．标准曲线的绘制

称取相同或相近牌号、不同锰量的标准样品，同试样操作，绘制吸光度和锰量的标准曲线或采用标样测定系数计算分析结果。

4．测定范围

锰含量为 0.50%～0.80%。

3.8　常用分离方法实验

在分析化学中，无论是定性分析还是定量分析，都可以直接用样品来进行测定。定量分析的对象往往是复杂物质，在测定其中某一组分时常受到其他组分的干扰，这不仅影响测定结果的准确性，有时甚至无法测定。消除干扰最简单的方法是控制分析条件或使用掩蔽剂，但在许多情况下使用这些方法还不能消除干扰，这时必须根据试样的具体情况，采用适当的分离方法，把干扰组分分离除去，然后才能进行定量测定。如果要进行试样的全分析，则往往需要把各种组分适当分离，然后分别加以测定。若被测组分含量很低，测定方法的灵敏度不够时，在分离的同时还需把被测组分富集。然而，为了能在没有任何干扰的介质中进行测定，分离步骤是必不可少的。在这种情况下，分离过程往往是分析中最困难的一步。

分离的效果一般用回收率来衡量：

$$回收率 = \frac{分离后的测量值}{原始含量} \times 100\%$$

定量分析中对回收率的要求，通常取决于试样中被测组分的相对含量：常量时回收率应大于等于 99.9%；含量为 0.01%～1%时，回收率应大于等于 99%；对于微量组分（<0.01%），回收率应为 90%～95%。

常用的分离方法有沉淀分离法、溶剂萃取分离法、层析分离法、离子交换分离法、色谱分离法及蒸馏和挥发法等。

选何种分析方法在很大程度上取决于以后选用的测量方法、样品的性质和数量、欲测成分的含量、对分析时间的要求和对分析结果所需准确度的要求等。

1. 沉淀分离法

在待测试样溶液中加入适当的沉淀剂，使待测组分沉淀出来，或将干扰组分沉淀除去。这种利用沉淀反应使待测组分与干扰组分分离的方法，称为沉淀分离法。

沉淀分离法是一种经典的方法，一般需经沉淀、过滤、洗涤等操作，烦琐费时，且沉淀有一定的溶解度，沉淀过程中又伴随有共沉淀现象，因而沉淀分离不易达到定量完全，但由于该法使用的器皿比较简单，且近年来分离操作技术有所改进，并采用了选择性较好的有机沉淀剂，因此沉淀分离法仍是一种常用的分离方法。

2. 溶剂萃取分离法

溶剂萃取是利用不同溶质在两种互不相溶的溶剂中溶解度的差别，以分离混合物中不同组分的方法。在分析化学中的溶剂萃取通常是指在常温下不溶于水的有机溶剂把某种溶质从水溶液中提取出来的过程。

溶剂萃取分离既可用于常量元素的分离，又适用于痕量元素的分离与富集，而且操作简单、快速，如果被萃取的组分为有色化合物，便可直接进行比色测定（称为萃取比色法）。但溶剂萃取分离法也存在缺点，即所用的有机溶剂易挥发、易燃和有毒，在应用上受到一定的限制。

3. 层析分离法

层析分离法又称为色谱法，是一种物理化学分离方法，它利用试样中各组分的物理化学性质（如吸附、溶解、络合、离子交换等）的差异，使各组分不同程度地分布在两相中。其中一相是固定相，另一相是流动相。当两相做相对运动时，试样中各组分在两相中进行反复地分配，由于各组分在两相之间的分配系数不同，它们的移动速度也不一样，从而互相分离。层析分离法可分为柱层析、纸层析等几种。

4. 离子交换分离法

利用离子交换树脂与溶液中离子之间发生交换作用来使各种离子分离的方法称为离子交换分离法。它既可用于分离带相反电荷的离子，又能用于分离带相同电荷的离子，对分离性质相近的离子效果尤为显著，并可用于微量组分的富集和纯物质的制备。

　　离子交换树脂是一种高分子聚合物,具有网状结构的骨架部分。骨架部分一般很稳定,不溶于酸、碱和一般溶剂。在骨架上连接有可以被交换的活性基团,根据其性能,离子交换树脂可分为阳离子交换树脂、阴离子交换树脂和螯合树脂。

实验 45　水中铬离子的分离及测定
（离子交换分离法及氧化还原滴定法）

一、实验目的

　　（1）掌握离子交换分离法的基本原理及操作步骤。
　　（2）学会处理废水的方法。

二、实验原理

　　铬及其化合物广泛地用于冶金、纺织、颜料及印染和制革等行业,从而构成环境中铬的来源。当饮用水中 Cr^{6+} 含量达到 0.1mg/L 以上的浓度时,就会危及人类的身体健康,导致病变、畸胎、突变。国家饮用水标准规定 Cr^{6+} 含量低于 0.05mg/L。

　　这样低的含铬量用一般方法不易测出,可用离子交换法加以富集,并和其他元素分离,测出铬的含量。此法也可用来处理含铬废水,并回收铬。废水中的 Cr^{6+} 以 CrO_4^{2-} 和 $Cr_2O_7^{2-}$ 的形式存在,它可与强碱性阴离子交换树脂发生交换作用:

$$2R\text{-}N(CH_3)_3OH + Cr_2O_7^{2-} =\!=\!= [R\text{-}N(CH_3)_3]_2Cr_2O_7 + 2OH^-$$

交换之后用水洗涤,再用 2mol/L NaOH 或 2mol/L KOH 溶液洗脱并使树脂再生:

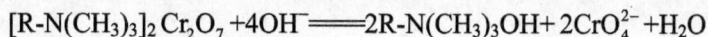

$$[R\text{-}N(CH_3)_3]_2Cr_2O_7 + 4OH^- =\!=\!= 2R\text{-}N(CH_3)_3OH + 2CrO_4^{2-} + H_2O$$

洗脱下来的 CrO_4^{2-} 经酸化后转变为 $Cr_2O_7^{2-}$:

$$2CrO_4^{2-} + 2H^+ =\!=\!= Cr_2O_7^{2-} + H_2O$$

最后用亚铁盐标准溶液测定六价铬的含量。

三、主要仪器和试剂

　　1. 仪器

　　717[#]碱性阴离子交换树脂,离子交换柱（可用酸式滴定管代替）,玻璃棉（用 HCl 处理后,洗至中性,浸泡水中）。

　　2. 试剂

　　2mol/L HCl,2mol/L NaOH。

四、实验内容

　　1. 树脂处理

　　将 717[#]型阴离子交换树脂先用 2mol/L HCl 浸泡 24h,倾出 HCl 溶液,用水洗至 pH=6,再用 2mol/L NaOH 溶液浸泡 24h,使树脂转变为 OH 型,倾出 NaOH 溶液,然后用水漂洗使树脂溶胀并除去杂质，浸泡于水中备用。

2. 装柱

交换柱（可用酸式滴定管代替）洗涤干净后，将玻璃棉搓成花生米粒大小的小球，用圆头长玻璃棒将其送入交换柱底部，并使玻璃棉平整，再加入 10mL 蒸馏水。打开活塞将树脂和水一起边搅拌边倒入交换柱，树脂在水中沉降后，应均匀、无气泡。装至柱高 16cm 左右，打开活塞，放出多余的水，树脂床上面应保持 1cm 左右的水液面，并用水洗至 pH=7～9，即可进行交换。

3. 交换

将一定体积的废水过滤除去机械杂质和悬浮物。加酸调节 pH<4 左右后，即可加入交换柱，以 1mL/min 的流速进行交换。

4. 洗脱和再生

用 20mL 水洗涤交换柱上残留的废液。加入 10mL 2mol/L NaOH 溶液进行洗脱并再生，再生流速一般为 0.1mL/min 较为合适。再生完毕后，用水洗涤至 pH=7～9 为止。

5. 测定

洗脱液在 H_2SO_4 酸化后，用氧化还原滴定法，以二苯胺磺酸钠为指示剂，以亚铁标准溶液滴定并计算出铬的含量。

五、实验结果

1. 数据记录

序号	1	2	3
$c_{Fe^{2+}}$ / (mol/L)			
洗脱液的体积/mL			
亚铁标液消耗体积/mL			
铬的含量/ (mg/L)			
铬的平均含量/ (mg/L)			

2. 结果计算

计算平均值及相对平均偏差。

六、注意事项

（1）如果树脂中间发现气泡，可加水至高于液面 4～5cm，用长玻璃棒搅拌排除气泡，也可反复倒置交换柱，排除气泡。

（2）交换以后应立即进行再生，防止树脂被 $Cr_2O_7^{2-}$ 氧化破坏并生成 Cr^{3+}，影响测定结果。

七、思考题

（1）离子交换树脂使用前为什么要先用酸、碱溶液浸泡？

（2）交换柱直径大小及流速快慢对分离有什么影响？

实验 46　钴、镍的离子交换分离及含量测定

一、实验目的

（1）学习离子交换分离的操作方法（包括树脂预处理、装柱、交换和淋洗）。

（2）了解离子交换分离在定量分析中的应用。

（3）学习钴和镍的配位滴定方法。

二、实验原理

某些金属离子，如 Mn^{2+}、Co^{2+}、Cu^{2+}、Fe^{3+}、Zn^{2+}，在浓盐酸溶液中能形成氯络阴离子，而 Ni^{2+} 则不产生氯络阴离子。由于各种金属络阴离子稳定性不同，生成络阴离子所需的 Cl^- 浓度也就不同，因而把它们放入阴离子交换柱后，可通过控制不同盐酸浓度的洗脱液淋洗而进行分离。本实验只进行钴、镍分离。当试液为 9mol/L 盐酸时，Ni^{2+} 仍带正电荷，不被交换吸附，而 Co^{2+} 形成 $CoCl_4^{2-}$，被交换吸附：

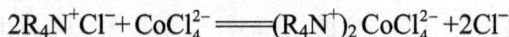

$$2R_4N^+Cl^- + CoCl_4^{2-} \Longrightarrow (R_4N^+)_2\,CoCl_4^{2-} + 2Cl^-$$

柱上显蓝色带。用 9mol/L HCl 溶液洗脱，Ni^{2+} 首先流出柱，流出液呈淡黄色。接着用 3mol/L HCl 溶液洗脱，$CoCl_4^{2-}$ 成为 Co^{2+} 被洗出（因试液中只有钴和镍，故用 0.01mol/L HCl 溶液更易洗脱钴），然后分别用配位滴定回滴法测定。

三、主要仪器和试剂

（1）离子交换柱。可用 25mL 酸式滴定管代替。

（2）强碱性阴离子交换树脂。国产 717，新商品牌号为 201×7，氯型，晾干后用 30 号筛过筛，取过筛部分。

（3）10mg/mL 镍标准溶液。准确称取 4.048g 分析纯 $NiCl_2 \cdot 6H_2O$ 试剂，用 30mL 2mol/L HCl 溶液溶解，移入 100mL 容量瓶，用 2mol/L HCl 溶液稀释至刻度。

（4）10mg/mL 钴标准溶液。准确称取 4.036g 分析纯 $CoCl_2 \cdot 6H_2O$ 试剂，用 30mL 2mol/L HCl 溶液溶解，移入 100mL 容量瓶，用 2mol/L HCl 溶液稀释至刻度。

（5）钴镍混合试液。取钴、镍标准溶液等体积混合。

（6）0.02mol/L 锌标准溶液。

（7）0.025mol/L EDTA 标准溶液。

（8）2g/L 二甲酚橙。

（9）0.2g/mL 六次甲基四胺水溶液。用 2mol/L 盐酸调至 pH=5.8。

（10）12mol/L、9mol/L、6mol/L、2mol/L、0.01mol/L 的盐酸溶液。

（11）6mol/L、2mol/L 的 NaOH 溶液。

（12）酚酞（2g/L 乙醇溶液）。

（13）定性鉴定用试剂：1%丁二酮肟乙醇溶液，饱和 NH_4SCN 溶液，戊醇，浓氨水。

四、实验内容

1. 交换柱的准备

强碱性阴离子交换树脂先用 2mol/L HCl 溶液浸泡 24h，取出后用水洗净。继续用 2mol/L NaOH 溶液浸泡 2h，然后用去离子水洗至中性，再用 2mol/L HCl 溶液浸泡 24h，备用。

取一支 1cm×20cm 的玻璃交换柱或 25mL 酸性滴定管，底部塞以少许玻璃棉，将树脂和水缓慢倒入柱中，树脂柱高约 15cm，上面再铺一层玻璃棉。调节流量约为 1mL/min，待水面下降近树脂层的上端时（切勿使树脂干涸），分次加入 20mL 9mol/L HCl 溶液，并以相同流量通过交换柱，使树脂与 9mol/L HCl 溶液达到平衡。

2. 试液

取钴镍混合试液 2.00mL 于 50mL 小烧杯中，加入 6mL 浓盐酸，使试液中 HCl 溶液浓度为 9mol/L。

3. 分离

将试液小心移入交换柱中进行交换，用 250mL 锥形瓶收集流出液，流量为 0.5mL/min。当液面达到树脂相时（注意色带的颜色），用 20mL 9mol/L HCl 溶液洗脱 Ni^{2+}，开始时用少量 9mol/L HCl 溶液洗涤烧杯，每次 2～3mL，洗三四次，洗涤液均倒入柱中，以保证试液全部转移入交换柱。然后将其余 9mol/L HCl 溶液分次倒入交换柱。收集流出液以测定 Ni^{2+}。待洗脱近结束时，取 2 滴流出液，用浓氨水碱化，再加 2 滴 10g/L 丁二酮肟，以检验 Ni^{2+} 是否洗脱完全。

继续用 25mL 0.01mol/L HCl 溶液分 5 次洗脱 Co^{2+}，流量为 1mL/min，收集流出液于另一锥形瓶中以备测定 Co^{2+}（用 NH_4SCN 法检验 Co^{2+} 是否已洗脱完全）。

4. Ni^{2+}、Co^{2+} 的测定

将洗脱 Ni^{2+} 的洗脱液用 6mol/L NaOH 中和至酚酞变红，继续用 6mol/L HCl 溶液调至红色褪去，再过量 2 滴，此时由于中和发热液温升高，可将锥形瓶置于流水中冷却。用移液管加入 10.00mL EDTA 溶液，加 5mL 六次甲基四胺溶液，控制溶液的 pH 在 5.5 左右。加 2 滴二甲酚橙，溶液应为黄色（若呈紫红或橙红，说明 pH 过高，用 2mol/L HCl 调至溶液恰好变为黄色），用锌标准溶液回滴过量的 EDTA，终点由黄绿变为紫红色。

Co^{2+} 的测定同 Ni^{2+} 的测定。

根据滴定结果计算镍钴混合试液中各组分的浓度，以 mg/mL 表示。

用 20～30mL 2mol/L HCl 溶液处理交换柱使之再生，或将使用过的树脂回收在一个烧杯中，统一进行再生处理（取出玻璃棉，洗净交换柱）。

五、实验结果

1. 数据记录

自行设计表格。

2. 结果计算

计算平均值及相对平均偏差。

六、注意事项

如果树脂中间发现气泡，可加水至高于液面 4～5cm，用长玻璃棒搅拌排除气泡，也可反复倒置交换柱，排除气泡。

七、思考题

（1）在离子交换分离中，为什么要控制流出液的流量？淋洗液为什么要分几次加入？
（2）本实验若是微量 Co^{2+} 与大量 Ni^{2+} 的分离，其测定方法应有什么不同？
（3）对于含常量钴和镍的试液，若不采用预分离，应如何进行测定？

实验 47　萃取分离-光度法测定环境水样中的微量铅

一、实验目的

（1）掌握溶剂萃取分离的基本操作。
（2）了解双硫腙（又称二苯硫腙）萃取吸光光度法测定环境水样中铅的原理和方法。

二、实验原理

铅是可在人体和动物组织中积蓄的有毒金属，其主要毒害效应是贫血症、神经机能失调和肾损伤。淡水中含铅 0.06～120μg/L。世界卫生组织规定饮用水中铅的最高含量不得超过 100μg/L。

测定水质中铅含量的方法有原子吸收法和双硫腙萃取吸光光度法，后者经萃取分离富集，选择性和灵敏度较高。该法基于在 pH 为 8.5～9.5 的氨性柠檬酸盐-氰化物-盐酸羟胺的还原性介质中，铅与双硫腙形成可被三氯甲烷（或四氯化碳）萃取的淡红色双硫腙铅螯合物：

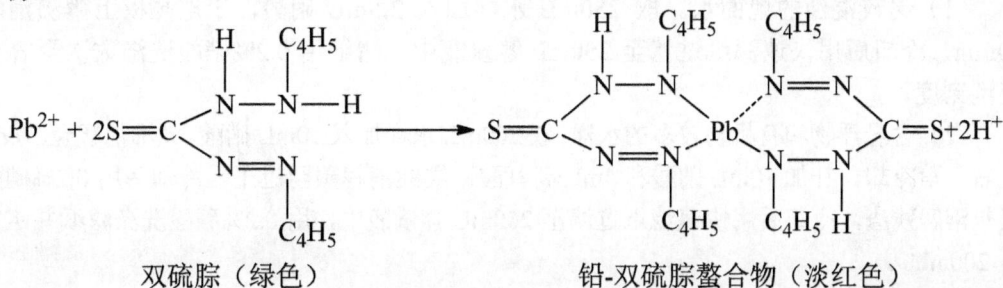

双硫腙（绿色）　　　　　　　　铅-双硫腙螯合物（淡红色）

有机相最大吸收波长为 510nm，摩尔吸光系数为 $6.7×10^4$L/(mol·cm)。加入盐酸羟胺是为了还原 Fe^{3+} 及可能存在的其他氧化性物质，以免双硫腙被氧化。氰化物可掩蔽 Ag^+、Hg^{2+}、Cu^{2+}、Zn^{2+}、Cd^{2+}、Ni^{2+}、Co^{2+} 等。柠檬酸盐络合 Al^{3+}、Cr^{3+}、Fe^{3+}、Ca^{2+}、Mg^{2+} 等，可防止它们在碱性溶液中水解沉淀。本法测定铅时，有 0.1mg 下列离子存在不干扰：银、汞、铋、铜、锌、砷、锑、锡、铝、铁、镍、钴、铬、锰、碱土金属等离子。本法适用于测定地表水和废水中的微量铅。

三、主要仪器和试剂

1. 仪器

分光光度计，250mL 分液漏斗。

2. 试剂

（1）铅标准溶液。称取 0.1599g 硝酸铅（纯度≥99.5%）溶于约 200mL 水中，加入 10mL HNO_3，移入 1000mL 容量瓶，以水稀释至刻度，此溶液含铅 100.0μg/mL。取此溶液 10.00mL 置于 500mL 容量瓶，用水稀释至刻度，此溶液含铅 2.0μg/mL。

（2）双硫腙储备液 0.1g/L。称取 100mg 纯净双硫腙溶于 1000mL 三氯甲烷中，储于棕色瓶，放置于冰箱内备用。

（3）双硫腙工作液 0.04g/L。取 100mL 双硫腙储备液置于 250mL 容量瓶中，用三氯甲烷稀释至刻度。

（4）双硫腙专用液。将 250mg 双硫腙溶于 250mL 三氯甲烷中，此溶液不必纯化，专用于萃取提纯试剂。

（5）柠檬酸盐-氰化钾还原性溶液。将 100g 柠檬酸氢二铵、5g 无水亚硫酸钠、2.5g 盐酸羟胺、10g 氰化钾（注意剧毒!）溶于水，用水稀释至 250mL，加入 500mL 氨水混合（此溶液不可用嘴吸）。

四、实验内容

1. 水样预处理

除非证明水样的消化处理是不必要的，如不含悬浮物的地下水、清洁地面水可直接测定外，否则应按下述预处理。

（1）比较混浊的地面水。取 250mL 水样加入 2.5mL 硝酸，于电热板上微沸消解 10min，冷却后用快速滤纸过滤至 250mL 容量瓶中，滤纸用 0.2%硝酸洗涤数次至容量瓶满刻度。

（2）含悬浮物和有机物较多的水样。取 200mL 水样加入 10mL 硝酸，煮沸消解至 10mL 左右，稍冷却，补加 10mL 硝酸和 4mL 高氯酸，继续消解蒸至近干。冷却后用 0.2%硝酸温热溶解残渣，冷却后用快速滤纸过滤至 200mL 容量瓶中，用 0.2%硝酸洗涤滤纸并定容至 200mL。

2. 试样测定

准确量取含铅量不超过 30μg 的适量试样置于 250mL 分液漏斗中,用水补充至 100mL,加入 10mL 20%（体积分数）硝酸和 50mL 柠檬酸盐-氰化钾还原性氨性溶液,混匀。再加入 10.00mL 双硫腙工作液,塞紧后剧烈振荡 30s,静置分层。在分液漏斗的颈管内塞入一小团无铅脱脂棉,然后放出下层有机相,弃去 1~2mL 流出液,再注入 1cm 比色皿,以三氯甲烷为参比溶液,在 510nm 处测量吸光度。

3. 标准曲线

向 8 个 250mL 分液漏斗中分别加入 0mL、0.50mL、1.00mL、5.00mL、7.50mL、10.00mL、12.50mL、15.00mL 的铅标准溶液,补加去离子水至 100mL,以下按试样测定步骤进行。

五、实验结果

1. 数据记录

自行设计表格。

2. 结果计算

$$含铅量 = \frac{m}{V}$$

式中,m 为从标准曲线上查到的铅的质量;V 为水样的体积。

六、注意事项

（1）双硫腙试剂不纯时应提纯。称取 0.5g 双硫腙溶于 100mL 三氯甲烷中,滤去不溶物,滤液置于 250mL 分液漏斗中,每次用 20mL（1+100）氨水萃取,此时杂质留于有机相,双硫腙进入水相,放出水相,重复萃取 5 次。合并水相,然后用 6mol/L 盐酸中和至 pH=3~5,再用 250mL 三氯甲烷分 3 次萃取,合并三氯甲烷,此时双硫腙进入有机相,含双硫腙 2g/L。放于棕色瓶,保存于冰箱内。

（2）若试剂未经提纯,应做试剂空白,即用无铅水代替水样,其他试剂用量相同,按实验步骤进行,测定空白值。水样测定值扣除空白值,再从标准曲线上查出铅的质量。

七、思考题

（1）为什么光度法测定环境水样中的铅要采取萃取的方法?
（2）双硫腙工作液为什么要很准确地加入?

实验 48　纸层析法分离食用色素

一、实验目的

（1）了解纸层析法分离食用色素的原理。

（2）掌握样品中色素的富集及测定方法。

二、实验原理

纸层析法是以滤纸作为支撑体的分离方法，利用滤纸吸湿的水分作固定相，有机溶剂作流动相。流动相由于毛细作用自下而上移动，样品中的各组分将在两相中不断进行分配，由于它们的分配系数不同，不同溶质随流动相移动的速度不等，因而形成与原点距离不同的层析点，达到分离的目的。各组分在滤纸上移动的情况用 R_f 表示。在一定条件下（如温度溶剂组成、滤纸质量等） R_f 值是物质的特征值，故可根据 R_f 作定性分析。影响 R_f 值的因素较多，因此，在分析工作中最好用各组分的标准样品作对照。

$$R_f = \frac{a(\text{原点到层析点中心的距离})}{b(\text{原点到溶剂前沿的距离})} \ (0 \leqslant R_f \leqslant 1)$$

本实验用于饮料中合成色素的分离，由于饮料同时使用几种色素，样品处理后，在酸性条件下，用聚酰胺吸附人工合成色素，而与蛋白质、淀粉、脂肪、天然色素分离，然后在碱性条件下，用适当的解吸溶液使色素解吸出来。由于不同色素的分配系数不同，R_f 就不同，可对其分离鉴别。

三、主要仪器和试剂

1. 仪器

砂芯漏斗（G2 或 G3），层析缸：15cm×30cm（$\phi \times h$），层析纸：10cm×27.5cm（$w \times h$），微型注射器（或毛细管直径 1mm）。

2. 试剂

（1）色素标准溶液：胭脂红（5g/L），柠檬黄（5g/L），日落黄（5g/L）。
（2）展开剂：正丁醇：无水乙醇：氨水（6:2:3）。
（3）柠檬酸溶液（200g/L）。
（4）聚酰胺粉（尼龙 6200 目）：预先在 105℃温度下活化 1h。
（5）丙酮（原装）。
（6）丙酮-氨水溶液：90mL 丙酮与 100mL 浓氨水混合均匀。

四、实验内容

1. 样品处理

取除去 CO_2 的橙汁饮料 50mL 于 100mL 烧杯中，用柠檬酸溶液调 pH 为 4。

2. 吸附分离

称取 0.5～1.0g 聚酰胺于 100mL 烧杯中，加少量水调成均匀糊状，倒入上述已处理的温度为 70℃的样品溶液中，充分搅拌，使样液中色素完全被吸附（聚酰胺粉不足可补加）。将聚酰胺粉沉淀物全部转入砂芯漏斗中抽滤，用 pH=4、温度为 70℃的水洗涤沉淀物，洗涤时充分搅拌，再用 20mL 丙酮溶液分两次洗涤沉淀物，以除去样品中的油脂等物。再用 200mL 70℃水洗涤沉淀，至洗下的水与原来水的 pH 相同为止。前后洗涤过程中必须充分搅拌。

用丙酮-氨溶液约 30mL 分数次解吸色素。将色素解吸置于小烧杯中，用柠檬酸调节至 pH=6，再在水浴上蒸发浓缩至 5mL 留作点样用。

（1）点样。在层析纸下端 2.5cm 处用铅笔画一横线，在线上等距离画上 1、2、3、4 四个等距离的点，1、2、3 号分别用毛细管将胭脂红、柠檬黄和日落黄色素标准溶液点出直径为 2mm 的扩散原点，在 4 号点点样时每点完一次须用电吹风吹干，再在原位置上重新点上样品溶液 10μL，如图 3-17 所示。

（2）展开分离。将点好样的滤纸晾干后，用挂钩悬挂在层析筒盖上，放入已盛有展开剂的层析筒中，滤纸应挂平直，原点应离开液面 1cm，保持温度为 20℃，密封层析筒，按上行法展开。当展开剂前沿滤纸上升到 12cm 处时，将滤纸取出，在空气中自然晾干。量出各斑心的中点到原点中心的距离，计算 R_f 值，若 R_f 值相同，色泽相似，表示被测色素与标准色素为同一色素。

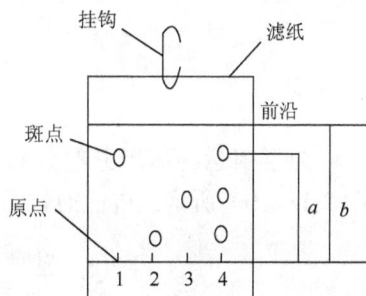

图 3-17　纸条点样和展开后示意图

五、注意事项

（1）因聚酰胺是高分子化合物，在酸性介质中才能吸附酸性色素，为防止色素分解，水要保持酸性。

（2）分子中酰胺链能与色素中磺酸基以氢键的形式结合，因此吸附时也要求一定的温度与时间。

六、思考题

（1）纸层析法分离合成色素时，流动相和固定相各是什么？作用是什么？

（2）洗涤聚酰胺时要注意哪几个方面？为什么？

（3）处理样品所得的溶液，为什么要调到 pH=4？

实验 49　薄层色谱法分离有机化合物

一、实验目的

（1）掌握薄层色谱法的基本原理和操作。

（2）练习薄层板的制备。

二、实验原理

薄层色谱法（又称薄层层析法）是色谱分离法的一个分支，是平板色谱法的一种分离方法。它是有机化合物分离和鉴定的重要方法。

　　色谱法的基本原理是利用混合物各组分在某一物质中分配性质的不同，经过多次吸附和解吸过程，由于分配系数的差别，混合物各组分得以分离。其基本装置如图 3-18（a）所示。

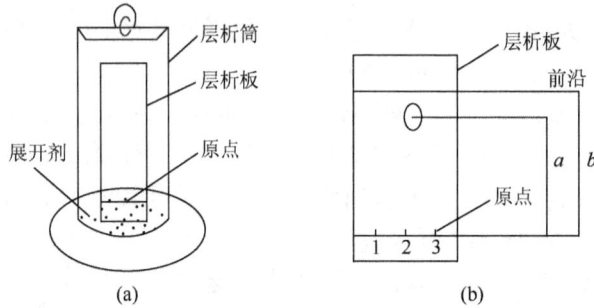

图 3-18　薄层色谱法基本装置

　　为了衡量物质组分的分离效果，薄层色谱法是以比较它们的比移值 R_f 为基础，如图 3-18（b）所示。R_f 值的数学定义为

$$R_f = \frac{a(原点到层析点中心的距离)}{b(原点到溶剂前沿的距离)} \quad (0 \leqslant R_f \leqslant 1)$$

　　比移值 R_f 是薄层色谱法的重要参数，它与化合物种类、吸附剂性质、温度、展开剂及实验条件等因素有关。由于影响 R_f 值因素较多，因此，实验时一般须用已知的组分与混合试样在同一实验条件进行层析，根据斑点对应位置，确定各组分的 R_f 值。对单个组分来说，应使 R_f 值越大越好，而对混合物组分的分离来说，则要求各组分的 R_f 间的差 ΔR_f 越大越好。

　　斑点的观察，对有色样品，可在展开过程中用肉眼观察到斑点的移动，R_f 值的计算非常方便。对无色试样，可在展开一定时间后，用适量的显色剂喷洒直到溶剂前沿的全部板面，使斑点显色，从而计算 R_f 值。

　　如果需做样品定量分析，可用微型注射器，定量注入溶液，制成斑点系列，展开后比较斑点大小，可求出未知物的含量。近来发展的薄层扫描仪，使分析速度和准确度大大提高。

　　薄层色谱法常用的吸附剂有氧化铝、硅胶类和纤维素等。本实验采用硅胶类作为吸附剂。常用硅胶类吸附剂有硅胶 H 和硅胶 G，前者常用于无机离子的分离，它不含黏合剂，应用时需加入淀粉等作为黏合剂。后者常用于有机化合物的分离，它已含煅石膏 $CaSO_4$ 10%～15%，G 表示石膏（gypsum）。实验表明，吸附剂中加入适量的羧甲基纤维素（CMC）时，制得的板牢固而均匀。

　　本实验是用硅胶 G 层吸板分离有色的偶氮苯和对硝基苯胺混合物，斑点移动直观，无需使用显色剂显色。

三、主要仪器和试剂

1. 仪器

玻璃层析筒 150mm×300mm（$\phi \times h$），玻璃层析板 100mm×240mm，毛细管 ϕ＝1mm（可自制或在市场购买）。

2. 试剂

（1）偶氮苯：0.5%的苯溶液。
（2）对硝基苯胺：0.5%的苯溶液。
（3）展开剂：环己烷：乙酸乙酯＝72：8。
（4）硅胶 G。
（5）0.5%羧甲基纤维素的水溶液。称取 0.5g CMC，边搅拌边加入 100mL 热水中，搅拌溶解。
（6）偶氮苯和对硝基苯胺混合试液。

四、实验内容

（1）层析板的制备。称 4g 硅胶 G 于 100mL 烧杯中，加入 14mL CMC，用玻璃棒仔细搅拌 5min。然后，铺在洁净的层析玻璃板上，用玻璃棒涂布均匀，再在实验台上颠振片刻，使糊状物平整均匀，水平放置一天晾干。

在晾干后的层析板反面写上实验者姓名，放入烘箱中。打开烘箱电源，慢慢升温至110℃后活化 1h。取出，放在干燥器中冷却。

（2）点样。在活化后的层析板下端约 2cm 处，用铅笔轻轻画一直线，分成三等份，标明 1、2、3 号 [图 3-18（b）]。用毛细管分别蘸取标样 1（偶氮苯）、标样 2（对硝基苯胺）、混合试液点于相应位置上，使斑点的直径约为 2mm，晾干。

（3）展开分离。移取 72mL 环己烷和 8mL 乙酸乙酯于洁净的层析筒中，放入已点样、晾干的层析板，盖上层析筒盖，记下层板分离开始的时间。直至溶剂前沿到达层析板全程的三分之二时，取出层析板，记下层析停止的时间，画出溶剂前沿位置，晾干。

（4）画出斑点移动位置，量出各组分相应的 a、b 值，计算 R_f 值。记录层析所用时间。

（5）实验完后，弃去展开剂，洗静层析筒。

五、注意事项

（1）层析板最好提前一周制备，晾干备用。
（2）点样原点应在液面上部，不能泡于展开剂中，如图 3-18（a）所示。

六、思考题

（1）怎样衡量平板色谱的分离效果？R_f 值和 ΔR_f 值的意义是什么？
（2）如果展开时间过长或过短，对混合物的分离有什么影响？
（3）比移值 R_f 值的最大值、最小值分别为多少？

实验50　纸上电泳法分离混合氨基酸

一、实验目的

（1）学习纸上电泳法分离混合氨基酸的基本原理。

（2）掌握纸上电泳法的基本操作技术。

二、实验原理

　　氨基酸是两性物质，其带电荷的情况与溶液的 pH 有关，当溶液的 pH 低于其等电点时带正电荷，反之带负电荷。谷氨酸等电点 pH 为 3.22，亮氨酸为 6.02，赖氨酸为 9.47，在 pH=6.0 的缓冲溶液中，谷氨酸带负电荷，赖氨酸带正电荷，亮氨酸基本不带电荷。在电场的作用下，谷氨酸向正极移动，赖氨酸向负极移动，而亮氨酸则停留不动，从而使三种氨基酸的混合物得到分离。

　　将标准物质与样品在同一张滤纸上按同样的操作条件进行电泳，显色后根据组分的运动距离和方向与标准物对照可进行定性分析，根据组分斑点大小和颜色的深浅可进行初步定量分析。

三、主要仪器和试剂

　　1. 仪器

　　Dy-1 型电泳仪，10μL 微量注射器，喷雾器，电吹风机等。

　　2. 试剂

　　缓冲溶液（pH=6.0）：称取 5.5g 邻苯二甲酸氢钾、0.8g 氢氧化钠分别溶解，混合后定容至 1000mL。

　　样品溶液：

　　亮氨酸溶液（6g/L）：称取 300mg 亮氨酸，加水溶解后定容至 50mL。

　　赖氨酸溶液（6g/L）：称取 300mg 赖氨酸，加水溶解后定容至 50mL。

　　谷氨酸溶液（6g/L）：称取 300mg 谷氨酸，加水溶解后定容至 50mL。

　　试样混合液：上述三种氨基酸溶液等体积混合。

　　茚三酮丙酮溶液（1g/L）：称取 500mg 茚三酮，用少量丙酮溶解后，再用丙酮稀释至 500mL。

　　3. 其他

　　新华 1 号滤纸条或层析滤纸条（200mm×75mm）。

四、实验内容

　　1. 点样

　　点样的方法有干法点和湿法点两种。干法点是将样品溶液点在滤纸上，用电吹风吹干，它的优点是可以反复点样，在点样的过程中起到浓缩的作用，湿法点是先将滤纸浸透缓冲溶液后再点样，它的优点是能保持样品的天然状态，而且样品溶液不易扩散，斑点的直径较小，本实验采用湿法点样。

（1）取层析滤纸条，用铅笔按图 3-19 画出中线及原点标记，注明正负极方向及名称。

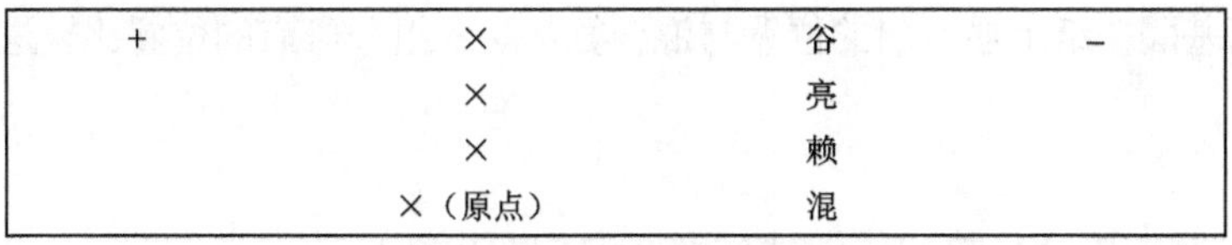

+	×	谷	−
	×	亮	
	×	赖	
×（原点）		混	

图 3-19　层析滤纸条的标准

（2）将滤纸条用木夹固定在支架上，用滴管吸取缓冲溶液从滤纸顶部往下淋洗两三次，使滤纸湿透，然后用电吹风机吹去多余的缓冲溶液。

（3）取下滤纸条，分别用不同的微量注射器吸取单种氨基酸溶液 1μL、混合氨基酸溶液 2μL，点在滤纸的原点上。

2. 电泳

（1）加缓冲溶液 1000mL 于电泳槽中，并使槽内液面平衡。

（2）接上整流器交流电源，使整流器预热 1～2min。

（3）用镊子小心夹着纸条的一端将纸条放在电泳槽的支架上，两端紧贴架框，边缘浸入缓冲溶液中，用滴管滴加缓冲溶液到滤纸上，使原点以外的其他位置更为湿润（注意不要滴在原点上），然后盖上电泳槽。

（4）关闭整流器电源，把电泳槽与整流器连接好。

（5）打开整流电源开关，调节电压旋钮使电压达到 220V。

（6）电泳 40min。关闭电源，用镊子迅速取出纸条，用木夹夹在木支架上，用电吹风机吹干。

3. 显色

用喷雾器将茚三酮丙酮溶液喷在纸条上，然后用电吹风机的热风挡吹干，即见样品的紫色斑点。显色反应如下：

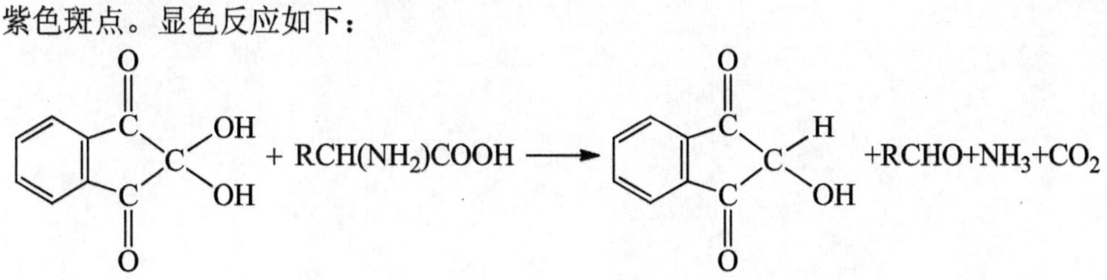

水合茚三酮　　　　　　　还原型水合茚三酮

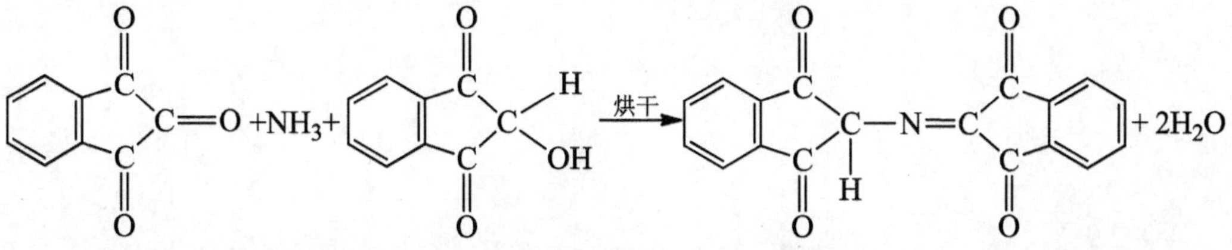

茚三酮　　　　还原型水合茚三酮　　　（蓝紫色）

五、定性分析

以单种氨基酸在纸上显示出的位置与混合氨基酸各组分斑点的位置比较进行定性分析。

六、思考题

（1）试根据三种氨基酸的化学性质解释它们在电泳后的斑点位置。

（2）进行定性分析时，单种氨基酸标准溶液与混合氨基酸的试样能否分别点在不同的滤纸上进行电泳？为什么？

第4章 综合实验

在全部基础性实验、应用性实验结束之后，安排学生进行综合设计性实验，旨在巩固理论课中学过的知识和考查学生对分析化学知识掌握程度的同时，给学生留有充分展示自我的空间。

实验51 洗衣粉中活性组分与碱度的测定

一、实验目的

（1）培养学生独立解决实物分析的能力。

（2）提高灵活运用定量化学分析知识的水平。

二、实验原理

烷基苯磺酸钠是一种阴离子表面活性剂，具有良好的去污力、发泡力和乳化力。同时，它在酸性、碱性和硬水中都很稳定，因而是目前市场上绝大多数民用洗衣粉的主要活性物。分析洗衣粉中烷基苯磺酸钠的含量，是控制产品质量的重要步骤。烷基苯磺酸钠的分析主要为对甲苯胺法，即使其与盐酸对甲苯胺溶液混合，生成的复盐能溶于 CCl_4 中，再用标准溶液滴定。有关反应为：根据消耗标准碱液的体积和浓度，即可求出其含量。需要注意的是，烷基苯磺酸钠的侧链取代基是含 $C_{10} \sim C_{14}$ 的混合物。

在本实验中，要求以十二烷基磺酸钠来表示其含量。洗衣粉的组成十分复杂，除活性物外，还要添加许多助剂。例如，配用一定量的碳酸钠等碱性物质，可以使洗涤液保持一定的 pH 范围。当洗衣粉遇到酸性污物时，仍有较高的去污能力。

在对洗衣粉中碱性物质的分析中，常用活性碱度和总碱度两个指标来表示碱性物质的含量。活性碱度仅指由于氢氧化钠（或氢氧化钾）产生的碱度；总碱度包括有碳酸盐、碳酸氢盐、氢氧化钠及有机碱（如三乙醇胺）等产生的碱度。利用酸碱滴定的有关知识，可以测定洗衣粉中的碱度指标。

三、主要仪器和试剂

1. 仪器

分析天平，酸式及碱式滴定管，容量瓶，锥形瓶，移液管，烧杯，玻璃棒，分液漏斗，煤气灯或电炉，滴管，量筒。

2. 试剂

盐酸对甲苯胺溶液，CCl_4，（1+1）盐酸，NaOH（A.R.），乙醇（95%），间甲酚紫指示剂（0.04%钠盐），酚酞指示剂，甲基橙指示剂，邻苯二甲酸氢钾（基准物）。

四、实验内容

（1）分别配制 0.1mol/L 的 HCl 和 0.1mol/L NaOH 标准溶液，并标定其准确浓度。

（2）配制盐酸对甲苯胺溶液。粗称 10g 对甲苯胺，溶于 20mL（1+1）盐酸中，加水至 100mL，使 pH<2。溶解过程可适当温热，以促进其溶解。

（3）称取 1.5～2g 洗衣粉样品（准确至 0.001g），分批加到 80mL 水中，搅拌促使其溶解（可温热）。转移至 250mL 容量瓶中，稀释至刻度，摇匀。因液体表面有泡沫，读数应以液面为准。

（4）移取 25.00mL 洗衣粉样品溶液于 250mL 分液漏斗中，用（1+1）盐酸调节 pH≤3。加 25mL CCl₄ 和 15mL 盐酸对甲苯胺溶液，剧烈振荡 2min（注意时常放气，为什么？），再以 15mL CCl₄ 和 5mL 盐酸对甲苯胺溶液重复萃取两次。合并三次提取液于 250mL 锥形瓶中，加入 10mL 95%乙醇溶液增溶，再加入 0.04%间甲酚紫指示剂，以 0.1mol/L 的碱标准溶液滴定至溶液由黄色突变为紫蓝色，且 3s 不变即为终点。重复两次，计算活性物质质量分数。

（5）活性碱度的测定。吸取洗衣粉样液 25.00mL，加入 2 滴酚酞指示剂，用 0.1mol/L 的 HCl 标准溶液滴定至浅粉色（15s 不褪色），计算以 Na_2O 形式表示的活性碱度。平行测定两次。

（6）总碱度的测定。于测定过活性碱度的溶液中再加入 2 滴甲基橙指示剂，继续滴定至橙色。平行测定两次，计算以 Na_2O 形式表示的总碱度。

五、思考题

（1）试比较实验过程中，对有效数字的要求与以前相比有什么变化。为什么？

（2）仔细分析实验全过程后，试比较实物分析与以前的教学实验的异同点。

注意：酸碱标准溶液的配制等基本操作要预习好。

实验 52　胃舒平药片中铝和镁的测定

一、实验目的

（1）学习药剂测定的前处理方法。

（2）学习用返滴定法测定铝的方法。

（3）掌握沉淀分离的操作方法。

二、实验原理

胃舒平别名复方氢氧化铝，主要成分为氢氧化铝及三硅酸镁、颠茄流浸膏，同时含有淀粉、滑石粉和液状石蜡等辅料，具有中和胃酸、减少胃液分泌、保护胃翻膜及解痉、镇痛作用，用于治疗胃酸过多、胃溃疡及胃痛等。一般每片胃舒平含氢氧化铝 0.245g、三硅酸镁 0.105g、颠茄流浸膏 0.0026mL。

胃舒平中的 Al(OH)₃ 起着中和胃中酸的作用。由于铝是一种慢性神经毒性物质，过多地摄入会沉积在神经原纤维缠结和老年斑中,使神经系统发生退行性改变,从而诱发老年性痴呆、肌萎缩性侧索硬化症等疾病。利用光谱法可测定复方氢氧化铝片中的铝,该法虽然速度快、准确度高,但因仪器昂贵、操作技术不易掌握,普通实验室难以普及应用。因此,本次实验采用国家药典法中的DETA容量滴定法。药片中Al和Mg的含量均可用EDTA配位滴定法测定。

首先溶解样品,分离除去水中不溶物质,然后分取试液加入过量的 EDTA 溶液,调节 pH 至 4 左右,煮沸使 EDTA 与 Al 配位完全,再以二甲酚橙为指示剂,用 Zn 标准溶液返滴过量的 EDTA,测出 Al 含量。另取试液,调节 pH 将 Al 沉淀分离后在 pH 为 10 的条件下以铬黑 T 作指示剂,用 EDTA 标准溶液滴定滤液中的 Mg。反应如下:

$$Al^{3+}+H_2Y^{2-}=\!=\!=\!AlY^-+2H^+$$

$$Mg^{2+}+H_2Y^{2-}=\!=\!=\!MgY^{2-}+2H^+$$

三、主要仪器和试剂

1. 仪器

酸式滴定管,容量瓶,移液管等。

2. 试剂

EDTA 标准溶液(0.02mol/L),Zn^{2+}标准溶液(0.02mol/L),20%六次甲基四胺,三乙醇胺溶液(1:2),(1+1)氨水,(1+1)盐酸,甲基红指示剂(0.2%乙醇溶液),铬黑 T 指示剂,二甲酚橙指示剂(0.2%),NH_3-NH_4Cl 缓冲溶液。

四、实验内容

1. 溶液的配制与标定

(1)0.02mol/L Zn^{2+}标准溶液的配制。准确称取 0.26~0.30g 金属锌粉,把基准锌粉放在 150mL 烧杯中,加入 5mL(1+1)HCl 溶液,盖上表面皿,待锌溶解后,以少量水冲洗烧杯内壁,定量转移溶液于 200mL 容量瓶中,用水稀释至刻度,摇匀,计算 Zn 标准溶液的浓度。

(2)0.02mol/L EDTA 溶液的配制。用烧杯称取 EDTA 二钠盐(3.8g),加水,温热溶解,冷却后转入聚乙烯试剂瓶中,稀释至 500mL,摇匀,备用。

(3)EDTA 溶液的标定。移取 20.00mL 0.02mol/L Zn 标准溶液于 250mL 锥形瓶中,加 2 滴甲基橙指示剂,滴加 200g/L 六次甲基四胺溶液至呈现稳定的紫红色,再过量 5mL。用 EDTA 滴定至溶液由紫红色变为亮黄色即为终点。平行测定 3 次,取平均值,计算 EDTA 的准确浓度。

2. 样品处理

称取 10 片胃舒平药片,研细后从中称出药粉 2g 左右,加入 20mL(1+1)HCl,加蒸馏水 100mL，煮沸，冷却后过滤，并以水洗涤沉淀，收集滤液及洗涤液于 250mL 容量瓶中，稀释至刻度，摇匀。

3. 铝的测定

准确吸取上述试液 5.00mL，加水至 25mL 左右，滴加（1+1）氨水溶液至刚出现浑浊，再加（1+1）HCl 溶液至沉淀恰好溶解，准确加入 25.00mL EDTA 标准溶液，再加入 10mL 六次甲基四胺溶液，煮沸 10min 并冷却后，加入 2～3 滴二甲酚橙指示剂，以 Zn 标准溶液滴定至溶液由黄色变为红色，即为终点。根据 EDTA 加入量与 Zn 标准溶液滴定体积，计算每片药片中 $Al(OH)_3$ 的质量分数。

4. 镁的测定

吸取 25.00mL 试液，滴加（1+1）氨水溶液至刚出现沉淀，再加（1+1）HCl 溶液至沉淀恰好溶解，加入 2g 固体 NH_4Cl，滴加六次甲基四胺溶液至沉淀出现并过量 15mL，加热至 80℃，维持 10～15min，冷却后过滤，以少量蒸馏水洗涤沉淀数次，收集滤液与洗涤液于 250mL 锥形瓶中，加入 10mL 三乙醇胺溶液、10mL NH_3-NH_4Cl 缓冲溶液及 1 滴甲基红指示剂、1 滴铬黑 T 指示剂，用 EDTA 标准溶液滴定至试液由暗红色转变为蓝绿色，即为终点。计算每片药片中 Mg 的质量分数（以 MgO 表示）。

五、数据记录及计算

1. 铝的测定

项目 ＼ 次数	1	2	3
m_1（药片）/g			
m_2（药粉）/g			
$V_{试液}$/mL		25.00	
$V_{Zn 标始}$/mL			
$V_{Zn 标终}$/mL			
$V_{Zn 标}$/mL			
$Al(OH)_3$ 含量/%			
$Al(OH)_3$ 含量平均值/%			

2. 镁的测定

项目 ＼ 次数	1	2	3
m_1（药片）/g			
m_2（药粉）/g			
$V_{试液}$/mL		5.00	

续表

项目　　次数	1	2	3
$V_{EDTA标}/mL$		25.00	
$V_{EDTA标始}/mL$			
$V_{EDTA标终}/mL$			
$c_{EDTA}/(mol/L)$			
MgO 含量/%			
MgO 含量平均值/%			

六、注意事项

（1）为使测定结果具有代表性，应取较多样品，研细后再取部分进行分析。

（2）测定镁时加入 1 滴甲基红可使终点更为敏锐。

七、思考题

（1）本实验为什么要称取大样后，再分取部分试液进行滴定？

（2）在分离铝后的滤液中测定镁，为什么要加入三乙醇胺？

实验 53　不同方法测定蛋壳中 Ca、Mg 的总量和 CaO 的含量

一、实验目的

（1）学习不同方法测定 CaO 的含量（Ca、Mg 总量）。

（2）巩固沉淀分离、过滤洗涤与滴定分析的基本操作。

（3）培养学生理论联系实际、独立进行实验的能力。

二、实验原理

鸡蛋的主要成分是碳酸钙，约占 93%，有制酸作用。研成的粉末进入胃部覆盖在炎症或溃疡的表面，可降低胃酸浓度，起到保护胃黏膜的作用，鸡蛋壳去除白膜后粉碎，在酸性介质中水解，干燥后，在酸性介质中正丁醇化、三氟乙醋酸酐酰化后，通过计算机检索和人工解析鉴定出 18 种氨基酸，其主要成分是苏氨酸、甘氨酸、丝氨酸、丙氨酸、亮氨酸。

实验中测的 CaO 是一种白色或灰白色硬块，含铁质时为微黄色，遇水变成氢氧化钙放出大量热量，溶于酸、甘油、糖溶液，不溶于醇。组成中含酸性氧化物少时气硬性强，反之水硬性强。空气中易吸潮，并与二氧化碳形成碳酸钙，使表面变硬。极难熔融，受强热时发出强烈的光，称为石灰光。与所有的酸类起作用，生成相应的钙盐。

文献中报道的鸡蛋壳中钙含量的测定共有三种方法：①配位滴定法测定蛋壳中 Ca、Mg 总量；②酸碱滴定法测定蛋壳中 CaO 的含量；③高锰酸钾法测定蛋壳中 CaO 的含量。

本实验以方法③为例进行蛋壳中钙含量的测定。在实验过程中学习用高锰酸钾滴定方

法测定 $CaCO_3$ 的原理及指示剂选择，巩固滴定分析操作，学会已知浓度的溶液标定未知浓度的溶液。

鸡蛋壳的主要成分为 $CaCO_3$，其次为 $MgCO_3$、蛋白质、色素及少量的 Fe、Al。利用蛋壳中的 Ca^{2+} 与草酸盐形成难溶的草酸盐沉淀，将沉淀经过滤、洗涤、分离后溶解，用高锰酸钾法测定 $C_2O_4^{2-}$ 的含量，换算出 CaO 的含量，反应如下：

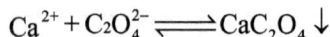

$$Ca^{2+} + C_2O_4^{2-} \rightleftharpoons CaC_2O_4 \downarrow$$

$$CaC_2O_4 + H_2SO_4 \rightleftharpoons CaSO_4 + H_2C_2O_4$$

$$5H_2C_2O_4 + 2MnO_4^{2-} + 6H^+ \rightleftharpoons 2Mn^{2+} + 10CO_2 \uparrow + 8H_2O$$

某些金属离子（Ba^{2+}、Sr^{2+}、Mg^{2+}、Pb^{2+}、Cd^{2+} 等）与 $C_2O_4^{2-}$ 能形成沉淀，对测定 Ca^{2+} 有干扰。

三、主要仪器和试剂

1. 仪器

电子天平，烧杯，漏斗，加热器，锥形瓶，酸式滴定管，铁架台，洗瓶，玻璃棒，水浴锅，电炉。

2. 试剂

0.02mol/L $KMnO_4$，2.5% $(NH_4)_2C_2O_4$，10% $NH_3 \cdot H_2O$，浓 HCl，1mol/L H_2SO_4，0.1mol/L $AgNO_3$，（1+1）HCl，0.2%甲基橙。

四、实验内容

（1）配制 0.02mol/L 的 $KMnO_4$ 溶液（见实验 21）。

（2）用分析天平精确称取三份 $Na_2C_2O_4$ 固体，质量 0.15～0.18g，分别用 20mL 1mol/L 的 H_2SO_4 溶液和 20mL 蒸馏水溶解并加热至 70～80℃。依次用配制的 $KMnO_4$ 溶液滴定三份 $Na_2C_2O_4$ 溶液，滴定过程中保持 $Na_2C_2O_4$ 溶液的温度在 70～80℃。开始时缓慢滴加，待红色褪去再滴加，滴定至粉红色且 30s 不褪去为滴定终点。计算 $KMnO_4$ 溶液的浓度。

（3）用分析天平准确称取 0.1000～0.1300g 蛋壳三份于锥形瓶中，加 3～4mL（1+1）HCl 溶解，然后加 20mL H_2O，加热至 70～80℃，将不溶物过滤，滤液移至锥形瓶中。

加入 50mL 5%草酸铵溶液，若出现沉淀，再滴加浓 HCl 使之溶解，然后加热至 70～80℃，加入 2～3 滴甲基橙，溶液呈红色，逐滴加入 10%氨水，不断搅拌，直至变黄且有氨味逸出为止；将溶液放置陈化，沉淀经过滤、洗涤，向滤液中滴加 $AgNO_3$ 直至无沉淀产生（无 Cl^-），然后，将带有沉淀的滤纸用 50mL 1mol/L H_2SO_4 把沉淀洗入烧杯中，再用洗瓶吹洗一两次，稀释溶液至体积约为 100mL；加热至 70～80℃，用 $KMnO_4$ 标准溶液滴定至溶液呈浅红色为终点，再把滤纸推入溶液中，滴加 $KMnO_4$ 至浅红色且 30s 内不消失为止。

（4）自行设计配位滴定法测定蛋壳中 Ca、Mg 总量的实验。

（5）自行设计酸碱滴定法测定蛋壳中 CaO 含量的实验。

五、实验数据处理

KMnO₄ 溶液的标定数据表

$KMnO_4$ 溶液体积/mL			
$Na_2C_2O_4$ 固体质量/g			
$KMnO_4$ 溶液浓度/（mol/L）			
相对误差			
$KMnO_4$ 溶液平均浓度/（mol/L）			

蛋壳中 CaO 的含量数据表

蛋壳质量/g			
$KMnO_4$ 溶液体积/mL			
CaO 质量/g			
CaO 含量/%			
相对误差/%			
平均含量/%			

六、思考题

（1）用高锰酸钾滴定草酸根时，有哪些注意事项？

（2）用 $(NH_4)_2C_2O_4$ 沉淀 Ca^{2+}，为什么要先在酸性溶液中加入沉淀剂，然后在 70~80℃ 时滴加氨水至甲基橙变黄，使 $Ca_2C_2O_4$ 沉淀？

（3）为什么沉淀要洗至无 Cl^- 为止？

（4）如果将带有 $Ca_2C_2O_4$ 沉淀的滤纸一起投入烧杯，以硫酸处理后再用 $KMnO_4$ 滴定，这样操作对结果有什么影响？

实验 54 土壤全磷测定

一、主题内容与适用范围

NYT88—1988《土壤全磷测定法》对土壤全磷测定的原理、仪器、设备、样品制备、操作步骤等做了具体的说明和规定。本标准适用于测定各类土壤全磷含量。

二、测定原理

土壤样品与氢氧化钠熔融，使土壤中含磷矿物及有机磷化合物全部转化为可溶性的正磷酸盐，用水和稀硫酸溶解熔块，在规定条件下，样品溶液与钼锑抗显色剂反应，生成磷钼蓝，用分光光度法定量测定。

三、主要仪器和试剂

1. 仪器

土壤样品粉碎机，土壤筛（孔径 1mm 和 0.149mm），分析天平（精确度为 0.0001g），镍（或银）坩埚（容量≥30mL），高温电炉（温度可调，0～1000℃），分光光度计（要求包括 700nm 波长），容量瓶（50mL、100mL、1000mL），移液管（5mL、10mL、15mL、20mL），漏斗（直径 7cm），烧杯（150mL、1000mL），玛瑙研钵，无磷定性滤纸。

2. 试剂

氢氧化钠，无水乙醇，10%（质量体积分数）碳酸钠溶液，5%（体积分数）硫酸溶液（95.0%～98.0%，相对密度 1.84），3mol/L 硫酸溶液。

（1）二硝基酚指示剂。称取 0.2g 2,6-二硝基酚溶于 100mL 水中。

（2）0.5%酒石酸锑钾溶液。称取 0.5g 化学纯酒石酸锑钾溶于 100mL 水中。

（3）硫酸钼锑储备液。量取 126mL 浓硫酸，缓缓加入 400mL 水中，不断搅拌，冷却。另称取 10g 经磨细的钼酸铵溶于 300mL 温度约 60℃的水中，冷却。然后将硫酸溶液缓缓倒入钼酸铵溶液中。再加入 100mL 0.5%酒石酸锑钾溶液（pH=4.7），冷却后，加水稀释至 1000mL，摇匀，储于棕色试剂瓶中，此储备液含钼酸铵 1%，硫酸 2.25mol/L。

（4）钼锑抗显色剂。称取 1.5g 抗坏血酸（左旋，旋光度+21°～22°）溶于 100mL 钼锑储备液中。此溶液有效期不长，宜用时现配。

（5）磷标准储备液。准确称取 0.4390g 经 105℃下烘干 2h 的磷酸二氢钾（优级纯），用水溶解后，加入 5mL 浓硫酸，然后加水定容至 1000mL。该溶液含磷 100mg/L，放入冰箱中可供长期使用。

（6）5mg/L 磷标准溶液。吸取 5mL 磷储备液，放入 100mL 容量瓶中，加水定容。该溶液用时现配。

3. 土壤样品制备

取通过 1mm 孔径筛的风干土样，在牛皮纸上铺成薄层，划分为许多小方格。用小勺在每个方格中提取出等量土样（总量不少于 20g）并于玛瑙研钵中进一步研磨，使其全部通过 0.149mm 孔径筛。混匀后装入磨口瓶中备用。

四、实验内容

1. 熔样

准确称取 0.25g 风干样品，精确到 0.0001g，小心放入镍（或银）坩埚底部，切勿沾在壁上。加入 3～4 滴无水乙醇，润湿样品，在样品上平铺 2g 氢氧化钠。将坩埚（处理大批样品时，暂放入大干燥器中以防吸潮）放入高温电炉，升温。当温度升至 400℃左右时，切断电源，暂停 15min。然后继续升温至 720℃，并保持 15min，取出冷却。加入约 80℃

的水 10mL，待熔块溶解后，将溶液无损失地转到 100mL 容量瓶内，同时用 10mL 3mol/L 硫酸溶液和水多次清洗坩埚，洗涤液也一并移入该容量瓶，冷却，定容。用无磷定性滤纸过滤或离心澄清，同时做空白试验。

2. 绘制校准曲线

分别吸取 5mg/L 磷标准溶液 0.00mL、2.00mL、4.00mL、6.00mL、8.00mL、10.00mL 于 50mL 容量瓶中，同时加入 2～3 滴与显色测定所用的样品溶液等体积的空白溶液及二硝基酚指示剂，并用 10%碳酸钠溶液或 5%硫酸溶液调节溶液至刚呈微黄色。准确加入 5mL 钼锑抗显色剂，摇匀，加水定容，即得含磷量分别为 0.0mg/L、0.2mg/L、0.4mg/L、0.8mg/L 的系列标准溶液，摇匀，于 15℃以上温度放置 30min 后，在波长 700nm 处测定其吸光度。在方格坐标纸上以吸光度为纵坐标，磷浓度（mg/L）为横坐标，绘制校准曲线。

3. 样品溶液中磷的定量

（1）显色。吸取待测样品溶液 2～10mL（含磷 0.04～1.0μg）于 50mL 容量瓶中，用水稀释至总体积约 3/5 处。加入 2～3 滴二硝基酚指示剂，并用 10%碳酸钠溶液或 5%硫酸溶液调节溶液至刚呈微黄色。准确加入 5mL 钼锑抗显色剂，摇匀，加水定容。在室温 15℃以上条件下，放置 30min。

（2）比色。在分光光度计上，在 700nm 处、用 1cm 比色皿，以空白试液为参比液，进行比色测定吸光度。从校准曲线上查得相应的含磷量。

五、分析结果的表述

（1）土壤全磷量（按烘干土计算）由下式给出：

$$C = \frac{V_1}{m} \times \frac{V_2}{V_3} \times 10^{-4} \times \frac{100}{100 - H}$$

式中，C 为从校准曲线上查得待测样品溶液中磷的含量，mg/L；m 为称样量，g；V_1 为样品熔融后的定容体积，mL；V_2 为显色时溶液的定容体积，mL；V_3 为从熔样定容后分取的体积，mL；10^{-4} 为将 mg/L 浓度单位换算为百分含量的换算因数；$100/(100-H)$ 为将风干土变换为烘干土的转换因数；H 为风干土中水分含量。

（2）用两次平行测定结果的算术平均值表示，小数点后保留三位。

（3）允许误差：平行测定结果的相对偏差不得超过 0.005%。

实验 55　盐酸-氯化铵混合溶液中各组分含量的测定

一、实验目的

（1）掌握配制 NaOH 标准溶液的方法。

（2）用 NaOH 溶液测定盐酸-氯化铵混合溶液中各组分含量的方法。

（3）掌握分步滴定的原理与条件。

二、实验原理

目前国内外测定盐酸-氯化铵混合溶液中各组分含量的测定方法有以下三种。

第一种方案：蒸汽法，即取一份混合溶液，向其中加入适量的 NaOH 溶液，加热使 NH_4^+ 全部转化为氨气，用 2%硼酸溶液吸收，用氢氧化钠标准溶液滴定 NH_3 的体积，再用酸碱滴定法测定 HCl 的含量，这种方法实验误差较小。

第二种方案：先测总氯离子的浓度，可用已知浓度的 $AgNO_3$ 溶液滴定待测液，至溶液中出现砖红色沉淀为止，记录所用 $AgNO_3$ 溶液的体积。然后用甲醛法测定 NH_4^+ 的浓度，最后根据计算得盐酸的浓度（若对相对误差要求较高，可做空白实验以减小蒸馏水中氯离子带来的系统误差）。

第三种方案：先用甲基红作指示剂，用氢氧化钠标准溶液滴至混合溶液呈黄色，即为盐酸的终点。加中性甲醛试剂，充分摇动并放置 1min，加酚酞指示剂，仍用氢氧化钠滴至溶液由黄色变为金黄色即为氯化铵的终点。根据所消耗 NaOH 的体积计算各组分的含量，这种方法简便易行，且准确度较高。

本实验采用第三种方案进行盐酸-氯化铵混合溶液中各组分含量的测定（该方法的相对误差约为 0.1%，在误差要求范围之内）。

HCl 和 NH_4Cl 都可以与 NaOH 反应，反应方程式为

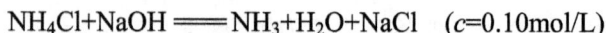

$$NaOH+HCl =\!=\!= NaCl+H_2O$$

$$NH_4Cl+NaOH =\!=\!= NH_3+H_2O+NaCl \quad (c=0.10mol/L)$$

HCl 是一元强酸，可用 NaOH 直接滴定，而 NH_4Cl 是一元弱酸，其解离常数太小，$K_a=5.6\times10^{-10}$，$K_a<10^4$ 时不干扰 HCl 滴定过程，可以分步滴定，又因为 $cK_a<10^{-8}$，无法用 NaOH 直接准确滴定，故应该用甲醛强化。反应方程式为

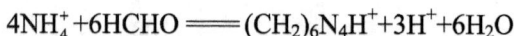

$$4NH_4^+ +6HCHO =\!=\!= (CH_2)_6N_4H^+ +3H^+ +6H_2O$$

反应生成的 $(CH_2)_6N_4H^+$ 和 H^+（$K_a=7.1\times10^{-6}$）可用 NaOH 标准溶液直接滴定。反应方程式为

$$(CH_2)_6N_4H^+ +3H^+ +4OH^- =\!=\!= (CH_2)_6N_4+4H_2O$$

反应到第一化学计量点时为 NH_4^+ 弱酸溶液，其中 $K_a=5.6\times10^{-10}$（$c=0.050mol/L$），由于 $cK_a>10K_w$，$c/K_a>100$，故 $[H^+]=\sqrt{K_ac}=\sqrt{10^{-9.26}\times0.050}=5.6\times10^{-6}(mol/L)$，pH=5.28，故可用甲基红（pH 为 4.4～6.2）作指示剂，滴定终点为橙黄色。

反应到第二化学计量点时为 $(CH_2)_6N_4$ 弱碱溶液，其中 $K_b=1.4\times10^{-9}$，$c=0.0250mol/L$，由于 $cK_b>10K_w$，$c/K_b>100$，故 $[OH^-]=\sqrt{cK_b}=\sqrt{0.0250\times1.4\times10^{-9}}=5.9\times10^{-1}(mol/L)$，pOH=5.23，pH=8.77，故采用酚酞（pH 为 8.2～10.0）作指示剂，滴定终点为橙红色。

滴定完毕后，各组分的含量为

$$c_{NaOH}=\frac{25\times1000m}{250\times V_{NaOH}M_{KHP}}$$

$$w_{HCl}=\frac{c_{NaOH}V_{NaOH}M_{HCl}}{V_{混合液}} \qquad w_{NH_4Cl}=\frac{c_{NaOH}V_{NaOH}M_{NH_4Cl}}{V_{混合液}}$$

注：因为 NaOH 溶液不稳定，易与空气中的 CO_2 发生反应，故不能作基准物质，用标定法配制其标准溶液，先粗配成近似于所需浓度的溶液，再用另一种基准物质邻苯二甲酸氢钾配制的标准溶液来标定其准确浓度，指示剂选用酚酞，终点为粉红色。

三、主要仪器和试剂

1. 仪器

全自动电光分析天平，50mL 碱式滴定管，电子秤，25mL 移液管，250mL 容量瓶，250mL 锥形瓶，烧杯，胶头滴管，玻璃棒。

2. 试剂

0.1mol/L HCl 和 0.1mol/L NH_4Cl 混合试液，NaOH（A.R.），酚酞指示剂（2g/L，无水乙醇配制），甲基红指示剂（2g/L，无水乙醇配制），甲醛溶液（1+1，已中和），邻苯二甲酸氢钾基准物质（KHP）。

四、实验内容

1. 0.1mol/L NaOH 标准溶液的配制与标定

（1）0.1mol/L NaOH 的配制。用电子秤称取约 2.0g 固体 NaOH 于 500mL 的烧杯中，加入少量新鲜的或煮沸除去 CO_2 的蒸馏水，边加边搅拌使其完全溶解，然后加水稀释至 500mL。转入塑料试剂瓶中，盖紧瓶塞，摇匀备用。

（2）0.1mol/L NaOH 的标定。在分析天平上用称量瓶称取 4～5g 的邻苯二甲酸氢钾于烧杯中，加 40～50mL 蒸馏水在电炉上加热使其完全溶解，待冷却后将溶液定量转移至 250mL 容量瓶中，用蒸馏水稀释至刻度，摇匀，备用。

用 25mL 的移液管移取溶液置于 250mL 锥形瓶中，加入 2～3 滴酚酞指示剂，充分摇匀，用已配好的 0.1mol/L NaOH 溶液滴定，待锥形瓶中溶液颜色由无色变为微红色，且半分钟不退色即为终点。平行测定 3 次，记录数据并根据消耗 NaOH 溶液的体积计算 NaOH 标准溶液的浓度和其相对平均偏差（≤0.2%）。

2. 混合液中各组分含量的测定

（1）HCl 含量的测定。用移液管平行移取三份 25.00mL 混合液分别置于 250mL 锥形瓶中，加 2 滴甲基红指示剂，充分摇匀，用 0.1mol/L NaOH 标准溶液滴定至溶液呈现橙黄色，并持续半分钟不褪色即为终点，记录所用 NaOH 溶液的体积，并计算 HCl 含量和相对平均偏差（≤0.2%）。

（2）NH_4Cl 含量的测定。在上述溶液中加入 10mL 预先中和好的甲醛溶液，加入 2 滴酚酞指示剂，充分摇匀，放置 1min，用 0.1mol/L NaOH 标准溶液滴定至溶液呈现微橙色（黄色与粉红色的混合色），并持续半分钟不褪色即为终点，记录所用 NaOH 溶液的体积，并计算 NH_4Cl 含量和相对平均偏差（≤0.2%）。

（3）实验完毕。将仪器洗涤干净，废液回收到废液桶中，整理好实验台，并记录实验数据。

五、实验记录及数据处理

1. 0.1mol/L NaOH 溶液标定的数据记录

项目	1	2	3
m_{KHP}/g			
V_{NaOH} 初读数/mL			
V_{NaOH} 终读数/mL			
V_{NaOH}/mL			
c_{NaOH}/（mol/L）			
平均 c_{NaOH}/（mol/L）			
偏差/（g/L）			
相对平均偏差/%			

2. HCl 含量的测定

项目	1	2	3
$V_{混合液}$/mL			
c_{NaOH}/（mol/L）			
V_{NaOH} 初读数/mL			
V_{NaOH} 终读数/mL			
V_{NaOH}/mL			
c_{HCl}/（mol/L）			
平均 c_{HCl}/（mol/L）			
w_{HCl}/（g/L）			
平均 w_{HCl}/（g/L）			
偏差/（g/L）			
相对平均偏差/%			

3. NH$_4$Cl 含量的测定

项目	1	2	3
$V_{混合液}$/mL			
c_{NaOH}/（mol/L）			
V_{NaOH} 初读数/mL			
V_{NaOH} 终读数/mL			
V_{NaOH}/mL			
NH$_4$Cl 的浓度/（mol/L）			
NH$_4$Cl 的平均浓度/（mol/L）			

续表

项目	1	2	3
NH_4Cl 的含量/（g/L）			
NH_4Cl 的平均含量/（g/L）			
偏差/（g/L）			
相对平均偏差/%			

六、注意事项

（1）甲醛溶液对眼睛有很大的刺激，实验要在通风橱中进行。

（2）注意滴定时指示剂的用量及滴定终点颜色的正确判断。

（3）注意滴定时的正确操作：滴定成线，逐滴滴入，半滴滴入。

（4）确定滴定终点时，要注意在规定时间内不褪色再读数。

（5）处理数据时注意有效数字的保留。

实验 56 吸光光度法测定植物叶上的铅含量

一、实验目的

（1）了解紫外-可见分光光度计的基本原理。

（2）综合学习样品的处理方法。

（3）练习灵活运用各种基本操作的能力和查阅资料的能力。

二、实验原理

铅是一种蓄积性毒物，过量铅对人体有很大危害。目前铅的测定方法有双硫腙显色法、原子吸收光谱法、原子荧光光谱法等，这些方法各有优缺点。其中最常用的是双硫腙比色法和原子吸收法，前者最大的不足是选择性差，灵敏度较低，操作烦琐，且需用剧毒药品氰化钾作掩蔽剂，易造成环境污染；后者需配用石墨炉或氢化物发生装置，仪器条件要求较高，难以普及。而吸光光度法基于有机试剂与金属离子的配位显色反应，不仅方法简单，而且灵敏度高，是测定铅含量较实用的方法。

三、主要仪器和试剂

1. 仪器

T6 可见分光光度计。

2. 试剂

0.100mg/mL 铅标准溶液，2.00g/L 二甲酚橙溶液，1.50g/L 邻二氮菲溶液，六次甲基四胺缓冲溶液（pH 为 5.50），体积分数为 5.00%的 OP 水溶液（乳化剂），2.00g/L 十六烷基三甲基溴化铵（CTAB）溶液，质量分数为 5.00%的十二烷基苯磺酸钠（SDBS）溶液，

6.00mol/L 和 0.10mol/L 的硝酸溶液，0.10mol/L 氨水溶液。

四、实验内容

1. 表面活性剂和最大吸收波长的选择

取 6 支有编号的 25mL 比色管，加入 1.00mL 铅标准溶液，加 1.50mL 缓冲液、1.00mL 二甲酚橙溶液，于 2～5 号管中各自加入 1.00mL OP 水溶液、CTAB 水溶液、SDBS 水溶液、CTAB 和 OP 的混合液、SDBS 和 OP 的混合液，加水至刻度，摇匀，在室温下显色 20.0min 后，用 1cm 比色皿，以各自相应的试剂空白作参比，在 480～620nm 范围内测定其吸光度，选择增敏性最强的单一表面活性剂或复合表面活性剂。

于上面相同条件下用所筛选的增敏性最强的活性剂，在 410～630nm 范围内测定其吸光度。

2. 工作曲线的制作和重现性实验

取 8 支有编号的 25mL 比色管，各加标准铅溶液 0.00mL、0.05mL、0.10mL、0.20mL、0.30mL、0.40mL、0.50mL、1.00mL，定容后按上述实验步骤，测定各溶液的吸光度，分别平行测定 3 次，求平均值，并平行测定各加标铅溶液的吸光度，求平均值。

3. 试样分析

采集附近路边的六种植物叶，在每棵树的不同部位至少各采集两片树叶，每种树叶至少采集 10 片，放入干净的塑料袋中密封保存。测定前求出每片植物叶的表面积（以 cm^2 为单位）。

（1）取 6 份已算出其表面积的最大铅吸附量植物叶，分别浸入加有 20.00mL 0.10mol/L 硝酸的烧杯中，封闭加热至约 70℃，振动 10.0min，使附着在植物叶表面上的铅全部溶于溶液中，取出植物叶，洗涤，将洗涤液合并于溶液中，待溶液冷却至室温。

（2）分别移取试样 15.00mL 到 25mL 比色管中，加入 3.00mL 六次甲基四胺缓冲液、邻二氮菲溶液 4.00mL，测定其吸光度，分别平行测定 5 次。

（3）为确保测定方法的准确性，先按照试样溶液的分析方法测定出植物叶样液的铅含量。取 5 支有编号的 25mL 比色管，分别加入 15.00mL 的原最大铅吸附量植物叶的样液，然后分别加入 0.15mL、0.20mL、0.25mL、0.30mL、0.35mL 铅标准溶液，定容后测定各溶液的吸光度，计算其加标回收率。

（4）根据试样分析方法分别对校园内和学校里靠近路边的最大铅吸附量植物叶进行三周的吸铅量分析，研究不同地方的最大铅吸附量植物叶的吸铅量和铅的累积量。

实验 57　鉴定与定量测定茶叶中的微量元素

一、实验目的

（1）了解并掌握鉴定茶叶中某些化学元素的方法。

（2）学会选择合适的化学分析方法。

（3）掌握配位滴定法测定茶叶中钙、镁含量的方法和原理。

（4）掌握分光光度法测定茶叶中微量铁的方法。

（5）提高综合运用知识的能力。

二、实验原理

茶叶属植物类，为有机体，主要由 C、H、N 和 O 等元素组成，还含有 Fe、Al、Ca、Mg 等微量金属元素。本实验的目的是从茶叶中定性鉴定 Fe、Al、Ca、Mg 等元素，并对 Fe、Ca、Mg 进行定量测定。

茶叶需先进行干灰化。干灰化即试样在空气中置于敞口的蒸发皿后在坩埚中加热，将有机物经氧化分解而烧成灰烬。这一方法特别适用于生物和食品的预处理。灰化后，经酸溶解，即可逐级进行分析。

铁铝混合液中 Fe^{3+} 对 Al^{3+} 的鉴定有干扰。利用 Al^{3+} 的两性，加入过量的碱，使 Al^{3+} 转化为 AlO_2^- 留在溶液中，Fe^{3+} 则生成沉淀，经分离去除后，消除了干扰。

钙镁混合液中，Ca^{2+} 和 Mg^{2+} 的鉴定互不干扰，可直接鉴定，不必分离。

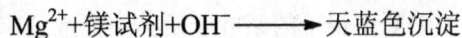

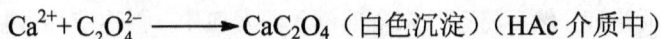

$$Fe^{3+}+nKSCN（饱和）\longrightarrow Fe(SCN)_n^{3-n}（血红色）+nK^+$$

$$Al^{3+}+铝试剂+OH^-\longrightarrow 红色絮状沉淀$$

$$Mg^{2+}+镁试剂+OH^-\longrightarrow 天蓝色沉淀$$

$$Ca^{2+}+C_2O_4^{2-}\longrightarrow CaC_2O_4（白色沉淀）（HAc 介质中）$$

根据上述特征反应的实验现象，可分别鉴定出 Fe、Al、Ca、Mg 四种元素。钙、镁含量的测定可采用配位滴定法，在 pH=10 的条件下，以铬黑 T 为指示剂，EDTA 为标准溶液，直接滴定可测得 Ca、Mg 总量。若欲测 Ca、Mg 各自的含量，可在 pH>12.5 时，使 Mg^{2+} 生成氢氧化物沉淀，以钙指示剂、EDTA 标准溶液滴定 Ca^{2+}，然后用差减法得到 Mg^{2+} 的含量。

Fe^{3+}、Al^{3+} 的存在会干扰 Ca^{2+}、Mg^{2+} 的测定，分析时可用三乙醇胺掩蔽 Fe^{3+} 与 Al^{3+}。

茶叶中铁含量较低，可用分光光度法测定。在 pH=2~9 的条件下，Fe^{2+} 与邻二氮菲能生成稳定的橙红色配合物，反应式如下：

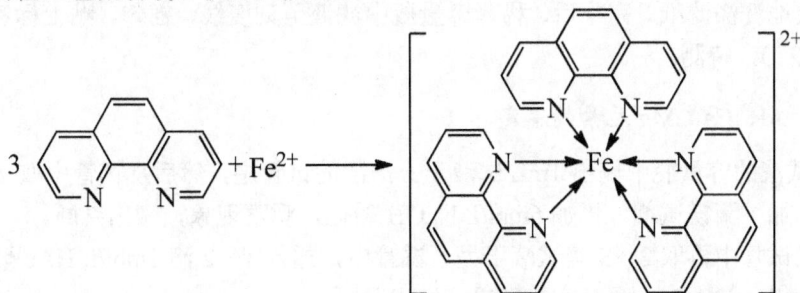

此配合物的 $\lg K_稳 =21.3$，摩尔吸光系数 $\varepsilon_{510}=1.1\times10^4 L/(mol\cdot cm)$，而 Fe^{3+} 能与邻二氮菲生成 3:1 配合物，呈淡蓝色，$\lg K_稳 =14.1$。所以在加入显色剂之前，应用盐酸羟胺（$NH_2OH\cdot HCl$）将 Fe^{3+} 还原为 Fe^{2+}，其反应式如下：

$$2Fe^{3+}+2NH_2OH \cdot HCl \longrightarrow 2Fe^{2+}+N_2+H_2O+4H^++2Cl^-$$

测定时控制溶液的酸度为 pH≈5 较为适宜，用邻二氮菲可测定试样中铁的总量。

三、主要仪器和试剂

1. 仪器

煤气灯，研钵，蒸发皿，称量瓶，托盘天平，分析天平，中速定量滤纸，长颈漏斗，250mL 容量瓶，50mL 容量瓶，250mL 锥形瓶，50mL 酸式滴定管，3cm 比色皿，5mL、10mL 吸量管，分光光度计。

2. 试剂

1%铬黑 T，6mol/L HCl，2mol/L HAc，6mol/L NaOH，6mol/L NH₃·H₂O，0.25mol/L Na₂C₂O₄，0.01mol/L EDTA（自配并标定），饱和 KSCN 溶液，0.010mg/L Fe 标准溶液，铝试剂，镁试剂，25%三乙醇胺水溶液，NH₃-NH₄Cl 缓冲溶液（pH=10），HAc-NaAc 缓冲溶液（pH=4.6），0.1%邻二氮菲水溶液，1%盐酸羟胺水溶液。

四、实验内容

1. 茶叶的灰化和试样的制备

称取 7～8g 在 100～105℃下烘干的茶叶于研钵中捣成细末，转移至称量瓶中，称出称量瓶和茶叶的质量和，然后将茶叶末全部倒入蒸发皿中，再称空称量瓶的质量，差减得蒸发皿中茶叶的准确质量。

将盛有茶叶末的蒸发皿加热使茶叶灰化（在通风橱中进行），然后升高温度，使其完全灰化，冷却后，加 10mL 6mol/L HCl 于蒸发皿中，搅拌溶解（可能有少量不溶物），将溶液完全转移至 150mL 烧杯中，加水 20mL，再加 6mol/L NH₃·H₂O 适量控制溶液 pH 为 6～7，使之产生沉淀。置于沸水浴加热 30min，过滤，然后洗涤烧杯和滤纸。滤液直接用 250mL 容量瓶盛接，并稀释至刻度，摇匀，贴上标签，标明为 Ca²⁺、Mg²⁺试液（1#），待测。

另取 250mL 容量瓶置于长颈漏斗下，用 10mL 6mol/L HCl 重新溶解滤纸上的沉淀，并少量多次地洗涤滤纸。完毕后，稀释容量瓶中滤液至刻度线，摇匀，贴上标签，标明为 Fe³⁺试验（2#），待测。

2. Fe、Al、Ca、Mg 元素的鉴定

从 1#试液的容量瓶中倒出 1mL 试液于一洁净的试管中，然后从试管中取 2 滴试液于点滴板上，加 1 滴镁试剂，再加 6mol/L NaOH 碱化，观察现象，做出判断。

从上述试管中再取 2～3 滴试液于另一试管中，加入 1～2 滴 2mol/L HAc 酸化，再加 2 滴 0.25mol/L Na₂C₂O₄，观察实验现象，做出判断。

从 2#试液的容量瓶中倒出 1mL 试液于一洁净的试管中，然后从试管中取 2 滴试液于点滴板上，加 1 滴饱和 KSCN，观察实验现象，做出判断。

在上述试管剩余的试液中，加 6mol/L NaOH 直至白色沉淀溶解为止，离心分离，取

上层清液于另一试管中，加 6mol/L HAc 酸化，加 3～4 滴铝试剂，放置片刻后，加 6mol/L $NH_3 \cdot H_2O$ 碱化，在水浴中加热，观察实验现象，做出判断。

3. 茶叶中 Ca、Mg 总量的测定

从 1# 容量瓶中准确吸取 25mL 试液置于 250mL 锥形瓶中，加入 5mL 三乙醇胺，再加入 10mL 缓冲溶液，摇匀，最后加入少许铬黑 T 指示剂，用 0.01mol/L EDTA 标准溶液滴定至溶液由红紫色恰好变为纯蓝色，即达终点，根据 EDTA 的消耗量，计算茶叶中 Ca、Mg 的总量，并以 MgO 的质量分数表示。

4. 茶叶中 Fe 含量的测量

（1）邻二氮菲亚铁吸收曲线的绘制。用吸量管吸取铁标准溶液 0.00mL、2.00mL、4.00mL 分别注入 50mL 容量瓶中，各加入 5mL 盐酸羟胺溶液，摇匀，再加入 5mL HAc-NaAc 缓冲溶液和 5mL 邻二氮菲溶液，用蒸馏水稀释至刻度，摇匀。放置 10min，用 3cm 的比色皿，以试剂空白溶液为参比，在分光光度计中，在波长 420～600nm 间分别测其吸光度，以波长为横坐标，光密度为纵坐标，绘制邻二氮菲亚铁的吸收曲线，并确定最大吸收峰的波长，以此为测量波长。

（2）标准曲线的绘制。用吸量管分别吸取铁的标准溶液 0.00mL、1.00mL、2.00mL、3.00mL、4.00mL、5.00mL、6.00mL 于 7 个 50mL 容量瓶中，依次分别加入 5.0mL 盐酸羟胺、5.0mL HAc-NaAc 缓冲溶液、5.0mL 邻二氮菲，用蒸馏水稀释至刻度，摇匀，放置 10min。用 3cm 的比色皿，以空白溶液为参比，用分光光度计分别测其吸光度。以 50mL 溶液中的 Fe 含量为横坐标，相应的吸光度为纵坐标，绘制邻二氮菲亚铁的标准曲线。

（3）茶叶中 Fe 含量的测定。用吸量管从 2# 容量瓶中吸取 2.50mL 试液于 50mL 容量瓶中，依次加入 5.0mL 盐酸羟胺、5.0mL HAc-NaAc 缓冲溶液、5.0mL 邻二氮菲，用水稀释至刻度，摇匀，放置 10min。以空白溶液为参比，在同一波长处测其吸光度，并从标准曲线上求出 50mL 容量瓶中 Fe 的含量，并换算出茶叶中 Fe 的含量，以 Fe_2O_3 的质量分数表示。

五、注意事项

（1）茶叶尽量捣碎，利于灰化。

（2）灰化应彻底，若溶后发现有未灰化物，应定量过滤，将未灰化的重新灰化。

（3）茶叶灰化后，酸溶解速度较慢时可小火略加热，定量转移要注意安全。

（4）测 Fe 含量时，使用的吸量管较多，应插在所吸的溶液中，以免搞错。

（5）1# 250mL 容量瓶试液用于分析 Ca、Mg 元素，2# 250mL 容量瓶用于分析 Fe、Al 元素，不要混淆。

六、思考题

1. 预习思考

（1）应如何选择灰化的温度？

（2）鉴定 Ca^{2+} 时，Mg^{2+} 为什么会产生干扰？

（3）测定钙镁含量时加入三乙醇胺的作用是什么？

（4）邻二氮菲分光光度法测铁的作用原理是什么？用该法测得的铁含量是否为茶叶中亚铁含量？为什么？

（5）如何确定邻二氮菲显色剂的用量？

2. 进一步思考

（1）欲测该茶叶中的 Al 含量，应如何设计方案？

（2）试讨论，为什么 pH=6～7 时，能将 Fe^{3+}、Al^{3+} 与 Ca^{2+}、Mg^{2+} 分离完全。

（3）通过本实验，你在分析问题和解决问题方面有什么收获？谈谈体会。

实验 58　补锌口服液葡萄糖酸锌的制备与测定

一、实验目的

（1）学习和掌握合成简单药物的基本方法。

（2）学习并掌握葡萄糖酸锌的合成。

（3）进一步巩固配位滴定分析法。

（4）了解锌的生物意义。

二、实验原理

锌存在于众多的酶系中，如碳酸酐酶、呼吸酶、乳酸脱氢酸、超氧化物歧化酶、碱性磷酸酶、DNA 和 RNA 聚合酶等中，为核酸、蛋白质、碳水化合物的合成和维生素 A 的利用所必需。锌具有促进生长发育、改善味觉的作用。锌缺乏时出现味觉、嗅觉差，厌食，生长与智力发育低于正常。

以往常用硫酸锌作添加剂，但它对人体的肠胃道有一定的刺激作用，而且吸收率也比较低。葡萄糖酸锌是近年来开发的一种补锌四品添加剂。葡萄糖酸锌则有吸收率高、副作用少、使用方便等特点，是 20 世纪 80 年代中期发展起来的一种补锌添加剂，特别是作为儿童食品、糖果的添加剂，应用日趋广泛。葡萄糖酸锌的纯度分析可采用配位滴定法。

葡萄糖酸锌为白色或接近白色的结晶性粉末，无臭，略有不适味，溶于水，易溶于沸水，15℃时饱和溶液的质量分数为 25%，不溶于无水乙醇、氯仿和乙醚。

葡萄糖酸锌是以葡萄糖酸钙和硫酸锌（或硝酸锌）等为原料直接合成的。其反应为

$$Ca(C_6H_{11}O_7)_2 + ZnSO_4 == Zn(C_6H_{11}O_7)_2 + CaSO_4$$

这类方法的缺点是产率低、产品纯度差。在 pH≈10 的溶液中，铬黑 T 与 Zn^{2+} 形成比较稳定的酒红色螯合物（Zn-EBT），而 EDTA 与 Zn^{2+} 能形成更为稳定的无色螯合物。因此

滴定至终点时，铬黑 T 便被 EDTA 从 Zn-EBT 中置换出来，游离的铬黑 T 在 pH 为 8～11 的溶液中呈纯蓝色。

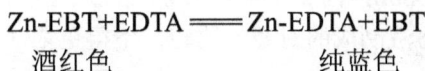

$$Zn\text{-}EBT + EDTA \Longrightarrow Zn\text{-}EDTA + EBT$$
酒红色　　　　　　　　　纯蓝色

葡萄糖酸锌溶液中游离的锌离子也可与 EDTA 形成稳定的配合物，因此，EDTA 滴定法能确定葡萄糖酸锌的含量。

葡萄糖酸锌在制作药物前，要经过多个项目的检测。本次实验只是对产品质量进行初步分析，分别用 EDTA 配位滴定和比浊法检测所制产物的锌和硫酸根含量。《中华人民共和国药典》（2005 年版）规定葡萄糖酸锌含量应为 97.0%～102%。

三、主要仪器和试剂

1. 仪器

台秤，蒸发皿，布氏漏斗，吸滤瓶，电子天平，50mL 滴定管，25mL 移液管，烧杯，容量瓶。

2. 试剂

葡萄糖酸钙，$ZnSO_4 \cdot 7H_2O$，1mol/L 硫酸，95%乙醇，$NH_3 \cdot H_2O\text{-}NH_4Cl$ 缓冲溶液（pH≈10），活性炭，乙二胺四乙酸二钠盐（简称 EDTA，0.05mol/L），Zn 粒，（1+1）氨水，6mol/L HCl，铬黑 T（取 0.1g 铬黑 T 与磨细的 10g 干燥 NaCl 研匀，配成固体合剂，保存在干燥器中，用时挑取少许配成指示剂），标准硫酸钾溶液（硫酸根含量 100mg/L），25%氯化钡溶液。

四、实验内容

1. 葡萄糖酸锌的合成

称取 4.5g 葡萄糖酸钙，放入 50mL 烧杯中，加入 12mL 蒸馏水。另称取 3.0g $ZnSO_4 \cdot 7H_2O$，用 12mL 蒸馏水使之溶解，在不断搅拌下，将 $ZnSO_4$ 溶液逐滴加入葡萄糖酸钙溶液中，加完后在 90℃水浴中保温约 20min，抽滤除去 $CaSO_4$ 沉淀，溶液转入烧杯，加热近沸，加入少量活性炭脱色，趁热抽滤。滤液冷却至室温，加 10mL 95%乙醇（降低葡萄糖酸锌的溶解度），并不断搅拌，此时有胶状葡萄糖酸锌析出，充分搅拌后，用倾泻法去除乙醇，得葡萄糖酸锌粗品。

用适量水溶解葡萄糖酸锌粗品，加热（90℃）至溶解，趁热抽滤，滤液冷却至室温，加 10mL 95%乙醇，充分搅拌，结晶析出后抽滤至干，得精品，在 50℃烘干，称量，可得供压制片剂的葡萄糖酸锌。

2. 硫酸盐的检查

取本品 0.5g，加水溶解至约 20mL（溶液若显碱性，可滴加盐酸使之成中性）；溶液如不澄清，应过滤；置于 25mL 比色管中，加 2mL 稀盐酸，摇匀，即得供试溶液。另取

2.5mL 标准硫酸钾溶液，置于 25mL 比色管中，加水至约 20mL，加 2mL 稀盐酸，摇匀，即得对照溶液。在供试溶液与对照溶液中，分别加入 2mL 25%氯化钡溶液，用水稀释至 25mL，充分摇匀，放置 10min，同置于黑色背景上，从比色管上方向下观察、比较，如发生浑浊，与标准硫酸钾溶液制成的对照液比较，不得更浓（0.05%）。

3. 锌含量的测定

（1）EDTA 标准溶液的标定（见实验 17）。

（2）准确称取本品约 0.7g，加 100mL 水，微热使之溶解，加 5mL $NH_3 \cdot H_2O-NH_4Cl$ 缓冲液（pH=10.0）与 2～3 滴铬黑 T 指示剂，用 EDTA 标准溶液（0.05mol/L）滴定至溶液由紫红色变为纯蓝色，平行测定 3 次，计算锌的含量。

五、注意事项

（1）反应需在 90℃恒温水浴中进行。这是由于温度太高，葡萄糖酸锌会分解，温度太低，则葡萄糖酸锌的溶解度降低。

（2）用乙醇为溶剂进行重结晶时，开始有大量胶状葡萄糖酸锌析出，不易搅拌，可用竹棒代替玻璃棒进行搅拌。乙醇溶液全部回收。

（3）配制锌标准溶液时，为防止锌与酸剧烈反应，必须加盖表面皿，定量转移须吹洗表面皿并多次淋洗烧杯。

（4）葡萄糖酸锌加水不溶时，可微热。

六、思考题

（1）根据葡萄糖酸锌制备的原理和步骤，比较直接法和间接法制备葡萄糖酸锌的优缺点。

（2）葡萄糖酸锌可以用哪几种方法进行结晶？

（3）可否用如下化合物与葡萄糖酸钙反应来制备葡萄糖酸锌？为什么？

$$ZnO, ZnCO_3, ZnCl_2, Zn(CH_3COO)_2$$

（4）设计一方案制备葡萄糖酸亚铁。

（5）试解释以铬黑 T 为指示剂的标定实验中的几个现象：①滴加氨水至开始出现白色沉淀；②加入缓冲溶液后沉淀又消失；③用 EDTA 标准溶液滴定至溶液由酒红色变为纯蓝色。

（6）用铬黑 T 作指示剂时，为什么要控制 pH≈10？

实验 59　鸡蛋中铁含量的测定

一、实验目的

（1）综合学习样品的处理方法。

（2）学习文献的查阅和资料收集。

（3）学习分光光度计和马弗炉等仪器的操作方法。

二、实验原理

目前，测定铁的方法主要有原子吸收光谱法、催化荧光法、磺基水杨酸分光光度法、EDTA 配位滴定法、邻二氮菲分光光度法、荧光酮分光光度法、萃取光度法、双波长分光光度法、差示光度法、催化动力学光度法、表面活性剂增敏（Ⅲ）-EDTA-H_2O 体系光度法等。这些方法均被用于痕量铁的测定，且各有利弊，本实验采用的是邻二氮菲分光光度法，这种方法快速、准确、灵敏度高且操作简便。

在 pH 为 4~6 的条件下，用盐酸羟胺将 Fe^{3+} 完全还原成 Fe^{2+}，Fe^{2+} 与邻二氮菲试剂生成橘红色的配合物，再用分光光度计测定其吸光度，进而根据朗伯-比尔定律测出铁的含量。

三、主要仪器和试剂

1. 仪器

722 型分光光度计，马弗炉，电热炉，容量瓶，移液管，普通天平，电子天平，比色管，烧杯，比色皿，漏斗及漏斗架等。

2. 试剂

（1）1mg/mL 铁标准溶液。准确称取 0.8600g 分析纯 $NH_4Fe(SO_4)_2·12H_2O$，置于烧杯中，用 3mL 2mol/L 盐酸溶解后移入 100mL 容量瓶中，定容，摇匀。

（2）10μg/mL 铁标准溶液。由 100μg/mL 的铁标准溶液准确稀释 10 倍而成。

（3）0.1%邻二氮菲溶液。准确称取 0.10g 邻二氮菲，置于烧杯中加热溶解后，移入 100mL 容量瓶中，定容，摇匀。

（4）10%盐酸羟胺溶液。称取 10g 盐酸羟胺固体，用量筒量取 80mL 水加热溶解，转移至 100mL 容量瓶中，定容，摇匀。

（5）1mol/L NaAc 溶液。称取 13.6g NaAc 固体，置于烧杯中溶解后，移入 100mL 容量瓶中，定容，摇匀。

（6）4mol/L NaOH 溶液。称取 16g NaOH 固体溶于烧杯中，冷却后移入 100mL 容量瓶中，定容，摇匀。

（7）2mol/L HCl 溶液。用移液管准确移取 10mL 浓盐酸于 50mL 容量瓶中，定容，摇匀。

（8）（1+1）HCl 溶液。用移液管准确移取 25mL 浓盐酸于 50mL 容量瓶中，定容，摇匀。

3. 实验用品

鸡蛋。

四、实验内容

1. 样品处理

取鸡蛋黄，称取 16.3g 置于蒸发皿中，捣碎，在通风橱中小火加热，直至不再冒烟为止，然后将其放入马弗炉内灰化（约 2h），取出冷却后，加入（1+1）的盐酸，并用小火加热使其全部溶解，然后过滤，移入 100mL 容量瓶中。定容，摇匀，备用。

2. 条件试验

（1）最佳波长的测定。准确移取 5mL10μg/mL 铁标准溶液于 50mL 容量瓶中，加入 2mL 10%的盐酸羟胺溶液，摇匀，冷却，2min 后加入 5mL 1mol/L 的 NaAc 溶液和 3mL 0.1%邻二氮菲溶液，定容，摇匀。在分光光度计上用 1cm 比色皿，以水为参比溶液，用波长 430～580nm，每隔 10nm 测其吸光度，并绘制吸光度-波长曲线，找出最佳波长区间。

波长/nm	吸光度 A	波长/nm	吸光度 A
430		510	
440		520	
450		530	
460		540	
470		550	
480		560	
490		570	
500		580	

（2）显色剂最佳用量的测定。取 7 个 50mL 容量瓶并编号，均加入 5mL 10μg/mL 铁标准溶液，再加入 1mL 10%盐酸羟胺溶液摇匀，冷却，2min 后加入 5mL1mol/L NaAc 溶液，再分别加入 0.1%邻二氮菲溶液 0.3mL、0.6mL、1.0mL、1.5mL、2.0mL、3.0mL、4.0mL，定容，摇匀。一定时间后用 1cm 比色皿，以水为参比溶液，用分光光度计在 510nm 处，测定其吸光度，并绘制吸光度-显色剂用量曲线，找出显色剂最佳用量。

邻二氮菲体积/mL	0.3	0.6	1.0	1.5	2.0	3.0	4.0
吸光度 A							

（3）缓冲剂最佳用量的测定。取 7 个 50mL 容量瓶并编号，均加入 5mL 10μg/mL 铁标准溶液，再加入 1.0mL 5%盐酸羟胺溶液，摇匀，2min 后分别加入 1mol/L NaAc 溶液 2.0mL、3.0mL、4.0mL、5.0mL、6.0mL、7.0mL、9.0mL，再分别加入 3.0mL 0.1%邻二氮菲溶液，定容，摇匀，用 1cm 比色皿，以水为参比溶液，测定其吸光度，并绘制吸光度-缓冲剂用量曲线，找出缓冲剂最佳用量。

NaAc 体积/mL	2.0	3.0	4.0	5.0	6.0	7.0	9.0
吸光度 A							

3. 铁含量的测定

（1）标准系列（1#～6#）及未知物溶液（7#）的配置。在 7 个 50mL 容量瓶中，按下表，依次加入各试剂。

编号	1	2	3	4	5	6	7
10μg/mL 的铁标准溶液/mL	0	2	4	6	8	10	X(待测)
10%的盐酸羟胺体积/mL	1.00	1.00	1.00	1.00	1.00	1.00	1.00
摇匀，5min 后，加 1mol/L 的 NaAc 溶液体积/mL	5.00	5.00	5.00	5.00	5.00	5.00	5.00
0.1%的邻二氮菲溶液体积/mL	3.00	3.00	3.00	3.00	3.00	3.00	3.00

（2）吸光度的测定。用 1cm 比色皿，以试剂空白为参比溶液，在 510nm 处，测 1#～6# 溶液的吸光度，以 50mL 溶液中的铁含量为横坐标，相应吸光度为纵坐标，利用 1#～6# 系列标准溶液可绘制标准曲线。

实验 60　NaOH-Na$_3$PO$_4$混合溶液中各组分含量的测定

一、实验原理

NaOH 和 Na$_3$PO$_4$分别为强碱和多元碱。已知 H$_3$PO$_4$的 pK_{a_1}=2.12、pK_{a_2}=7.20、pK_{a_3}=12.36，故 Na$_3$PO$_4$的 pK_{b_1}=14.00–12.36=1.64，pK_{b_2}=14.00–7.20=6.80，pK_{b_3}=14.00–2.12=11.88。

由于

$$K_{b_1} > 10^{-7}; \quad K_{b_2} > 10^{-7}$$
$$K_{b_1}/K_{b_2} > 10^5; \quad K_{b_2}/K_{b_3} > 10^5$$

因此，Na$_3$PO$_4$的第一、二两级碱可以被酸分别滴定，但第一元碱和 NaOH 无法分开，应同时被滴定。当以 HCl 滴定混合液至第一化学计量点时

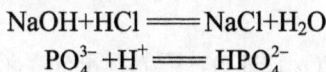

$$NaOH + HCl \rightleftharpoons NaCl + H_2O$$
$$PO_4^{3-} + H^+ \rightleftharpoons HPO_4^{2-}$$

NaOH 和 Na$_3$PO$_4$分别被滴定生成 H$_2$O 和 HPO$_4^{2-}$，溶液中的[H$^+$]为

$$[H^+] = \sqrt{K_{a_2}K_{a_3}} = \sqrt{10^{-7.2} \times 10^{-12.36}} = 10^{-9.8} \tag{4-1}$$
$$pH = 9.8$$

因此，应选择百里酚酞（变色范围 pH 为 9.3～10.5）作指示剂，终点时溶液由蓝色变为无色（或酚酞，变色范围 pH 为 8.0～10.0，终点时溶液由红色变为无色）。消耗盐酸的体积记作 V_1（mL）。

继续滴定至第二化学计量点时

$$HPO_4^{2-} + H^+ \rightleftharpoons H_2PO_4^-$$

HPO$_4^{2-}$被滴定生成 H$_2$PO$_4^-$，溶液中的[H$^+$]为

$$[H^+] = \sqrt{K_{a_1}K_{a_2}} = \sqrt{10^{-2.12} \times 10^{-7.2}} = 10^{-4.7} \tag{4-2}$$
$$pH = 4.7$$

用甲基橙（变色范围 pH 为 3.1～4.4）作指示剂，溶液由黄色变为橙色时为终点（也

可用溴酚蓝作指示剂，pH 为 3.1～4.6 时由紫色变为黄色）。消耗的盐酸体积记为 V_2（mL）。两组分含量计算式为

$$\rho_{Na_2PO_4} = \frac{(cV_2)_{HCl} M_{Na_2PO_4}}{V_s \times 1000}$$

$$\rho_{NaOH} = \frac{[c(V_1 - V_2)]_{HCl} M_{NaOH}}{V_s \times 1000}$$

式中，V_s 为所取试样溶液的体积，mL。

二、主要仪器和试剂

1. 仪器

称量瓶、滴定管、移液管、量筒、锥形瓶等。

2. 试剂

（1）0.1mol/L HCl 标准溶液。称量 9.0mL 浓盐酸以蒸馏水稀释至 1000mL，储于试剂瓶中，摇匀，备用。准确称取三份烘干无水碳酸钠（Na_2CO_3），每份质量为 0.15g 左右，加入 30～40mL 水溶解，加入 1～2 滴甲基橙作指示剂，用配制的 HCl 滴定溶液至由黄色变为橙色即为终点。

$$c_{HCl} = \frac{m_{Na_2CO_3}}{\dfrac{M_{Na_2CO_3}}{2 \times 1000} \times V_{HCl}}$$

（2）0.1%百里酚酞溶液：0.1g 溶于 100mL 90%乙醇中。
（3）0.2%甲基橙溶液。
（4）0.1%溴酚蓝溶液：0.1g 溶于 100mL 20%乙醇中。
（5）基准物质：Na_2CO_3。
（6）分析纯 NaOH 和 $Na_3PO_4 \cdot 12H_2O$，配制标准储备液用。

三、实验内容

1. 实验方法的考察及取样量的确定

用 1.0～2.0mL 移液管取试液于 250mL 锥形瓶中，加 30mL 水，加 2 滴百里酚酞作指示剂，用 HCl 标准溶液滴定至蓝色变为无色即为终点，记下消耗 HCl 的体积为 V_1（mL），加入 1～2 滴甲基橙指示剂，继续用 HCl 标准溶液滴定至溶液由黄色变为橙色即为终点。记下第二次消耗 HCl 的体积为 V_2（mL）。计算当消耗滴定剂体积符合分析要求时（V_1、V_2 至少其一大于等于 20mL）的取样量。

根据终点变色是否敏锐考察指示剂是否合适。

根据消耗滴定剂的体积确定正式实验的取样量及方式。设试样分析时消耗滴定剂体积 ≥20mL

$$V（取样体积）=V（初试）\times 20/V_1 \tag{4-3}$$

$$或 \quad V（取样体积）=V（初试）\times 20/V_2 \tag{4-4}$$

当 V（取样体积）≥20mL 时，取小样进行正式实验；当 V（取样体积）<10mL，则应采用取大样法进行实验。

假设初步实验中指示剂变化明显，按式（4-3）算得每次测定应取原试样小于 5mL，则应采用取大样法进行实验。

2. 试样分析

（1）用移液管准确移取原试液 V_s 25.00mL 于 250mL 容量瓶中→定容→摇匀，得待测液。

（2）用移液管准确移取待测液于 250mL 锥形瓶中，加入 2 滴百里酚酞指示剂，用 HCl 标准溶液滴定至蓝色变为无色即为终点。记下消耗 HCl 的体积为 V_1（mL），继续加入 1～2 滴甲基橙指示剂，再用 HCl 标准溶液滴定至溶液由黄色变为橙色即为终点。记下第二次消耗 HCl 的体积为 V_2（mL）。平行测定 3～5 次，计算各组分的含量（g/L）。

3. 分析准确度的考察

一般采用标准加入法或模拟试样法，本实验用模拟试样法。

1）模拟试样的配制

（1）按试样分析所得结果计算出分别配制浓度 2 倍于试样含量的 NaOH 和 Na_3PO_4 溶液各 100mL 所需 NaOH 和 Na_3PO_4 的质量→分别称取分析纯 NaOH 和 Na_3PO_4 于小烧杯中→加水溶解→转入试剂瓶中并稀释至 100mL→摇匀，得 NaOH 和 Na_3PO_4 的标准储备液待用。

（2）分别移取一定量的 NaOH 和 Na_3PO_4 标准储备液于 100mL 容量瓶中，定容后摇匀，得稀释液。

（3）分别移取一定量的 NaOH 和 Na_3PO_4 稀释液，加入与初步实验相同的指示剂，用 HCl 标准溶液滴定至终点。平行测定 3～5 次，计算各标准储备液的溶质含量 ρ_{NaOH}、$\rho_{Na_3PO_4}$（g/L）。

（4）移取等体积的 NaOH 和 Na_3PO_4 标准储备液于合适的容器中，摇匀，得模拟试样溶液。

2）模拟试样的分析

按试样分析的相同步骤测定并计算出模拟试样中各组分的含量。

四、实验数据处理

1. HCl 标准溶液的标定

HCl 标准溶液的标定实验数据处理

编号	1	2	3
$m_{Na_2CO_3}/g$			
V_{HCl}/mL			
$c_{HCl}/$（mol/L）			
$\bar{c}_{HCl}/$（mol/L）			
相对平均偏差			
平均值的置信区间			

2. 试样分析实验数据处理

NaOH 和 Na₃PO₄ 混合液分析实验数据处理

编号	1	2	3
$c_{HCl}/$（mol/L）			
试样溶液体积/mL			
V_1/mL			
$\rho_{NaOH}/$（g/L）			
$\bar{\rho}_{NaOH}/$（g/L）			
相对平均偏差			
平均值的置信区间			
V_2/mL			
$\rho_{Na_3PO_4}/$（g/L）			
$\bar{\rho}_{Na_3PO_4}/$（g/L）			
相对平均偏差			
平均值的置信区间			

五、结论

用酸碱滴定法测得

组分 1：$\rho_{NaOH}=$＿＿＿（g/L）

　　　　相对平均偏差=＿＿＿

组分 2：$\rho_{Na_3PO_4}=$＿＿＿（g/L）

　　　　相对平均偏差=＿＿＿

六、存在的问题及讨论

（1）第二化学计量点用甲基橙、甲基红或溴酚蓝的讨论。

（2）试样较浓时，单次滴定取样小于 5mL，应取适当量的原试样稀释定容后滴定，还是用小体积吸量管取样较好？

（3）用酸碱滴定法测出 NaOH-Na₃PO₄ 混合溶液的总碱量，用磷钼酸铵或钼锑抗法制备 PO_4^{3-} 的有色化合物，用分光光度法测定 PO_4^{3-} 的浓度。据两法所得数据求 NaOH-Na₃PO₄ 中各组分的量。

实验 61　熟料水泥全分析

一、实验原理

熟料水泥的主要化学成分为 SiO_2、Fe_2O_3、Al_2O_3、MgO 和 CaO。其中的 SiO_2 可用滴定法或重量法测定，若采用重量法测定，试样用酸分解后即可析出无定形硅酸沉淀，但沉淀不完全，而且吸附严重。本实验是将试样与 7～8 倍固体 NH_4Cl 混匀后，再加 HCl 分解试样。此时，由于是在含有大量电解质的小体积溶液中析出硅酸，有利于硅酸的凝聚，沉淀也较完全。硅酸的含水量少，结构紧密，吸附现象也有所减少。试样分解完全后，加适量的水溶解可溶性盐类，过滤，将沉淀灼烧称量，即可测得 SiO_2 的含量。

水泥熟料中的铁、铝、钙、镁等组分以离子形式存在于滤去 SiO_2 沉淀的滤液中，它们都与 EDTA 形成稳定的配离子，但这些配离子的稳定性有较明显的差别。因此，控制适当的酸度就可用 EDTA 分别滴定它们。调节溶液的 pH 为 1.8～2.2，以磺基水杨酸作指示剂，用 EDTA 滴定 Fe^{3+}，然后加入一定量过量的 EDTA，煮沸，待 Al^{3+} 与 EDTA 完全配位后，再调节溶液的 $pH\approx4.2$，以 PAN 作指示剂，用 $CuSO_4$ 标准溶液滴定过量的 EDTA，从而分别测得 Fe_2O_3 和 Al_2O_3 的含量。滤液中的 Ca^{2+} 和 Mg^{2+}，按常法用三乙醇胺掩蔽 Fe^{3+} 和 Al^{3+} 后在 $pH\approx10$ 时用 EDTA 滴定，测得钙和镁的总量；另取一份滤液在 $pH>12$ 时，用 EDTA 滴定钙的含量，然后计算试样中 CaO 和 MgO 的含量。

二、主要仪器和试剂

（1）钙指示剂：钙指示剂与 NaCl 以 1：100 混合并研磨均匀。

（2）磺基水杨酸（10%）：10g 指示剂溶于 100mL 水中。

（3）PAN 指示剂（0.3%）：0.3g 指示剂溶于 100mL 乙醇中。

（4）K-B 指示剂：1g 酸性铬蓝 K、2g 萘酚绿 B 与 25g NaCl 研细混匀。

（5）铬黑 T 指示剂：络黑 T 指示剂与 NaCl 以 1：100 混合并研磨均匀。

（6）金属锌基准物：取无砷的锌，先以 6mol/L HCl 洗涤，再用蒸馏水冲洗，最后用丙酮洗一次，于 100℃烘干。

（7）氨缓冲溶液（$pH\approx10$）：27g NH_4Cl 溶于适量水中，加 197mL 浓氨水，稀释至 500mL。

（8）HAc-NaAc 缓冲溶液（$pH\approx4.2$）：取 32g 无水 NaAc 溶于水中，加入 50mL 冰醋酸，用水稀释至 1L。

（9）三乙醇胺（25%）：350mL 75%三乙醇胺用水稀释至 1L。

（10）酒石酸钾钠（5%）：50g 酒石酸钾钠溶于水，稀释至 1L。

（11）浓盐酸（密度 1.19kg/L），浓 HNO_3（密度 1.42kg/L），NH_4Cl（固体）。

（12）HCl 溶液（6mol/L）：浓 HCl 与水等体积混合均匀。

（13）（1+1）氨水：浓氨水与水等体积混合均匀；（1+1）硫酸：浓硫酸与水等体积混合均匀。

（14）$AgNO_3$ 溶液（0.1mol/L），NaOH 溶液（6mol/L）。

（15）EDTA（0.01mol/L）标准溶液：称取 4g EDTA 二钠盐溶于温水中，用水稀释至 1L。于 $pH\approx10$ 的氨缓冲溶液中，以铬黑 T 为指示剂，用锌作基准物，标定 EDTA 溶液的准确浓度。

（16）$CuSO_4$ 标准溶液（0.01mol/L）：1.3g $CuSO_4\cdot5H_2O$ 溶于水中，加 4～5 滴（1+1）硫酸，用水稀释至 0.5L。然后用下述方法测定 $CuSO_4$ 标准溶液对 0.01mol/L EDTA 标准溶

液的体积比。

三、实验内容

1. EDTA 溶液的标定（或 EDTA 与 CuSO₄ 溶液的体积比）

准确吸取 10.00mL 铜标准溶液，加 10mL HAc-NaAc 缓冲溶液，加热至 80～90℃，加入 4～6 滴 PAN 指示剂，用 EDTA 标准溶液滴定至红色变为绿色即为终点，记下消耗 EDTA 溶液的体积。平行测定 3 次，计算 EDTA 的浓度（或 EDTA 与 CuSO₄ 溶液的体积比）。

2. SiO₂ 的测定

准确称取 0.2～0.3g 试样，置于干燥的 100mL 烧杯中，加入 1.5～2g 固体 NH₄Cl，用玻璃棒混匀，滴加浓 HCl 至试样全部湿润（一般需约 3mL），并滴加 2～3 滴浓 HNO₃，搅匀。小心地压碎块状物，盖上表面皿，置于沸水浴上，加热 10min。加热水约 40mL，搅动，以溶解可溶性盐类。过滤，用热水洗涤烧杯和滤纸，直至滤液中无 Cl⁻ 为止（用 AgNO₃ 检验）。用 250mL 容量瓶盛接滤液及洗涤液，并稀释至刻度，摇匀，备用。

将沉淀连同滤纸放入已恒量的瓷坩埚中，低温炭化并灰化后，于 950℃灼烧 45min。取下置于干燥器中冷却至室温，称量，再灼烧，冷却至室温，再称量，直至恒量。计算试样中 SiO₂ 的含量。

3. 铁的测定

准确移取分离 SiO₂ 后的滤液 50.00mL 置于 250mL 锥形瓶内，加 10 滴磺基水杨酸，用（1+1）氨水和 6mol/L HCl 溶液调节至溶液呈紫红色（pH≈2），加热至 60～70℃，以 EDTA 标准溶液滴定至溶液由紫红色变为淡黄色或无色即为终点。根据 EDTA 的用量，计算试样中 Fe₂O₃ 的含量。

4. 铝的测定

在滴定 Fe³⁺ 后的溶液中，准确加 20.00mL 过量的 EDTA 标准溶液和 10mL HAc-NaAc 缓冲溶液，煮沸 1min，取下稍冷，加 6～8 滴 PAN 指示剂，用 CuSO₄ 标准溶液滴定至溶液显红色即为终点。根据标准溶液的用量，计算试样中 Al₂O₃ 的含量。

5. 钙的测定

准确移取分离 SiO₂ 后的滤液 25.00mL，置于 250mL 锥形瓶中（若 Fe³⁺、Al³⁺ 含量较高，可采用氨水法或尿素均匀沉淀法将它们转化为氢氧化物沉淀后分离除去），加 50mL 水、5mL 三乙醇胺，摇匀。加 8mL 6mol/L NaOH，加少许钙指示剂，用 EDTA 标准溶液滴定至溶液由红色变成蓝色即为终点，根据 EDTA 的用量，计算试样中 CaO 的含量。

6. 镁的测定

准确移取 25mL 分离 SiO₂ 后的滤液，置于 250mL 锥形瓶内，加酒石酸钾钠和三乙醇胺各 5mL，摇匀。加 10mL pH=10 的氨缓冲液，少许 K-B 指示剂，以 EDTA 标准溶液滴定至溶液呈蓝色即为终点。根据 EDTA 的用量，计算钙、镁总量，然后用差减法计算试样中 MgO 的含量。

实验 62 α-氨基酸含量的测定（微型非水滴定法）

一、实验目的

（1）掌握非水滴定法的基本原理与特点。

（2）学习非水滴定法的基本操作。

二、实验原理

α-氨基酸的 α 位碳原子上连有氨基和羧基，为两性物质，但在水溶液里两者解离趋势很小，溶液酸碱性均不明显（如氨基乙酸的羧基电离 H^+ 的 $K_a=2.5\times10^{-10}$，氨基接收 H^+ 的 $K_b=2.2\times10^{-12}$），故在水溶液中无法进行准确滴定，但在非水介质中有可能被准确滴定。例如，在冰醋酸体系中，用 $HClO_4$ 的 HAc 溶液作滴定剂，结晶紫作指示剂，可准确滴定 α-氨基酸，反应式如下：

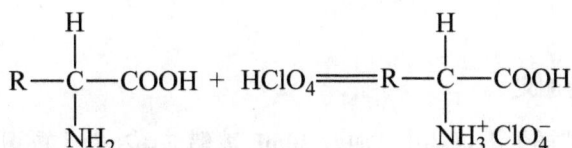

$$
\underset{\overset{|}{NH_2}}{\overset{\overset{H}{|}}{R-C-COOH}} + HClO_4 \Longrightarrow \underset{\overset{|}{NH_3^+\ ClO_4^-}}{\overset{\overset{H}{|}}{R-C-COOH}}
$$

生成物为呈酸性的 α-氨基酸的高氯酸盐。

结晶紫在强酸性介质中为黄色，pH=2 左右为蓝色，pH>3 时为紫色，因而在此强酸滴定弱碱的反应中，一般选由紫色变为稳定的蓝绿色或蓝色为终点，若溶液呈现绿色或黄色则滴定过量，在确定终点时，可用电位计作参比。

若试样难溶于冰醋酸，可加入一定量甲酸作助溶剂，也可加入过量 $HClO_4$-冰醋酸，待样品溶解完全后用 NaAc-冰醋酸返滴过量的 $HClO_4$。

$HClO_4$-冰醋酸滴定剂常用邻苯二甲酸氢钾作基准物质进行标定，反应为

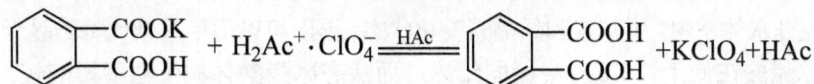

$$
\underset{\overset{|}{COOH}}{\overset{\overset{|}{COOK}}{\bigcirc}} + H_2Ac^+\cdot ClO_4^- \xrightarrow{HAc} \underset{\overset{|}{COOH}}{\overset{\overset{|}{COOH}}{\bigcirc}} +KClO_4+HAc
$$

在标定中 $KClO_4$ 有可能析出，但不影响标定结果。

本法主要针对 α-氨基酸的氨基进行测定，也可以针对羧基来测定，如在二甲基甲酰胺等碱性溶剂中，以甲醇钾或季胺碱（RNOH）等标准溶液来滴定，指示剂可选百里酚蓝，终点颜色由黄色变为蓝色。

三、主要仪器和试剂

1. 仪器

5.000mL 微型滴定管，50mL 容量瓶，20mL 锥形瓶，干燥小烧杯。

2. 试剂

（1）HClO₄-冰醋酸（0.1mol/L）：在低于 25℃的 250mL 冰醋酸中缓慢地边搅拌边加入 2mL 原装（70%~72%）HClO₄，混匀后小心加入 4mL 乙酸酐，搅拌均匀，冷至室温，放置过夜使水分与乙酸酐反应完全。

（2）邻苯二甲酸氢钾基准物质：在 105~110℃条件下干燥 2h，在干燥器中用广口瓶保存备用。

（3）结晶紫（2g/L）冰醋酸溶液，冰醋酸（A.R.），乙酸酐（A.R.），甲酸（A.R.），α-氨基酸试样。

四、实验内容

1. HClO₄-冰醋酸滴定剂的标定

准确称取 0.5g 左右 $KHC_8H_4O_4$ 于小烧杯中，加入 30mL 冰醋酸，溶解后定量转移至 50mL 容量瓶内，用冰醋酸稀释至刻度，摇匀。移取 2mL 于锥形瓶内，加 1 滴结晶紫指示剂，用 HClO₄-冰醋酸滴定至由紫色变为蓝绿色，即为终点，平行测定 3~5 次，各次相对偏差应≤±0.2%。

2. α-氨基酸含量测定

准确称取 0.2g 试样于小烧杯中，加入 30mL 冰醋酸、2mL 乙酸酐与 4mL 甲酸，搅拌，若溶解度不高则可适量多加甲酸，待试样溶解后定量转移至 50mL 容量瓶中，用冰醋酸稀释至刻度，摇匀。移取 5mL 试液，加 1 滴结晶紫指示剂，用 HClO₄-冰醋酸滴定至由紫色变为蓝绿色，即为终点，平行测定 3 次，计算 α-氨基酸的质量分数。

五、注意事项

（1）冰醋酸中的 pH 定义与水中相同，但具体数值有区别，指示剂变色范围在 HAc 中与在水中有区别。

（2）乙酸酐可与水反应生成乙酸，脱去试液中的水分。

（3）在非水体系中，甲基紫和结晶紫变化状态相同，可以用甲基紫代替结晶紫作指示剂。

（4）冰醋酸在低于 15℃时会凝固结冰，而液态冰醋酸体积受温度影响较大，故本实验适宜在天气较暖的春秋季或有空调的房间内进行。

（5）α-氨基酸可选乙氨酸（相对分子质量 75.07）、丙氨酸（相对分子质量 89.09）、谷氨酸（相对分子质量 147.13）、异白氨酸（相对分子质量 131.13）等易溶于冰醋酸的氨基酸。

（6）在非水滴定中仪器必须干燥，否则会影响测定结果。

六、思考题

（1）氨基乙酸在蒸馏水中以何种状态存在？

（2）乙酸酐的作用是什么？

（3）水与冰醋酸分别对 HClO₄、H₂SO₄、HCl 和 HNO₄ 是什么溶剂？

第5章　设计性实验预选题及提示

本章所列出的综合设计性实验预选题目以学生掌握的理论为基础，密切结合实际生活，以分析为主。考虑到学生各方面的差异性，实验题目按其难度分成不同级别，难度依次增加。每级给出一定数目的选题，学生可根据个人的情况选择适当的命题。作为学生成绩考核的内容之一，不同级别题目应设定不同的基础分，完成设计实验的成绩应在完成质量评分上乘以一定的基础分折算系数得出（如选择 I 级题得分=0.75×总分，II 级题得分=1.00×总分）。本书中对设计实验预选题都给出了提示，仅供参考。

学生应明确分析任务（试样）的内容、目的和要求；依托对分析化学理论和实验知识的积累和查阅相关参考文献资料；结合实验室条件和分析要求选择合适的实验方法；在此基础上，拟定详细的实验和结果评价方案。方案通过指导教师考察合格后方可确定实验时间，学生必须在约定的时间内完成实验。

设计实验的一般步骤如下所述。

1. 选题

学生应在实验开始两周前，根据教学要求、个人分析化学知识掌握的程度、实验技术及对成绩的期待值等选择本人能独立完成的题目。

2. 设计实验方案

分析方案的设计应包括：①分析方法及原理（包括指示剂的选择）；②样品的采集及试样量的确定；③试样分解；④实验仪器与试剂配制，标准溶液的配制和标定；⑤具体的实验步骤；⑥实验数据处理及评价。

3. 实验前准备

设计方案应在实验进行前一周内送交指导教师审查，通过后，由学生申请并经教师、实验室工作人员批准、备案进入实验室的时间。

设计实验中所用的试剂与仪器清单应在实验方案审查通过后及时提交实验室备案，以便采购和准备。提倡尽量使用实验室现有物品，原则上不使用有毒有害的试剂和贵重物品。实验室在条件允许的情况下，应尽可能地为学生实验提供便利。

4. 完成实验

学生应在申请的时间内进行实验并参与当天的讨论。所需试剂、器皿除公用部分外，由本人向实验室工作人员借用，实验中所用试剂由学生个人配制和妥善保存，要注意节约，杜绝浪费，并在此期间对实验室的安全、卫生负责。实验结束后，应及时归还借用物品、整理环境。

5. 实验报告

实验结束后应及时上交原始实验数据，并在其后一周内上交设计实验报告。其中除分析原理、步骤外，注意认真书写以下内容：①试样信息及分析任务；②实验原始数据；③实验结果；④如果实际做法与设计方案不一致，应重新写明操作步骤，改动不多的可加以说明；⑤对自己设计的分析方案的评价及问题的讨论；⑥参考文献。

5.1　设计性实验（Ⅰ）预选题及提示

这一级别的设计实验预选题目比较简单，个别题目可以查阅到具体实验方案。要求分析结果的准确度 $E_r \leqslant 0.5\%$。

设计实验 1　乌洛托品（六次甲基四胺）的测定

乌洛托品是常见的化工、医药原料，化学名称为六次甲基四胺，分子式为$(CH_2)_6N_4$，相对分子质量为 140.19。

六次甲基四胺是有机碱，$pK_b=8.85$，故不能直接被酸准确滴定。如将其与过量 H_2SO_4 标准溶液共热，其水解反应为

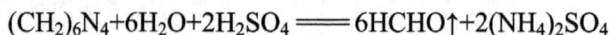

$$(CH_2)_6N_4+6H_2O+2H_2SO_4 =\!=\!= 6HCHO\uparrow+2(NH_4)_2SO_4$$

以甲基红为指示剂，用 NaOH 标准溶液返滴定过量的硫酸，从而可测定乌洛托品的纯度。

水解应在水浴中进行，为使水解反应进行完全，可将水解液蒸至无甲醛气味（注意：近干，但不得蒸干），然后加水待结晶溶解后滴定剩余的酸。

设计实验 2　福尔马林中甲醛含量的测定

甲醛是无色、有强烈刺激性气味的气体，对空气的相对密度为 1.06，密度略大于空气，易溶于水、醇和醚，有凝固蛋白质的作用，沸点为 19℃。其 30%～40%的水溶液称为福尔马林溶液。甲醛能和空气中的离子形成的氯化物反应生成致癌物——二氯甲基醚，已引起人们的警觉。

对人体健康的影响主要表现在嗅觉异常、刺激、过敏、肺功能、免疫功能异常等方面，长期接触低剂量甲醛可引起慢性呼吸道疾病，引起鼻咽癌、结肠癌、脑瘤、月经紊乱、细胞核的基因突变，DNA 单链内交联和 DNA 与蛋白质交联及抑制 DNA 损伤的修复、妊娠综合征，引起新生儿染色体异常、白血病，引起青少年记忆力和智力下降。在所有接触者中，儿童和孕妇对甲醛尤为敏感，危害也就更大。

甲醛主要用于制造医药、合成纤维、合成树脂、塑料防腐剂及还原剂等产品的原料。分子式为 HCHO，相对分子质量为 30.03。

用滴定分析的方法测定甲醛的含量基于如下原理。

试样中的甲醛与过量的中性亚硫酸钠作用,生成氢氧化钠,可用百里香酚酞作指示剂,用硫酸标准溶液滴定。

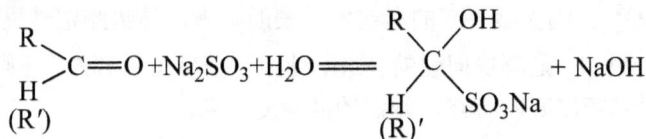

$$\begin{matrix} R \\ \diagdown \\ \text{C}\!=\!\text{O} \\ \diagup \\ H \\ (R') \end{matrix} + \text{Na}_2\text{SO}_3 + \text{H}_2\text{O} \Longrightarrow \begin{matrix} R \quad \text{OH} \\ \diagdown \diagup \\ \text{C} \\ \diagup \diagdown \\ H \quad \text{SO}_3\text{Na} \\ (R)' \end{matrix} + \text{NaOH}$$

$$\text{H}_2\text{SO}_4 + 2\text{NaOH} \Longrightarrow \text{Na}_2\text{SO}_4 + 2\text{H}_2\text{O}$$

实验所用试剂主要有:①硫酸标准溶液, $c_{\text{H}_2\text{SO}_4} = 0.25 \text{mol/L}$;②无水亚硫酸钠溶液, $c_{\text{Na}_2\text{SO}_3} = 1.0 \text{mol/L}$;③百里香酚酞指示剂,0.1%乙醇溶液。

设计实验 3　工业硼酸纯度的测定

硼酸酸性极弱($K_a = 5.8 \times 10^{-10}$),不能直接用碱滴定,但硼酸根能与甘油、甘露醇等形成稳定的配合物,从而增加硼酸在水溶液中的解离,使硼酸转变为中强酸,反应式如下

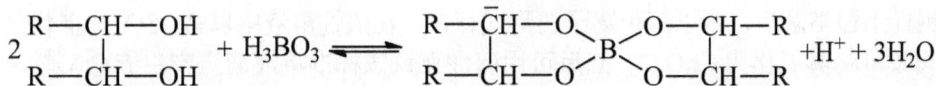

$$2\begin{matrix} R\!-\!\text{CH}\!-\!\text{OH} \\ | \\ R\!-\!\text{CH}\!-\!\text{OH} \end{matrix} + \text{H}_3\text{BO}_3 \Longrightarrow \begin{matrix} R\!-\!\text{CH}\!-\!\text{O} \quad\quad \text{O}\!-\!\text{CH}\!-\!R \\ | \quad\quad\quad \diagup\diagdown \quad\quad | \\ R\!-\!\text{CH}\!-\!\text{O} \quad \text{B} \quad \text{O}\!-\!\text{CH}\!-\!R \end{matrix} + \text{H}^+ + 3\text{H}_2\text{O}$$

该配合物的酸性较强,$pK_a = 4.26$,可用 NaOH 标准溶液准确滴定。

此反应等物质的量进行,化学计量点的 pH 约为 9.2,可选用酚酞或百里酚蓝作指示剂。借此进行试样中硼酸含量的测定。

注意:①硼酸易溶于热水,故配制的试样溶液浓度不宜太大;②强化试剂最好分批加入,且应过量,但不可随意;③应取与试样分析用量相同的强化试剂作空白实验,以消除由其带来的测量误差;④若使用甘油作强化试剂,应先将甘油适当稀释;若使用甘露醇,则可直接使用固体。

设计实验 4　三氯化铁纯度分析

常见的三氯化铁试剂有两种:$FeCl_3$ 和 $FeCl_3 \cdot 6H_2O$。有多种方法可用于分析:
(1) 重铬酸钾法测 Fe^{3+} (可参考铁矿石铁含量的测定);
(2) 配位滴定法测 Fe^{3+} (在 pH 约为 2 时,以磺基水杨酸作指示剂);
(3) 福尔哈德法测 Cl^-;
(4) 分光光度法测 Fe^{3+} (待测液的浓度不宜太大)等。

无论使用哪种方法,本书中都有可借鉴的实验,故不再赘述。

设计实验 5　硫酸高铁铵纯度分析

硫酸高铁铵化学式为 $NH_4Fe(SO_4)_2 \cdot 12H_2O$,在水中解离出 NH_4^+、Fe^{3+}、SO_4^{2-}。测定三

者中任一离子便可算出纯度。

因 Fe^{3+} 具有氧化性，故不能用甲醛法测 NH_4^+，用蒸馏法可以，但是需要特殊的设备，且误差较大。

用沉淀法测 SO_4^{2-}，因大量 Fe^{3+} 的存在发生表面吸附，导致测定结果偏高。

用重铬酸钾法测 Fe^{3+} 是解决问题的首选。使用甲基橙指示 $SnCl_2$ 还原 Fe^{3+} 的终点具有变化易观察、测量精密度好的特点，测定的准确度很高。

设计实验 6　褐铁矿中铁含量的测定

褐铁矿中主要成分是石灰石 $CaCO_3$ 和 Fe_2O_3，试样分析可参考铁矿石铁含量的测定，要注意溶解时不宜使用太小的烧杯以防止因反应剧烈使试样溅失，且应先将矿粉润湿，加酸要慢，边加酸边摇动烧杯，待无气泡放出时方可加热助溶。

设计实验 7　不锈钢中铬含量的测定

钢样用酸溶解后，铬以三价离子的形式存在，在酸性溶液中以 Ag_2SO_4 作催化剂，用过硫酸铵可将其氧化为 $Cr_2O_7^{2-}$。然后可用硫酸亚铁铵标准溶液滴定产生的 $Cr_2O_7^{2-}$，从而得知试样中铬的含量。为了检验 Cr^{3+} 是否已被定量氧化，可在被测溶液中加入少量 Mn^{2+}，当溶液中出现 MnO_4^- 的颜色时，表明 Cr^{3+} 已被全部氧化，此时需再向溶液中加入少量 HCl，煮沸已还原所生成的 MnO_4^- 便可。

这一实验的溶样和预氧化是关键步骤。

设计实验 8　工业盐酸中铁含量的测定

工业盐酸中因含有 Fe^{3+} 而显示棕黄色，可用抗坏血酸或盐酸羟胺还原为 Fe^{2+} 后，以邻二氮菲作显色剂测定其含量。详见"邻二氮菲分光光度法测微量铁"。

需要作初步实验以确定取样量酸度的调节。

设计实验 9　法扬斯法测定氯化物中的氯含量

法扬斯（Fajans）法又称为吸附指示法。它可以测定试样中 Cl^-、Br^-、I^-、SCN^- 的含量。AgX（X 代表 Cl^-、Br^-、I^- 和 SCN^-）胶体沉淀具有强烈的吸附作用，能选择性地吸附溶液中的离子，首先是构晶离子。对 $AgCl$ 沉淀而言，若溶液中 Cl^- 过量，则沉淀表面吸附 Cl^-，使胶粒带负电荷。吸附层中的 Cl^- 过量，则沉淀表面吸附 Cl^-，使胶粒带负电荷。吸附层中的 Cl^- 能疏松地吸附溶液中的阳离子（抗衡离子）组成扩散层。相反，当溶液中 Ag^+ 过量，则沉淀表面吸附 Ag^+，使胶粒带正电荷，而溶液中的阴离子则作为抗衡离子而主要存在于扩散层中。

滴定终点可用二氯荧光黄（$pK_a=4$）等有机染料来指示。当二氯荧光黄（以 HIn 表示，其解离的阴离子 In^- 为黄绿色）被吸附在胶体表面后，可能形成某种化合物而导致分子结构的变化，从而引起颜色的变化。

滴定酸度的控制由指示剂的解离常数 K_a 和 Ag^+ 的水解酸度决定。应用二氯荧光黄作指示剂时，虽然可在 pH=4～10 范围内进行，但需注意当 pH 太高时，指示剂阴离子形式 In^- 浓度较大，势必导致化学计量点前有一些 In^- 与 $AgCl\cdot Cl^-$ 吸附层中的 Cl^- 交换，致使终点颜色变化不明显。

为了保持 AgCl 沉淀尽量呈胶体状态，可加入糊精或聚乙烯醇溶液。

可用基准 NaCl 标定 $AgNO_3$ 溶液的浓度。

设计实验 10　乙酸银溶度积的测定

乙酸银（AgAc）溶度积的测定可用福尔哈德直接滴定法完成。乙酸银是一种微溶性的强电解质，在 AgAc 溶液中存在下列平衡：

$$AgAc \Longrightarrow Ag^+ + Ac^-$$

$$K_{sp,\,AgAc} = [Ag^+][Ac^-] \tag{5-1}$$

当温度一定时，K_{sp} 不随 $[Ag^+]$ 和 $[Ac^-]$ 的变化而改变。因此测出饱和溶液中 Ag^+ 和 Ac^- 的浓度，即可求出该温度时的 K_{sp}。

本实验以铁铵矾作指示剂，用 NH_4SCN 标准溶液进行沉淀滴定，测定饱和溶液中 Ag^+ 的浓度，即福尔哈德直接滴定法

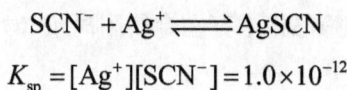

$$SCN^- + Ag^+ \Longrightarrow AgSCN$$

$$K_{sp} = [Ag^+][SCN^-] = 1.0 \times 10^{-12}$$

而

$$SCN^- + Fe^{3+} \Longrightarrow FeSCN^{2+}$$

$$K_{稳} = \frac{[FeSCN^{2+}]}{[SCN^-][Fe^{3+}]} = 8.9 \times 10^2$$

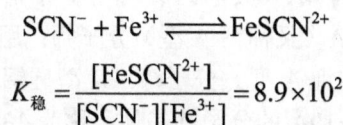

当 Ag^+ 全部沉淀后，溶液中 $[SCN^-]=10^{-6}mol/L$，而人眼能观察到 $FeSCN^{2+}$ 为红色时，浓度约为 $10^{-5}mol/L$，则要求 $[SCN^-]$ 约为 $2\times10^{-5}mol/L$，必须在 Ag^+ 全部转化为 AgSCN 白色沉淀后再过量半滴（约 0.02mL）才能使 $[SCN^-]$ 达到 $2\times10^{-5}mol/L$，因而可用铁铵矾作指示剂测定 Ag^+ 的浓度。

AgAc 饱和溶液中 $[Ac^-]$ 的计算：设 $AgNO_3$ 溶液的浓度为 c_{Ag^+}，NaAc 溶液的浓度为 c_{Ac^-}，$AgNO_3$ 溶液（V_{Ag^+}）与 NaAc 溶液（V_{Ac^-}）混合后总体积为 $V_{Ag^+}+V_{Ac^-}$（混合后体积变化忽略不计）。用福尔哈德法测出 AgAc 饱和溶液中的 Ag^+ 的浓度为 $[Ag^+]$，则 AgAc 饱和溶液中 $[Ac^-]$ 的浓度为

$$[Ac^-] = \frac{c_{Ac^-}V_{Ac^-} - c_{Ag^+}V_{Ag^+}}{V_{Ac^-} + V_{Ag^+}} + [Ag^+] \tag{5-2}$$

将测得的$[Ag^+]$与式（5-2）计算得到的$[Ac^-]$代入式（5-1），求得 $K_{sp, AgAc}$。

5.2　设计性实验（Ⅱ）预选题及提示

该级实验皆为两组分混合物，要求分别测定各组分含量，实际分析方案是要注意共存组分的干扰。

设计实验 11　锰铁合金中锰和铁含量的测定

试样中加入 H_3PO_4 和 $HClO_4$ 并加热溶解后，其中的铁和锰分别以 Fe^{3+} 和 Mn^{3+} 的形式存在。冷却后向试液中加适量水，用 $FeSO_4$ 标准溶液滴定至浅粉色，加几滴二苯胺磺酸钠指示剂，继续用 $FeSO_4$ 溶液滴至紫色，由此可得知锰的含量。在上述滴过 Mn^{3+} 的溶液中加浓 H_2SO_4，加热近沸，滴加 $SnCl_2$ 至浅绿色，过量 2 滴，再加适量水和几滴甲基橙，用 $K_2Cr_2O_7$ 标准溶液滴定铁。

注意：①溶样时千万不要蒸干溶液；②试样的溶解和预还原要完全，否则将有很大的误差；③预还原时的酸度要合适。

设计实验 12　分子筛中 Al_2O_3 含量的测定

分子筛（又称合成沸石）是一种硅铝酸盐多微孔晶体，由硅氧四面体和铝氧四面体通过氧桥键相连而形成。在分子筛晶格中存在金属阳离子（如 Na^+、K^+、Ca^{2+}等），用来平衡四面体中多余的负电荷。

分子筛的类型按晶体结构主要分为 A 型、X 型、Y 型等。A 型主要成分是硅铝酸盐，孔径为 4Å（$1Å=10^{-10}m$），称为 4A（又称钠 A 型）分子筛；用 Ca^{2+} 交换 4A 分子筛中的 Na^+，形成 5Å 的孔径，即为 5A（又称钙 A 型）分子筛；用 K^+交换 4A 分子筛的 Na^+，形成 3Å 的孔径，即为 3A（又称钾 A 型）分子筛。X 型硅铝酸盐的晶体结构不同（硅铝比大小不一样），形成孔径为 9～10Å 的分子筛晶体，称为 13X（又称钠 X 型）分子筛；用 Ca^{2+}交换 13X 分子筛中的 Na^+，形成孔径为 9Å 的分子筛晶体，称为 10X（又称钙 X 型）分子筛。其结构如下

3A 分子筛分子式：$0.4K_2O·0.6Na_2O·Al_2O_3·2.0SiO_2·4.5H_2O$

4A 分子筛分子式：$Na_2O·Al_2O_3·2.0SiO_2·4.5H_2O$

5A 分子筛分子式：$0.70CaO·0.30Na_2O·Al_2O_3·2.0SiO_2·4.5H_2O$

13X 分子筛分子式：$Na_2O·Al_2O_3·2.45SiO_2·6.0H_2O$

测定分子筛中 Al_2O_3 含量的关键在溶样，试样溶解后，可参考"工业硫酸铝中铝含量的测定设计"方法测定。

若考虑铝既可溶于酸又可溶于碱的特性，选择合适的酸溶液和碱溶液都可将试样溶解。但因分子筛骨架中含有 SiO_2，用较高浓度的碱溶液会更好些。试样应先在研钵中磨细再溶解，可加热，但要防止溅失。

设计实验 13　$Pb(NO_3)_2$-$Ca(NO_3)_2$ 溶液中各组分浓度的测定

试样中的 Pb^{2+}、Ca^{2+} 都可与 EDTA 形成稳定的配合物，$\lg K_{PbY}=18.08$，$\lg K_{CaY}=10.69$，$\Delta \lg K>7$。因此，只要两离子的浓度相差不是太大，便可以控制酸度选择滴定 Pb^{2+} 或连续滴定 Pb^{2+}、Ca^{2+}。

注意在 pH=5～6 时测定 Pb^{2+}，应使用六次甲基四胺-六次甲基四胺盐作指示剂，可取现有的 200g/L 六次甲基四胺溶液，加 1 滴二甲酚橙作指示剂，滴加 6mol/L 的 HCl 使溶液恰好转变为亮黄色即可。

测定 Pb^{2+} 后，可加入 NH_3-NH_4Cl 缓冲溶液调 pH=10，加入 5mL 0.01mol/L 的 MgY^{2-} 溶液，加适量的铬黑 T 作指示剂，用 EDTA 标准溶液滴定 Ca^{2+}。

测定 Pb^{2+} 后，也可以用 10% NaOH 调 pH=12.5，加入 5mL 0.01mol/L 的 MgY^{2-} 溶液，加适量的钙指示剂，用 EDTA 标准溶液滴定 Ca^{2+}。

测定 Pb^{2+} 后，可再取一份同量的试液，加入 NH_3-NH_4Cl 缓冲溶液调 pH=10，加入 5mL 0.01mol/L 的 MgY^{2-} 溶液，加适量的铬黑 T 作指示剂，用 EDTA 标准溶液滴定 Pb^{2+}、Ca^{2+} 总量。

设计实验 14　Mg^{2+}-EDTA 混合液中各组分的测定

判断试样中 Mg^{2+} 与 EDTA 的相对量，即 $Mg^{2+}>$EDTA，还是 EDTA$>Mg^{2+}$。

定性检查：在 pH=10 的溶液中，以 EBT 为指示剂，检查 Mg^{2+} 过量还是 EDTA 过量。

（1）若 Mg^{2+} 过量，移取一份试液用 EDTA 滴定过量的 Mg，另取一份试液调节 pH=5～6，用 XO 作指示剂，用 Zn 标准溶液滴定 EDTA 总量。

（2）若 EDTA 过量，移取一份试液调节 pH=5～6，用 XO 作指示剂，用 Zn 标准溶液确定 EDTA 总量，另取一份试液，加 pH=10 氨性缓冲溶液，用 EBT 作指示剂，用 Zn^{2+} 标准溶液滴定过量的 EDTA。

设计实验 15　HCl-$FeCl_3$ 溶液中各组分浓度的测定

测 HCl 和 Fe^{3+} 都有现成的方法可用，但由于 Fe^{3+} 在 pH=3 时可生成氢氧化物沉淀，用 NaOH 滴定 HCl 的误差较大，而用福尔哈德法测定 Cl^- 是可以实现的。用重铬酸钾法测 Fe^{3+} 是学生已掌握的方法。

设计实验 16　NH_3-NH_4Cl 混合液中各组分浓度的测定

用 HCl 直接滴定混合液中的 NH_3，反应为

$$H^+ + NH_3 = NH_4^+$$

由于大量 NH_4^+ 的存在，溶液的 pH 约为 5。用甲基红作指示剂，终点时溶液由黄色变

为橙红色。测定应具有很好的准确度。

此时，锥形瓶中是高纯度的 NH_4Cl 溶液，可用甲醛法测定 NH_4Cl 的总量。

向滴定完 NH_3 的溶液中加入足够的中性甲醛溶液，放置 3min，用 NaOH 标准溶液滴定生成的等物质的量的酸，便可用两组测定数据计算出各组分的量。

也可以在滴定 NH_3 后，调节 pH=6.5～7.3，用 K_2CrO_4 作指示剂，用 $AgNO_3$ 标准溶液滴定 Cl^- 总量。用两组测定数据计算出各组分的量

设计实验 17　碳酸钠与氯化铵混合物的分析

在氯化铵存在下，用 HCl 标准溶液滴定碳酸钠，用甲基红作指示剂滴定终点提前到达，产生较大负误差；用甲基橙作指示剂终点颜色变化不明显，误差更大。如果在准确称得试样后，加入一定量过量的 0.1mol/L 的 HCl 标准溶液，发生反应 $CO_3^{2-}+2H^+ \rightleftharpoons CO_2\uparrow+H_2O$。

待试样溶解完全且无气泡放出后，稍稍加热溶液赶出生成的 CO_2。待溶液冷却后，用甲基红作指示剂，以 NaOH 标准溶液滴定剩余的 HCl，终点敏锐。

设计实验 18　HAc-NaAc 混合液的分析

NaAc 存在下用 NaOH 标准溶液滴定 HAc，化学计量点为 pH≈9，可用酚酞作指示剂。但 Ac^- 的碱性太弱，$K_b=5.7\times10^{-10}$，不能用 HCl 标准溶液准确滴定。研究表明，如果在 NaAc 试样溶液中加入大量乃至达到饱和的强电解质（如 NaCl、KI 等），使溶液成为浓盐体系，由于活度系数的降低，K_b 增大，即弱酸、碱被强化。从而在计量点附近产生足够大的滴定突跃，终点时指示剂有明显的颜色变化。

本实验可使用廉价的 NaCl 作强化试剂，在浓盐体系中用橙黄 IV 或甲基橙作指示剂滴定 Ac^-。

设计实验 19　$H_2SO_4+H_2C_2O_4$ 混合液的分析

H_2SO_4 与 $H_2C_2O_4$ 的 H^+ 可以直接被 NaOH 标准溶液同时滴定，即

$$H_2SO_4+2NaOH \rightleftharpoons Na_2SO_4+2H_2O$$

$$H_2C_2O_4+2NaOH \rightleftharpoons Na_2C_2O_4+2H_2O$$

$$总酸量=cV_{NaOH}$$

另取溶液，加入一定量的 H_2SO_4，调节酸度在 0.5～1.0mol/L，用高锰酸钾标准溶液滴定混合液中的 $H_2C_2O_4$，滴定反应为

$$2MnO_4^-+5C_2O_4^{2-}+16H^+ \rightleftharpoons 2Mn^{2+}+10CO_2\uparrow+8H_2O$$

高锰酸钾自身作指示剂，终点时稍过量的高锰酸钾使溶液呈浅红色，30s 不褪色即为终点。据此求算出两种酸各自的量。

设计实验 20　HCl+H$_3$BO$_3$ 混合液的分析

H$_3$BO$_3$ 是极弱酸，K_a=5.6×10^{-10}，不能用 NaOH 标准溶液直接滴定。因此，可用 NaOH 标准溶液滴定混合液中的 HCl。终点时，由于 H$_3$BO$_3$ 的存在，溶液的 pH 约为 5.3，可用甲基红作指示剂。

H$_3$BO$_3$ 可以与多元醇反应生成酸性较强的配位酸，可被 NaOH 标准溶液直接滴定，称为弱酸的强化。在滴定 HCl 后的溶液中加入强化试剂，稍加放置，用 NaOH 标准溶液直接滴定。化学计量点的 pH 约为 9.2，可选用酚酞或百里酚蓝为指示剂。借此进行试样中硼酸含量的测定。

测定的准确度与强化试剂的使用有关。

设计实验 21　CaSO$_4$+MgSO$_4$ 混合物的分析

这是一固体混合试样，首要任务是试样的溶解。MgSO$_4$ 易溶于水，而 CaSO$_4$ 要在一定浓度的酸中方可溶解。解决所用酸的种类和浓度、用量等问题的办法有两个：一是查阅文献、书籍；二是做实验。

从实验室领取 CaSO$_4$，仔细阅读理论书籍中关于试样溶解部分的内容，按无机物溶解的一般做法进行实验，找到符合要求的溶解方法。

试样溶解后，则变成 Ca^{2+}、Mg^{2+} 混合液的分析问题。用配位滴定法很容易测得 Ca^{2+}、Mg^{2+} 的量。

需要注意的是：①溶样要遵守试样分解的原则；②要尽量避免加入过量的酸；③要尽量避免溶解损失。

设计实验 22　ZnCl$_2$+MgO 混合物的分析

试样中的 MgO 需加稀酸溶解，溶解后为 Zn^{2+}、Mg^{2+} 的混合液。用配位滴定法测定两组分各自的含量。

已知：lgK_{ZnY}=16.5，lgK_{MgY}=8.7，Δlg$K$=16.5-8.7=7.8。所以，理论上可以控制酸度选择滴定 Zn^{2+} 及连续滴定 Zn^{2+}、Mg^{2+}。

调节溶液的 pH=5～6，在六次甲基四胺存在下，以二甲酚橙作指示剂，用 EDTA 可选择滴定 Zn^{2+}；如果在滴定 Zn^{2+} 之后的溶液中连续滴定 Mg^{2+}，应用 NH$_3$-NH$_4$Cl 缓冲溶液控制 pH=10，使用铬黑 T 作指示剂，终点时溶液的颜色变化为：紫红色→纯蓝色。然而，由于溶液中的二甲酚橙在 pH=10 时呈鲜艳的粉红色，滴定终点的颜色变化不明显，因此如果不能在滴定 Mg^{2+} 前消除溶液的颜色是无法实现连续滴定的。但如果用氨调节试液的 pH，并用 NH$_3$-NH$_4$Cl 缓冲溶液控制 pH=10，因 Zn^{2+} 可与 NH$_3$ 生成配合物而留在溶液中，以铬黑 T 作指示剂，用 EDTA 可测定 Zn^{2+}、Mg^{2+} 的总量。

溶解试样应使用稀酸，且边加酸边摇动溶样烧杯，当试样溶解完全时立即停止加酸。

设计实验 23 奶制品中蛋白质含量的测定

奶制品试样与浓硫酸共热时,有机氮全部转变为无机铵盐。由于此消化过程进行缓慢,在实验中常添加硫酸铜和硫酸钾混合物来促进消化。硫酸铜是催化剂,硫酸钾可提高消化液的沸点。消化时间随样品性质而异,一般在 30min～1h。消化过程的化学反应式如下

有机物（C、H、O、N、P、S）+H_2SO_4（浓）$\longrightarrow (NH_4)_2SO_4 + CO_2\uparrow + SO_2\uparrow + SO_3\uparrow + H_3PO_4$

消化得到的消化液与浓 NaOH 加热反应生成 NH_3,再经蒸馏。用过量的标准酸吸收,剩余的酸用标准碱进行回滴,计算样品氮含量,一般认为,氮含量×6.25=蛋白质含量。

注意:试样的消化要先低温（100℃左右）,待试样与消化试剂、促进剂混合均匀后,将温度升至较高温度（如250℃）并稳定一段时间,再加至高温。避免迅速升温引起暴沸,导致消化不彻底。

设计实验 24 含 Cr_2O_3 和 MnO_2 矿石中 Cr 及 Mn 的测定

以 Na_2O_2 熔融试样,得到 MnO_4^{2-} 及 CrO_4^{2-}。煮沸除去过氧化物,酸化溶液,MnO_4^{2-} 歧化为 MnO_4^{-} 和 MnO_2。过滤除去 MnO_2,滤液中加入过量 $FeSO_4$ 标准溶液还原 CrO_4^{2-} 和 MnO_4^{-},过量 $FeSO_4$ 用 $KMnO_4$ 标准溶液滴定,可得到 Cr 与 Mn 的总量。

洗涤、干燥、灼烧、称量得到 MnO_2,根据所发生的化学反应间的计量关系,计算得到两组分的含量。

参 考 文 献

北京大学化学系分析化学教研组. 1998. 基础分析化学实验. 2 版. 北京：北京大学出版社.

蔡明招，刘建宇. 2010. 分析化学实验. 北京：化学工业出版社.

蔡维平. 2004. 基础化学实验（一）. 北京：科学出版社.

柴华丽，马林，徐华华，等. 1993. 定量分析化学实验教程. 上海：复旦大学出版社.

陈培榕，邓勃. 1999. 现代仪器分析实验与技术. 北京：清华大学出版社.

成都科技大学分析化学教研组，浙江大学分析化学教研组. 1999. 分析化学实验. 2 版. 北京：高等教育出版社.

成都科技大学分析化学教研组. 1999. 分析化学实验. 北京：高等教育出版社.

高丽华. 2004. 基础化学实验. 北京：化学工业出版社.

高艳阳，徐春彦. 1997. 催化分光光度法测定痕量亚硝酸根. 华北工学院学报，18（2）：133.

谷春秀. 2012. 化学分析与仪器分析实验. 北京：化学工业出版社.

郭忠. 2015. 医用化学实验教程. 北京：科学出版社.

合成洗涤剂生产基本知识编写组. 1986. 合成洗涤剂生产基本知识. 北京：中国轻工业出版社.

胡笳. 2012. 基础化学实验. 2 版. 北京：北京理工大学出版社.

华中师范大学，东北师范大学，陕西师范大学，等. 2003. 分析化学实验. 3 版. 北京：高等教育出版社.

黄若峰. 2009. 分析化学. 长沙：国防科学技术大学出版社.

贾文平. 2011. 基础实验Ⅲ（分析化学实验）. 杭州：浙江大学出版社.

蓝琪田. 1993. 分析化学实验与指导. 北京：中国医药科技出版社.

李季，邱海鸥，赵中一. 2008. 分析化学实验. 武汉：华中科技大学出版社.

李运涛. 2011. 无机及分析化学实验. 北京：化学工业出版社.

林宝凤. 2003. 基础化学实验技术绿色化教程. 北京：科学出版社.

林新华. 2014. 分析化学实验指导. 厦门：厦门大学出版社.

刘淑萍. 2004. 分析化学实验教程. 北京：冶金工业出版社.

毛培坤. 1988. 合成洗涤剂工业分析. 北京：中国轻工业出版社.

南京大学化学实验教学组. 1999. 大学化学实验. 北京：高等教育出版社.

倪静安. 2007. 无机及分析化学实验. 北京：高等教育出版社.

倪哲明. 2006. 新编基础化学实验（Ⅰ）：无机及分析化学实验. 北京：化学工业出版社.

邱光正，张天秀，刘耘. 大学基础化学实验. 济南：山东大学出版社.

四川大学，浙江大学. 2003. 分析化学实验. 3 版. 北京：高等教育出版社.

宋光泉. 1999. 通用化学实验技术. 广州：广东高等教育出版社.

汤又文. 2008. 基础化学实验：分析化学实验. 北京：化学工业出版社.

王春林，于炎湖，齐德生. 2000. 饲料与食品中亚硝酸盐的危险和预防. 饲料研究，（10）：22-25.

王芬，王艳芳. 2007. 分析化学实验. 北京：中国农业出版社.

武汉大学. 2008. 分析化学实验. 4 版. 北京：高等教育出版社.

武汉大学，吉林大学，中山大学. 2001. 分析化学实验. 4 版. 北京：高等教育出版社.

武汉大学化学与分子科学学院实验中心. 2013. 分析化学实验. 2 版. 武汉：武汉大学出版社.

熊加林. 1999. 无机精细化学品的制备和应用. 北京：化学工业出版社.

杨光洁，郭洁，杜建华，等. 2000. 用二甲酚橙显色快速测定植物叶上的铅含量. 理化检验-化学分册，36（9）：412-414.

叶世柏. 1991. 食品理化方法检验指南. 北京：北京大学出版社.

余莉萍，刘宇. 2011. 分析化学实验. 天津：天津大学出版社.

张孙伟，吴永生，刘绍璞，等. 1981. 有机试剂在分析化学中的应用. 北京：科学出版社.

赵传孝. 1990. 食品检验技术手册. 北京：中国食品出版社.

浙江大学，华东理工大学，四川大学. 2002. 大学化学实验. 北京：高等教育出版社.

周惠琳. 1993. 无机化学实验. 广州：暨南大学出版社.

GB 2760—2014. 食品安全国家标准　食品添加剂使用标准.

附　　录

附录1　分析化学实验常用玻璃仪器图例及用法

仪器	规格及表示法	一般用途	使用方法和注意事项	理由
试管、离心试管、试管架	试管：有刻度的按容积（mL）分；无刻度用管口直径×管长（mm）表示，如硬质试管10mm×75mm 试管分普通试管和离心试管，又分硬质试管和软质试管。普通试管又有翻口、平口、有支管、无支管、有塞、无塞等几种 试管架有木质、铝制和塑料制等，有大小不同、形状不一的各种规格	（1）试管为反应容器，便于操作、观察，用药量少，也可用于少量气体的收集 （2）离心管用于沉淀分离 （3）试管架用于放置试管	（1）反应液体不超过试管容积的1/2，加热时不超过1/3 （2）加热前试管外面要擦干，加热时应用试管夹夹持 （3）加热液体时，管口不要对人，并将试管倾斜与桌面呈45°，同时不断振荡，火焰上端不能超过管中液面 （4）加热固体时，管口略向下倾斜 （5）离心管只能用于水浴加热 （6）硬质试管可以加热至高温，但不宜骤冷，软质试管在温度急剧变化时极易破裂 （7）一般大试管直接加热，小试管用水浴加热 （8）加热后的试管应用试管夹夹好悬放于架上	（1）防止振荡液体溅出或受热溢出 （2）防止有水滴附着受热不匀，使试管破裂；以免烫手 （3）防止液体溅出伤人。扩大加热面防止暴沸。防止受热不均匀使试管破裂 （4）增大受热面，避免管口冷凝水流回灼热管底而引起破裂 （5）防止破裂
烧杯	玻璃质。以容积（mL）表示，如硬质烧杯400mL。有一般型、高型、有刻度和无刻度几种	（1）反应容器，尤其在反应物较多时用，易混合均匀 （2）也用作配制溶液时的容器或简易水浴的盛水器	（1）反应液体不能超过烧杯容积的2/3 （2）加热时放在石棉网上，使其受热均匀。刚加热后不能直接置于桌面上，应垫石棉网	（1）防止搅动时液体溅出或沸腾时液体溢出 （2）防止玻璃受热不均匀而破裂
锥形瓶	以容积（mL）表示，有塞、无塞，广口、细口和微型几种	（1）反应容器，加热时可避免液体大量蒸发 （2）振荡方便，用于滴定操作	同上	同上
量筒	玻璃质。以所能量度的最大容积（mL）表示。上口大、下口小的称为量杯	量取一定体积的液体	（1）不能作为反应容器，不能加热，不可量取热的液体 （2）读数时视线应与液面水平，读取与弯月面最低点相切的刻度	（1）防止破裂，容积不准确 （2）读数准确
表面皿	以口径（cm）表示	（1）用来盖在蒸发皿、烧杯等容器上，以免溶液溅出或灰尘落入 （2）作为称量试剂的容器	（1）不能用火直接加热 （2）作盖用时，其直径应比被盖容器略大 （3）用于称量时应洗净烘干	防止破裂

续表

仪器	规格及表示法	一般用途	使用方法和注意事项	理由
 (a)　　(b) 吸量管和移液管	以所能量度的最大容积（mL）表示。分为分度吸管（a）和无分度吸管（b）两类	精确移取一定体积的液体	（1）将液体吸入，液面超过刻度，再用食指按住管口，轻轻转动放气，使液面降至刻度后，使食指按住管口，移往指定容器上，放开食指，使液体注入 （2）用时先用少量所移取液淋洗三次 （3）一般吸管残留的最后一滴液体不要吹出（完全流出式应吹出） （4）吸管用后立即清洗，置于吸管架（板）上，以免沾污 （5）具有精确刻度的量器，不能放在烘箱中烘干，不能加热 （6）读取刻度的方法同量筒	（1）确保量取准确 （2）确保所取浓度或纯度不变 （3）制管时已考虑
 容量瓶	玻璃质。以容积（mL）表示，分为量入式和量出式，塞子有玻璃、塑料两种	配制标准溶液	（1）溶质先在烧杯内全部溶解，然后移入容量瓶 （2）不能加热，不能用毛刷洗刷，不能代替试剂瓶用来存放溶液 （3）读取刻度的方法同量筒 （4）不能放在烘箱内烘干 （5）瓶的磨口瓶塞配套使用，不能互换	（1）配制准确 （2）避免影响容量瓶容积的精确度
 吸滤瓶和布氏漏斗	布氏漏斗：磁制或玻璃制，以容积（mL）或斗径（cm）表示 吸滤瓶：以容积（mL）表示 过滤管：直径×管长（mm），磨口的以容积表示	两者配套，用于制备实验中晶体或粗颗粒沉淀的减压过滤。当沉淀量少时，用小号漏斗与过滤管配合使用	（1）滤纸要略小于漏斗的内径才能贴紧 （2）先开抽气管，再过滤。过滤完毕后，先分开抽气管与抽滤瓶的连接处，后关抽气管 （3）不能用火直接加热 （4）注意漏斗与滤瓶大小配合 （5）漏斗大小与过滤的沉淀或晶体量的配合	（1）防止滤液由边上漏滤，过滤不完全 （2）防止抽气管水流倒吸 （3）防止玻璃破裂
 漏斗	以直径（cm）表示，有短颈、长颈、粗颈、无颈等几种	（1）过滤 （2）引导溶液入小口容器中 （3）粗颈漏斗用于转移固体	（1）不能用火直接灼烧 （2）过滤时，漏斗颈尖端必须紧靠盛接滤液的容器壁 （3）长颈漏斗作加液时，斗颈应插入液面内	（1）防止破裂 （2）防止滤液漏出 （3）防止气体自漏斗泄出
 称量瓶	以外径×高（cm）表示，分为扁形、筒形	用于准确称量一定量的固体	（1）盖子是磨口配套的，不得丢失、弄乱 （2）用前应洗净烘干。不用时应洗净，在磨口处垫一小纸条 （3）不能直接用火加热	（1）易使药品沾污 （2）防止黏结，打不开玻璃盖 （3）玻璃破裂

仪器	规格及表示法	一般用途	使用方法和注意事项	理由
酸式滴定管、碱式滴定管	滴定管分酸式、碱式两种，以容积（mL）表示；管身颜色为棕色或无色 滴定管架：金属制 滴定管夹：木质或金属	（1）用于滴定或量取准确体积的液体 （2）滴定管夹夹持滴定管，固定在滴定管架上	（1）用前洗净，装液前用预装溶液淋洗三次 （2）酸管滴定时，用左手开启旋塞；碱管滴定时，用左手轻捏橡胶管内玻璃珠，溶液即可放出。碱管要注意赶净气泡 （3）酸管旋塞应擦凡士林，碱管下端橡胶管不能用洗液洗 （4）酸管、碱管不能对调使用 （5）酸液放在具有玻璃塞的滴定管中，碱液放在带橡胶管的滴定管中 （6）滴定管要洗净，溶液流下时管壁不得挂有水珠。活塞下部要充满液体，全管不得留有气泡 （7）滴定管用后应立即洗净 （8）不能加热及量取热的液体，不能用毛刷洗涤管内壁	（1）保证溶液浓度不变 （2）防止将旋塞拉出而喷漏，便于操作。赶出气泡是为读数准确 （3）旋塞旋转灵活；洗液腐蚀橡胶 （4）酸液腐蚀橡胶，碱液腐蚀玻璃，使旋塞粘住而损坏
滴管	由尖嘴玻璃管和橡胶帽构成	吸取少量（数滴或1～2mL）试剂	（1）溶液不得吸进橡胶帽 （2）用后立即洗净内、外管壁	
干燥器	以内径（cm）表示，分为普通、真空干燥两种	（1）内放干燥剂。存放物品，以免物品吸收水汽 （2）定量分析时，将灼烧过的坩埚放在其中冷却	（1）灼烧过的物品放入干燥器前，温度不能过高，并在冷却过程中要每隔一定时间开一开盖子，以调节器内压力 （2）干燥器内的干燥剂要按时更换 （3）小心盖子滑动而打破	
洗瓶	以容积（mL）表示，分为玻璃、塑料两种	（1）用蒸馏水洗涤沉淀和容器 （2）塑料洗瓶使用方便、卫生 （3）盛适当的洗涤液洗涤沉淀	（1）不能装自来水 （2）塑料洗瓶不能加热	
滴瓶	以容积（mL）表示，分为无色、棕色两种	盛放液体试剂和溶液	（1）不能加热 （2）棕色瓶盛放见光易分解或不稳定的试剂 （3）取用试剂时，滴管要保持垂直，不接触接收容器内壁，不能插入其他试剂中	

续表

仪器	规格及表示法	一般用途	使用方法和注意事项	理由
 试剂瓶	以容积表示,有广口瓶、细口瓶两种,又分磨口、不磨口,无色、棕色等	(1) 广口瓶盛放固体试剂 (2) 细口瓶盛放液体试剂和溶液	(1) 不能直接加热 (2) 取用试剂时,瓶盖应倒放在桌上,不能弄脏、弄乱 (3) 有磨口塞的试剂瓶不用时应洗净,并在磨口处垫上纸条 (4) 盛放碱液时用橡胶塞,防止瓶塞被腐蚀粘牢 (5) 有色瓶盛见光易分解或不太稳定的物质的溶液或液体	(1) 防止破裂 (2) 防止沾污 (3) 防止黏结,不易打开玻璃塞 (4) 防止碱液与玻璃作用,使塞子打不开 (5) 防止物质分解或变质
 比色管	以最大容积表示,有无塞、有塞两种	在目视比色法中,用于比较溶液颜色的深浅	(1) 一套比色管应由同一种玻璃制成,且大小、高度、形状应相同 (2) 不能用试管刷刷洗,以免划伤内壁 (3) 比色管应放在特制的、下面垫有白色瓷板或配有镜子的木架上	
 培养皿	以玻璃底盖外径(cm)表示	放置固体样品	(1) 固体样品放在培养皿中,可放在干燥器或烘箱中烘干 (2) 不能加热	

附录2　定量分析实验常用仪器清单（学生自用仪器）

仪器名称	规格	数量	仪器名称	规格	数量
酸式滴定管	50mL	1	微型玻璃坩埚	30mL	2
碱式滴定管	50mL	1	移液管	25mL	1
烧杯	400mL 或 500mL	2		10mL	1
	250mL	2	表面皿	直径6~12cm	4
	100mL	2	小滴管	带橡胶帽	2
量筒（或量杯）	100mL	1	玻璃棒	—	2
	10mL	1	漏斗	6mL	2
锥形瓶	250mL	4	干燥器	直径150mm	1
碘量瓶	500mL	1	塑料洗瓶	500mL	1
容量瓶	500mL	1	牛角匙	—	1
	250mL	1	瓷坩埚	25mL 或 30mL	2
	100mL	1	洗耳球		1
试剂瓶	1000mL	2	小坩埚钳	—	1
	500mL	1	漏斗架		1
试剂瓶（棕色）	1000mL	1	滴定台	带滴定夹	1
称量瓶（高形）	10~20mL	1			
称量瓶（扁形）	15~30mL	2			

附录 3　市售酸碱试剂的浓度及密度

试剂	密度/（g/mL）	浓度/（mol/L）	质量分数/%
乙酸	1.04	6.2~6.4	36.0~37.0
冰醋酸	1.05	17.4	G. R.，99.8；A. R.，99.5；C. P.，99.0*
氨水	0.88	12.9~14.8	25~28
盐酸	1.18	11.7~12.4	36~38
氢氟酸	1.14	27.4	40
硝酸	1.4	14.4~15.3	65~68
高氯酸	1.75	11.7~12.5	70.0~72.0
磷酸	1.71	14.6	85.0
硫酸	1.84	17.8~18.4	95~98

*冰醋酸结晶点 G. R.≥16.0℃，A. R.≥15.1℃，C. P.≥14.8℃。

附录 4　弱酸及其共轭碱在水中的解离常数（25℃）

弱酸	分子式	K_a	pK_a	共轭碱	
				pK_b	K_b
砷酸	H_3AsO_4	6.3×10^{-3} (K_{a_1})	2.20	11.80	1.6×10^{-12} (K_{b_3})
		1.0×10^{-7} (K_{a_2})	7.00	7.00	1×10^{-7} (K_{b_2})
		3.2×10^{-12} (K_{a_3})	11.50	2.50	3.1×10^{-3} (K_{b_1})
亚砷酸	$HAsO_2$	6.0×10^{-10}	9.22	4.78	1.7×10^{-5}
硼酸	H_3BO_3	5.8×10^{-10}	9.24	4.76	1.7×10^{-5}
焦硼酸	$H_2B_4O_7$	1×10^{-4} (K_{a_1})	4	10	1×10^{-10} (K_{b_2})
		1×10^{-9} (K_{a_2})	9	5	1×10^{-5} (K_{b_1})
碳酸	H_2CO_3 (CO_2+H_2O)*	4.2×10^{-7} (K_{a_1})	6.38	7.62	2.4×10^{-8} (K_{b_2})
		5.6×10^{-11} (K_{a_2})	10.25	3.75	1.8×10^{-4} (K_{b_1})
氢氰酸	HCN	6.2×10^{-10}	9.21	4.79	1.6×10^{-5}
铬酸	H_2CrO_4	1.8×10^{-1} (K_{a_1})	0.74	13.26	5.6×10^{-14} (K_{b_2})
		3.2×10^{-7} (K_{a_2})	6.50	7.50	3.1×10^{-8} (K_{b_1})
氢氟酸	HF	6.6×10^{-4}	3.18	10.82	1.5×10^{-11}
亚硝酸	HNO_2	5.1×10^{-4}	3.29	10.71	1.2×10^{-11}
过氧化氢	H_2O_2	1.8×10^{-12}	11.75	2.25	5.6×10^{-3}
磷酸	H_3PO_4	7.6×10^{-3} (K_{a_1})	2.12	11.88	1.3×10^{-12} (K_{b_3})
		6.3×10^{-8} (K_{a_2})	7.20	6.80	1.6×10^{-7} (K_{b_2})
		4.4×10^{-13} (K_{a_3})	12.36	1.64	2.3×10^{-2} (K_{b_1})
焦磷酸	$H_4P_2O_7$	3.0×10^{-2} (K_{a_1})	1.52	12.48	3.3×10^{-13} (K_{b_4})
		4.4×10^{-3} (K_{a_2})	2.36	11.64	2.3×10^{-12} (K_{b_3})
		2.5×10^{-7} (K_{a_3})	6.60	7.40	4.0×10^{-8} (K_{b_2})
		5.6×10^{-10} (K_{a_4})	9.25	4.75	1.8×10^{-5} (K_{b_1})

续表

弱酸	分子式	K_a	pK_a	共轭碱	
				pK_b	K_b
亚磷酸	H_3PO_3	5.0×10^{-2} (K_{a_1})	1.30	7.12	2.0×10^{-13} (K_{b_2})
		2.5×10^{-7} (K_{a_2})	6.60	12.01	4.0×10^{-8} (K_{b_1})
氢硫酸	H_2S	1.3×10^{-7} (K_{a_1})	6.88	7.12	7.7×10^{-8} (K_{b_2})
硫酸	H_2SO_4	1.0×10^{-2} (K_{a_2})	8.00	12.00	1.0×10^{-12} (K_{b_1})
亚硫酸	H_2SO_3（$SO_2 + H_2O$）	1.3×10^{-2} (K_{a_1})	1.90	12.10	7.7×10^{-13} (K_{b_2})
		6.3×10^{-8} (K_{a_2})	7.20	6.80	1.6×10^{-7} (K_{b_1})
硅酸	H_2SiO_3	1.7×10^{-10} (K_{a_1})	9.77	4.23	5.9×10^{-5} (K_{b_2})
		1.6×10^{-12} (K_{a_2})	11.80	2.20	6.2×10^{-3} (K_{b_1})
甲酸	$HCOOH$	1.8×10^{-4}	3.74	10.26	5.5×10^{-11}
乙酸	CH_3COOH	1.8×10^{-5}	4.74	9.26	5.5×10^{-10}
一氯乙酸	$CH_2ClCOOH$	1.4×10^{-3}	2.86	11.14	6.9×10^{-12}
二氯乙酸	$CHCl_2COOH$	5.0×10^{-2}	1.30	12.70	2.0×10^{-13}
三氯乙酸	CCl_3COOH	0.23	0.64	13.36	4.3×10^{-14}
氨基乙酸盐	$^+NH_3CH_2COOH$	4.5×10^{-3} (K_{a_1})	2.35	11.65	2.2×10^{-12}
	$^+NH_3CH_2COO^-$	2.5×10^{-10} (K_{a_2})	9.60	4.40	4.0×10^{-5} (K_{b_1})
乳酸	$CH_3CHOHCOOH$	1.4×10^{-4}	3.86	10.14	7.2×10^{-11}
苯甲酸	C_6H_5COOH	6.2×10^{-5}	4.21	9.79	1.6×10^{-10}
草酸	$H_2C_2O_4$	5.9×10^{-2} (K_{a_1})	1.22	12.78	1.7×10^{-13} (K_{b_2})
		6.4×10^{-5} (K_{a_2})	4.19	9.81	1.6×10^{-10} (K_{b_1})
d-酒石酸	$\begin{array}{l}CH(OH)COOH \\ \mid \\ CH(OH)COOH\end{array}$	9.1×10^{-5} (K_{a_1})	3.04	10.96	1.1×10^{-11} (K_{b_2})
		4.3×10^{-5} (K_{a_2})	4.37	9.63	2.3×10^{-10} (K_{b_1})
邻苯二甲酸	(苯环)—COOH —COOH	1.1×10^{-5} (K_{a_1})	2.95	11.05	9.1×10^{-12} (K_{b_2})
		3.9×10^{-5} (K_{a_2})	5.41	8.59	2.6×10^{-9} (K_{b_1})
柠檬酸	$\begin{array}{l}CH_2COOH \\ \mid \\ C(OH)COOH \\ \mid \\ CH_2COOH\end{array}$	7.4×10^{-5} (K_{a_1})	3.13	10.87	1.4×10^{-11} (K_{b_3})
		1.7×10^{-5} (K_{a_2})	4.76	9.26	5.9×10^{-10} (K_{b_2})
		4.0×10^{-5} (K_{a_3})	6.40	7.60	2.5×10^{-8} (K_{b_1})
苯酚	C_6H_5OH	1.1×10^{-5}	9.95	4.05	9.1×10^{-10}
乙二胺四乙酸	$H_6\text{-EDTA}^{2+}$	0.13 (K_{a_1})	0.9	13.1	7.7×10^{-14} (K_{b_6})
	$H_5\text{-EDTA}^+$	3×10^{-5} (K_{a_2})	1.6	12.4	3.3×10^{-13} (K_{b_5})
	$H_4\text{-EDTA}$	1×10^{-5} (K_{a_3})	2.0	12.0	1×10^{-12} (K_{b_4})
	$H_3\text{-EDTA}^-$	2.1×10^{-5} (K_{a_4})	2.67	11.33	4.8×10^{-12} (K_{b_3})
	$H_2\text{-EDTA}^{2-}$	6.9×10 (K_{a_5})	6.16	7.84	1.4×10^{-8} (K_{b_2})
	$H\text{-EDTA}^{3-}$	5.5×10 (K_{a_6})	10.26	3.74	1.8×10^{-4} (K_{b_1})
铵离子	NH_4^+	5.5×10^{-10}	9.26	4.74	1.8×10^{-5}
联氨离子	$H_2NNH_3^+$	3.3×10^{-9}	8.48	5.52	3.0×10^{-6}
羟胺离子	NH_3^+OH	1.1×10^{-6}	5.96	8.04	9.1×10^{-9}
甲胺离子	$CH_3NH_3^+$	2.4×10^{-11}	10.62	3.38	4.2×10^{-4}
乙胺离子	$C_2H_5NH_3^+$	1.8×10^{-11}	10.75	3.25	4.27×10^{-4}

弱酸	分子式	K_a	pK_a	共轭碱	
				pK_a	K_b
二甲胺离子	$(CH_3)_2NH_2^+$	8.5×10^{-11}	10.07	3.39	1.2×10^{-4}
二乙胺离子	$(C_2H_5)_2NH_2^+$	7.8×10^{-12}	11.11	2.89	1.3×10^{-3}
乙醇胺离子	$HOCH_2CH_2NH_3^+$	3.2×10^{-10}	9.50	4.50	3.2×10^{-5}
三乙醇胺离子	$(HOCH_2CH_2)_3NH^+$	1.7×10^{-8}	7.76	6.42	5.8×10^{-7}
六次甲基四胺离子	$(CH_2)_6N_4H^+$	7.1×10^{-6}	5.15	8.85	1.4×10^{-9}
乙二胺离子	$^+H_3NCH_2CH_2NH_3^+$	1.4×10^{-7}	6.85	7.15	7.1×10^{-8} (K_{b_2})
	$H_2NCH_2CH_2NH_3^+$	1.2×10^{-10}	9.93	4.07	8.5×10^{-5} (K_{b_1})
吡啶离子		5.9×10^{-6}	5.23	8.77	1.7×10^{-9}

*如果不计水合 CO_2，H_2CO_3 的 $pK_{a_1}=3.76$。

附录 5 难溶化合物的溶度积常数（18℃）

难溶化合物	化学式	$K_{sp}^{\ominus}$	备注
氢氧化铝	$Al(OH)_3$	2×10^{-32}	
溴酸银	$AgBrO_3$	5.77×10^{-5}	25℃
溴化银	$AgBr$	4.1×10^{-13}	
碳酸银	Ag_2CO_3	6.15×10^{-12}	25℃
氯化银	$AgCl$	1.56×10^{-10}	25℃
铬酸银	Ag_2CrO_4	9×10^{-12}	25℃
氢氧化银	$AgOH$	1.52×10^{-5}	20℃
碘化银	AgI	1.5×10^{-15}	25℃
硫化银	Ag_2S	1.6×10^{-49}	
硫氰酸银	$AgSCN$	4.9×10^{-13}	
碳酸钡	$BaCO_3$	8.1×10^{-9}	25℃
铬酸钡	$BaCrO_4$	1.6×10^{-10}	
草酸钡	$BaC_2O_4\cdot7/2HO$	1.62×10^{-7}	
硫酸钡	$BaSO_4$	8.7×10^{-11}	
氢氧化铋	$Bi(OH)_3$	4.0×10^{-31}	
氢氧化铬	$Cr(OH)_3$	5.4×10^{-31}	
硫化镉	CdS	3.6×10^{-29}	
碳酸钙	$CaCO_3$	8.7×10^{-11}	25℃
氟化钙	CaF_2	3.4×10^{-11}	

续表

难溶化合物	化学式	$K_{sp}^{\ominus}$	备注
草酸钙	$CaC_2O_4 \cdot H_2O$	1.78×10^{-9}	
硫酸钙	$CaSO_4$	2.45×10^{-5}	25℃
硫化钴	$\alpha\text{-}CoS$	4×10^{-21}	
	$\beta\text{-}CoS$	2×10^{-25}	
碘酸铜	$CuIO_3$	1.4×10^{-7}	25℃
草酸铜	CuC_2O_4	2.87×10^{-8}	25℃
硫化铜	CuS	8.5×10^{-45}	
溴化亚铜	$CuBr$	4.15×10^{-3}	18~20℃
氯化亚铜	$CuCl$	1.02×10^{-6}	18~20℃
碘化亚铜	CuI	1.1×10^{-12}	18~20℃
硫化亚铜	Cu_2S	2×10^{-47}	16~18℃
硫氰酸亚铜	$CuSCN$	4.8×10^{-15}	
氢氧化铁	$Fe(OH)_3$	3.5×10^{-33}	
氢氧化亚铁	$Fe(OH)_2$	1.0×10^{-15}	
草酸亚铁	FeC_2O_4	2.1×10^{-7}	25℃
硫化亚铁	FeS	3.7×10^{-13}	
硫化汞	HgS	$2 \times 10^{-49} \sim 4 \times 10^{-52}$	
溴化亚汞	Hg_2Br_2	1.3×10^{-21}	25℃
氯化亚汞	Hg_2Cl_2	2×10^{-13}	25℃
碘化亚汞	Hg_2I_2	1.2×10^{-28}	
磷酸铵镁	$MgNH_4PO_4$	2.5×10^{-13}	25℃
碳酸镁	$MgCO_3$	2.6×10^{-5}	25℃
氟化镁	MgF_2	7.1×10^{-9}	
氢氧化镁	$Mg(OH)_2$	1.8×10^{-11}	
草酸镁	MgC_2O_4	8.57×10^{-5}	
氢氧化锰	$Mn(OH)_2$	4.5×10^{-13}	
硫化锰	MnS	1.4×10^{-15}	
氢氧化镍	$Ni(OH)_2$	6.5×10^{-18}	
碳酸铅	$PbCO_3$	3.3×10^{-14}	
铬酸铅	$PbCrO_4$	1.77×10^{-14}	
氟化铅	PbF_2	3.2×10^{-3}	
草酸铅	PbC_2O_4	2.74×10^{-11}	
氢氧化铅	$Pb(OH)_2$	1.2×10^{-15}	
硫酸铅	$PbSO_4$	1.06×10^{-3}	
硫化铅	PbS	3.4×10^{-23}	

续表

难溶化合物	化学式	$K_{sp}^{\ominus}$	备注
碳酸锶	$SrCO_3$	1.6×10^{-9}	25℃
氟化锶	SrF_2	2.8×10^{-9}	
草酸锶	SrC_2O_4	5.61×10^{-8}	
硫酸锶	$SrSO_4$	3.81×10^{-7}	17.4℃
氢氧化锡	$Sn(OH)_4$	1×10^{-57}	
氢氧化亚锡	$Sn(OH)_2$	3×10^{-27}	
氢氧化钛	$Ti(OH)_4$	1×10^{-29}	
氢氧化锌	$Zn(OH)_2$	1.2×10^{-17}	18~20℃
草酸锌	ZnC_2O_4	1.35×10^{-9}	
硫化锌	ZnS	1.2×10^{-23}	

附录6　常用指示剂

酸碱指示剂

名称	变色范围/pH	颜色变化	溶液配制方法
甲基紫	0.13~0.50（第一次变色） 1.0~1.5（第二次变色） 2.0~3.0（第三次变色）	黄→绿 绿→蓝 蓝→紫	0.5g/L 水溶液
百里酚蓝	1.2~2.8（第一次变色）	红→黄	1g/L 乙醇溶液
甲酚红	0.2~1.8（第一次变色）	红→黄	1g/L 乙醇溶液
甲基黄	2.9~4.0	红→黄	1g/L 乙醇溶液
甲基橙	3.1~4.4	红→黄	1g/L 水溶液
溴酚蓝	3.0~4.6	黄→紫	0.4g/L 乙醇溶液
刚果红	3.0~5.2	蓝紫→红	1g/L 水溶液
溴甲酚绿	3.8~5.4	黄→蓝	1g/L 乙醇溶液
甲基红	4.4~6.2	红→黄	1g/L 乙醇溶液
溴酚红	5.0~6.8	黄→红	1g/L 乙醇溶液
溴甲酚紫	5.2~6.8	黄→紫	1g/L 乙醇溶液
溴百里酚蓝	6.0~7.6	黄→蓝	1g/L 乙醇[50%（体积分数）]溶液
中性红	6.8~8.0	红→亮黄	1g/L 乙醇溶液
酚红	6.4~8.2	黄→红	1g/L 乙醇溶液
甲酚红	7.0~8.8	黄→紫红	1g/L 乙醇溶液
百里酚蓝	8.0~9.6（第二次变色）	黄→蓝	1g/L 乙醇溶液
酚酞	8.2~10.0	无→红	10g/L 乙醇溶液
百里酚酞	9.4~10.6	无→蓝	1g/L 乙醇溶液

混合酸碱指示剂

名称	变色点/pH	颜色		配制方法	备注
		酸色	碱色		
甲基橙-靛蓝（二磺酸）	4.1	紫	绿	一份 1g/L 甲基橙溶液 一份 2.5g/L 靛蓝（二磺酸）水溶液	
溴百里酚绿-甲基橙	4.3	黄	蓝绿	一份 1g/L 溴百里酚绿钠盐溶液 一份 2g/L 甲基橙水溶液	pH=3.5（黄） pH=4.05（绿黄） pH=4.3（浅绿）
溴甲酚绿-甲基红	5.1	酒红	绿	三份 1g/L 溴甲酚绿乙醇溶液 一份 2g/L 甲基红乙醇溶液	
甲基红-亚甲基蓝	5.4	红紫	绿	二份 1g/L 甲基红乙醇溶液 一份 1g/L 亚甲基蓝乙醇溶液	pH=5.2（红紫） pH=5.4（暗蓝） pH=5.6（绿）
溴甲酚绿-氯酚红	6.1	黄绿	蓝紫	一份 1g/L 溴甲酚绿钠盐水溶液 一份 1g/L 氯酚红钠盐水溶液	pH=5.8（蓝） pH=6.2（蓝紫）
溴甲酚紫-溴百里酚蓝	6.7	黄	蓝紫	一份 1g/L 溴甲酚紫钠盐水溶液 一份 1g/L 溴百里酚蓝钠盐水溶液	
中性红-亚甲基蓝	7.0	紫蓝	绿	一份 1g/L 中性红乙醇溶液 一份 1g/L 亚甲基蓝乙醇溶液	pH=7.0（蓝紫）
溴百里酚蓝-酚红	7.5	黄	紫	一份 1g/L 溴百里酚蓝钠盐水溶液 一份 1g/L 酚红钠盐水溶液	pH=7.2（暗绿） pH=7.4（淡紫） pH=7.6（深紫）
甲酚红-百里酚蓝	8.3	黄	紫	一份 1g/L 甲酚红钠盐水溶液 三份 1g/L 百里酚蓝钠盐水溶液	pH=8.2（玫瑰） pH=8.4（紫）
百里酚蓝-酚酞	9.0	黄	紫	一份 1g/L 百里酚蓝乙醇溶液 三份 1g/L 酚酞乙醇溶液	

金属离子指示剂

名称	解离平衡及颜色变化	配制方法
铬黑 T（EBT）	H_2In^-（紫红），HIn^{2-}（蓝），In^{3-}（橙）	5g/L 水溶液
二甲酚橙（XO）	H_3In^{4+}（黄），H_2In^{5-}（红）	2g/L 水溶液
K-B 指示剂	H_2In（红），HIn^-（蓝），In^{2-}（酒红）	0.2g 酸性铬蓝 K 和 0.4g 萘酚绿 B 溶于 100mL 水中
钙指示剂	H_2In^-（酒红），HIn^{2-}（蓝），In^{3-}（酒红）	5g/L 乙醇溶液
吡啶偶氮萘酚（PAN）	H_2In^+（黄绿），HIn（黄），In^-（淡红）	1g/L 乙醇溶液
磺基水杨酸	H_2In^-（红紫），HIn^-（无色），In^{2-}（黄）	10g/L 水溶液
Cu-PAN（Cu-PAN 溶液）	$CuY+PAN+M^{n+} \Longrightarrow MY+Cu\text{-}PAN$ 浅绿　　无色　　　　　　红色	将 10mL 0.05mol/L Cu^{2+}溶液，加 5mL pH=5～6 的 HAc 缓冲液，1 滴 PAN 指示剂，加热至 60℃左右，用 EDTA 滴定至绿色，得到约 0.025mol/L 的 CuY 溶液。使用时取 2～3mL 于试液中，再加数滴 PAN 溶液
钙镁试剂	H_2In^-（红），HIn^{2-}（蓝），In^{3-}（红橙）	5g/L 水溶液

注：EBT、钙指示剂、K-B 指示剂等在水溶液中稳定性较差，可以配成指示剂：NaCl 为 1：100 或 1：200（质量比）的固体粉末。

氧化还原指示剂

名称	变色范围 E/V [H$^+$]=1mol/L	颜色		配制方法
		氧化态	还原态	
二苯胺	0.76	紫	无色	10g/L 的浓硫酸溶液
二苯胺磺酸钠	0.85	紫红	无色	5g/L 水溶液
邻二氮菲-Fe(Ⅱ)	1.06	淡蓝	红	1.485g 邻二氮菲加 0.965g FeSO$_4$，溶解，稀释至 100mL（0.025mol/L 水溶液）
N-邻苯氨基苯甲酸	1.08	紫红	红	0.1g 指示剂加 20mL 50g/L 的 Na$_2$CO$_3$ 溶液，用水稀释至 100mL
5-硝基邻二氮菲-Fe(Ⅱ)	1.25	淡蓝	紫红	1.608g 5-硝基邻二氮菲加 0.695g FeSO$_4$，溶解，稀释至 100mL（0.025mol/L 水溶液）

吸附指示剂

名称	配制	可测元素（括号内为滴定剂）	颜色变化	测定条件
荧光黄	1%钠盐水溶液	Cl$^-$、Br$^-$、I$^-$、SCN$^-$（Ag$^+$）	黄绿→粉红	中性或弱碱性
二氯荧光黄	1%钠盐水溶液	Cl$^-$、Br$^-$、I$^-$（Ag$^+$）	黄绿→粉红	pH=4.4～7.2
四溴荧光黄（曙红）	1%钠盐水溶液	Br$^-$、I$^-$（Ag$^+$）	橙红→红紫	pH=1～2

附录 7　常用缓冲溶液的配制

缓冲溶液组成	pK$_a$	pH	配制方法
氨基乙酸-HCl	2.35 (pK$_{a_1}$)	2.3	取氨基乙酸 150g 溶于 500mL 水中，加 80mL 浓 HCl 溶液，水稀释至 1L
H$_3$PO$_4$-柠檬酸盐	—	2.5	取 113g Na$_2$HPO$_4$·12H$_2$O 溶于 200mL 水中，加 387g 柠檬酸，溶解，过滤后，稀释至 1L
一氯乙酸-NaOH	2.86	2.8	取 200g 氯乙酸溶于 200mL 水中，加 40g NaOH，溶解后，稀释至 1L
邻苯二甲酸氢钾	2.95 (pK$_{a_1}$)	2.9	取 500g 邻苯二甲酸氢钾溶于 500mL 水中，加 80mL 浓 HCl 溶液，稀释至 1L
甲酸-NaOH	3.74	3.7	取 95g 甲酸和 40g NaOH 于 500mL 水中溶解，稀释至 1L
NaAc-HAc	4.74	4.7	取 83g 无水 NaAc 溶于水中，加 60mL 冰醋酸，稀释至 1L
六次甲基四胺	5.15	5.4	取 40g 六次甲基四胺溶于 200mL 水中，加 10mL 浓 HCl，稀释至 1L
Tris [三羟甲基氨基甲烷 CNH$_2$(HOCH$_2$)$_3$]-HCl	8.21	8.2	取 25g Tris 试剂溶于水中，加 8mL 浓 HCl 溶液，稀释至 1L
NH$_3$-NH$_4$Cl	9.26	9.2	取 54g NH$_4$Cl 溶于水中，加 63mL 浓氨水，稀释至 1L

注：（1）缓冲液配制后可用 pH 试纸检查。若 pH 不对，可用共轭酸或碱调节。pH 欲调节精确时，可用 pH 计调节。

（2）若需增加或减少缓冲液的缓冲容量时，可相应增加或减少共轭酸碱对物质的量，再调节。

附录 8　pH 标准缓冲溶液

浓度 ＼ pH ＼ 温度/℃	10	15	20	25	30	35
草酸钾（0.05mol/L）	1.67	1.67	1.68	1.68	1.68	1.69
酒石酸氢钾饱和溶液	—	—	—	3.56	3.55	3.55
邻苯二甲酸氢钾（0.05mol/L）	4.00	4.00	4.00	4.00	4.01	4.02
磷酸氢二钠（0.025mol/L） 磷酸氢二钾（0.025mol/L）	6.29	6.90	6.88	6.86	6.85	6.84
四硼酸钠（0.01mol/L）	9.33	9.28	9.23	9.18	9.14	9.11
氢氧化钙饱和溶液	13.01	12.82	12.64	12.29	12.29	12.13

附录 9　元素的标准相对原子质量

原子序数	元素符号	名称	相对原子质量	原子序数	元素符号	名称	相对原子质量
1	H	氢	1.00794	21	Sc	钪	44.955912
2	He	氦	4.002602	22	Ti	钛	47.867
3	Li	锂	6.941	23	V	钒	50.9415
4	Be	铍	9.012182	24	Cr	铬	51.9961
5	B	硼	10.811	25	Mn	锰	54.938045
6	C	碳	12.0107	26	Fe	铁	55.845
7	N	氮	14.0067	27	Co	钴	58.933195
8	O	氧	15.9994	28	Ni	镍	58.6934
9	F	氟	18.9984032	29	Cu	铜	63.546
10	Ne	氖	20.1797	30	Zn	锌	65.38
11	Na	钠	22.98976928	31	Ga	镓	69.723
12	Mg	镁	24.3050	32	Ge	锗	72.64
13	Al	铝	26.9815386	33	As	砷	74.92160
14	Si	硅	28.0855	34	Se	硒	78.96
15	P	磷	30.973762	35	Br	溴	79.904
16	S	硫	32.065	36	Kr	氪	83.798
17	Cl	氯	35.453	37	Rb	铷	85.4678
18	Ar	氩	39.948	38	Sr	锶	87.62
19	K	钾	39.0983	39	Y	钇	88.90585
20	Ca	钙	40.078	40	Zr	锆	91.224

原子序数	元素符号	名称	相对原子质量	原子序数	元素符号	名称	相对原子质量
41	Nb	铌	92.90638	76	Os	锇	190.23
42	Mo	钼	95.96	77	Ir	铱	192.217
43	Tc	锝	[97.9072]	78	Pt	铂	195.084
44	Ru	钌	101.07	79	Au	金	196.966569
45	Rh	铑	102.90550	80	Hg	汞	200.59
46	Pd	钯	106.42	81	Tl	铊	204.3833
47	Ag	银	107.8682	82	Pb	铅	207.2
48	Cd	镉	112.411	83	Bi	铋	208.98040
49	In	铟	114.818	84	Po	钋	[208.9824]
50	Sn	锡	118.710	85	At	砹	[209.9871]
51	Sb	锑	121.760	86	Rn	氡	[222.0176]
52	Te	碲	127.60	87	Fr	钫	[223]
53	I	碘	126.90447	88	Re	镭	[226]
54	Xe	氙	131.293	89	Ac	锕	[227]
55	Cs	铯	132.9054519	90	Th	钍	232.03806
56	Ba	钡	137.327（7）	91	Pa	镤	231.03558
57	La	镧	138.90547（7）	92	U	铀	238.02891
58	Ce	铈	140.116	93	Np	镎	[237]
59	Pr	镨	140.90765	94	Pu	钚	[244]
60	Nd	钕	144.242	95	Am	镅	[243]
61	Pm	钷	[145]	96	Cm	锔	[247]
62	Sm	钐	150.36	97	Bk	锫	[247]
63	Eu	铕	151.964	98	Cf	锎	[251]
64	Gd	钆	157.25	99	Es	锿	[252]
65	Tb	铽	158.92535	100	Fm	镄	[257]
66	Dy	镝	162.500	101	Md	钔	[258]
67	Ho	钬	164.93032	102	No	锘	[259]
68	Er	铒	167.259	103	Lr	铹	[262]
69	Tm	铥	168.93421	104	Rf	𬬻	[261]
70	Yb	镱	173.054	105	Db	𬭊	[262]
71	Lu	镥	174.9668	106	Sg	𬭳	[266]
72	Hf	铪	178.49	107	Bh	𬭛	[264]
73	Ta	钽	180.94788	108	Hs	𬭶	[277]
74	W	钨	183.84	109	Mt	鿏	[268]
75	Re	铼	186.207	110	Ds	𫟼	[271]

续表

原子序数	元素符号	名称	相对原子质量	原子序数	元素符号	名称	相对原子质量
111	Rg	轮	[272]	115	Uup		[288]
112	Uub		[285]	116	Uirh		[292]
113	Uut		[284]	117	Uus		[291]
114	Uuq		[289]	118	Uuo		[293]

注：（1）数据源自 2007 年 IUPAC 元素周期表，以 $^{12}C=12$ 为标准。

（2）[ ]内的相对原子质量为放射性元素的半衰期最长的同位素质量数。

附录 10　常见化合物的摩尔质量

化合物	摩尔质量 /（g/mol）	化合物	摩尔质量 /（g/mol）	化合物	摩尔质量 /（g/mol）
Ag_3AsO_4	462.52	$Ba(OH)_2$	171.34	$Co(NO_3)_2 \cdot 6H_2O$	291.03
$AgBr$	187.77	$BaSO_4$	233.39	CoS	90.99
$AgCl$	143.32	$BiCl_3$	315.34	$CoSO_4$	154.99
$AgCN$	133.89	$BiOCl$	260.43	$CoSO_4 \cdot 7H_2O$	281.10
$AgSCN$	165.95	Cu_2O	143.09	$CO(NH_2)_2$	60.06
Ag_2CrO_4	331.73	CuS	95.61	$CrCl_3$	158.35
AgI	234.77	$CuSO_4$	159.60	$CrCl_3 \cdot 6H_2O$	266.45
$AgNO_3$	169.87	CO_2	44.01	$Cr(NO_3)_3$	238.01
$AlCl_3$	133.34	CaO	56.08	Cr_2O_3	151.99
$AlCl_3 \cdot 6H_2O$	241.43	$CaCO_3$	100.09	$CuCl$	98.999
$Al(NO_3)_3$	213.00	CaC_2O_4	128.10	$CuCl_2$	134.45
$Al(NO_3)_3 \cdot 9H_2O$	375.13	$CaCl_2$	110.99	$CuCl_2 \cdot 2H_2O$	170.48
Al_2O_3	101.96	$CaCl_2 \cdot 6HO$	219.08	$CuSCN$	121.62
$Al(OH)_3$	78.00	$Ca(NO_3)_2 \cdot 4H_2O$	236.15	CuI	190.45
$Al_2(SO_4)_3$	342.14	$Ca(OH)_2$	74.09	$Cu(NO_3)_2$	187.56
$Al_2(SO_4)_3 \cdot 18H_2O$	666.41	$Ca_3(PO_4)_2$	310.18	$Cu(NO_3)_2 \cdot 3H_2O$	241.60
As_2O_3	197.84	$CaSO_4$	136.14	CuO	79.545
$As_2 \cdot O_5$	229.84	$CdCO_3$	172.42	$CuSO_4 \cdot 5H_2O$	249.68
As_2S_3	246.02	$CdCl_2$	183.32	CH_3COONa	82.034
$BaCO_3$	197.34	CdS	144.47	$CH_3COONa \cdot 3H_2O$	136.08
BaC_2O_4	225.35	$Ce(SO_4)_2$	332.24	CH_3COONH_4	77.083
$BaCl_2$	208.24	$Ce(SO_4)_2 \cdot 4H_2O$	404.30	CH_3COOH	60.502
$BaCl_2 \cdot 2H_2O$	244.27	$CoCl_2$	129.84	$FeCl_2$	126.76
$BaCr_2O_4$	253.32	$CoCl_2 \cdot 6H_2O$	237.93	$FeCl_2 \cdot 4H_2O$	198.81
BaO	153.33	$Co(NO_3)_2$	132.94	$FeCl_3$	162.21

化合物	摩尔质量 / (g/mol)	化合物	摩尔质量 / (g/mol)	化合物	摩尔质量 / (g/mol)
$FeCl_3 \cdot 6H_2O$	270.30	$HgCl_2$	271.50	$Mg(NO_3)_2 \cdot 6H_2O$	256.41
$FeNH_4(SO_4)_2 \cdot 12H_2O$	482.18	Hg_2Cl_2	472.09	$MgNH_4PO_4$	137.32
$Fe(NO_3)_3$	241.86	HgI_2	454.40	MgO	40.304
$Fe(NO_3)_3 \cdot 9H_2O$	404.00	$Hg_2(NO_3)_2$	525.19	$Mg(OH)_2$	58.32
FeO	71.846	HgS	232.65	$Mg_2P_2O_7$	222.55
Fe_2O_3	159.69	$HgSO_4$	296.65	$MgSO_4 \cdot 7H_2O$	246.47
Fe_3O_4	231.54	Hg_2SO_4	497.24	$MnCO_3$	114.95
$Fe(OH)_3$	106.87	K_2CO_3	138.21	$MnCl_2 \cdot 4H_2O$	197.91
FeS	87.91	K_2CrO_4	194.19	$Mn(NO_3)_2 \cdot 6H_2O$	287.04
Fe_2S_3	207.87	$K_2Cr_2O_7$	294.18	MnO	70.937
$FeSO_4$	151.90	$K_3Fe(CN)_6$	329.25	MnO_2	86.937
$FeSO_4 \cdot 7H_2O$	278.01	$K_4Fe(CN)_6$	368.35	MnS	87.00
$FeSO_4 \cdot (NH_4)_2SO_4 \cdot 6H_2O$	392.13	$KFe(SO_4)_2 \cdot 12H_2O$	503.24	$MnSO_4$	151.00
$Hg_2(NO_3)_2 \cdot 2H_2O$	561.22	$KHC_2O_4 \cdot H_2O$	146.14	$MnSO_4 \cdot 4H_2O$	223.06
$Hg(NO_3)_2$	324.60	$KHC_2O_4 \cdot H_2C_2O_4 \cdot 2H_2O$	254.19	NH_4NO_3	80.043
HgO	216.59	$KHC_4H_4O_6$	188.18	$(NH_4)_2HPO_4$	132.06
H_3AsO_3	125.94	$KHSO_4$	136.16	$(NH_4)_2S$	68.14
H_3AsO_4	141.94	KI	166.00	$(NH_4)_2SO_4$	132.13
H_3BO_3	61.83	KIO_3	214.00	NH_4VO_3	116.98
HBr	80.912	$KIO_3 \cdot HIO_3$	389.91	Na_3AsO_3	191.89
HCN	27.026	$KMnO_4$	158.03	$Na_2B_4O_7$	201.22
$HCOOH$	46.026	$KNaC_4H_4O_6 \cdot 4H_2O$	282.22	$Na_2B_4O_7 \cdot 10H_2O$	381.37
H_2CO_3	62.025	KNO_3	101.10	$NaBiO_3$	279.97
$H_2C_2O_4$	90.035	KNO_2	85.104	$NaCl$	58.443
$H_2C_2O_4 \cdot 2H_2O$	126.07	K_2O	94.196	$NaClO$	74.442
HCl	36.461	KOH	56.106	$NaCN$	49.007
HF	20.006	$KSCN$	97.18	$NaSCN$	81.07
HI	127.91	KBr	119.00	Na_2CO_3	105.99
HIO_3	175.91	$KBrO_3$	167.00	$Na_2CO_3 \cdot 10H_2O$	286.14
HNO_3	63.013	KCl	74.551	$Na_2C_2O_4$	134.00
HNO_2	47.013	$KClO_3$	122.55	NO	30.006
H_2O	18.015	$KClO_4$	138.55	NO_2	46.006
H_2O_2	34.015	KCN	65.116	NH_3	17.03
H_3PO_4	97.995	K_2SO_4	174.25	NH_4Cl	53.491
H_2S	34.08	$MgCl_2$	95.221	$(NH_4)_2CO_3$	96.086
H_2SO_3	82.07	$MgCl_2 \cdot 6H_2O$	203.30	$NaHCO_3$	84.007
H_2SO_4	98.07	$MgCO_3$	84.314	$Na_2HPO_4 \cdot 12H_2O$	358.14
$Hg(CN)_2$	252.63	MgC_2O_4	112.33	$Na_2H_2Y \cdot 2H_2O$	372.24

续表

化合物	摩尔质量/（g/mol）	化合物	摩尔质量/（g/mol）	化合物	摩尔质量/（g/mol）
$NaNO_2$	68.995	P_2O_5	141.94	$SnCl_2$	189.62
$NaNO_3$	84.995	$PbCO_3$	267.20	$SnCl_2·2H_2O$	225.65
Na_2O	61.979	PbC_2O_4	295.22	$SnCl_4$	260.52
Na_2O_2	77.978	$PbCl_2$	278.10	$SnCl_4·5H_2O$	350.596
$NaOH$	39.997	$PbCrO_4$	323.20	SnO_2	150.71
Na_3PO_4	163.94	$Pb(CH_3COO)_2$	325.30	SnS	150.776
Na_2S	78.04	$Pb(CH_3COO)_2·3H_2O$	379.30	$SrCO_3$	147.63
$Na_2S·9H_2O$	240.18	PbI_2	461.00	SrC_2O_4	175.64
Na_2SO_3	126.04	$Pb(NO_3)_2$	331.20	$SrCrO_4$	203.61
Na_2SO_4	142.04	PbO	223.20	$Sr(NO_3)_2$	211.63
$Na_2S_2O_3$	158.10	PbO_2	239.20	$Sr(NO_3)_2·4H_2O$	283.69
$Na_2S_2O_3·5H_2O$	248.17	$Pb_3(PO_4)_2$	811.54	$SrSO_4$	183.68
$NiCl_2·6H_2O$	237.69	PbS	239.30	$UO_2(CH_3COO)_2·2H_2O$	424.15
NiO	74.69	$PbSO_4$	303.00	$ZnCO_3$	125.39
$Ni(NO_3)_2·6H_2O$	290.79	SO_3	80.06	ZnC_2O_4	153.40
NiS	90.75	SO_2	64.06	$ZnCl_2$	136.29
$NiSO_4·7H_2O$	280.85	$SbCl_3$	228.11	$Zn(CH_3COO)_2$	183.47
$(NH_4)_2C_2O_4$	124.10	$SbCl_5$	299.02	$Zn(CH_3COO)_2·2H_2O$	219.50
$(NH_4)_2C_2O_4·H_2O$	142.11	Sb_2O_3	291.50	$Zn(NO_3)_2$	189.39
NH_4SCN	76.12	Sb_2S_3	339.68	$Zn(NO_3)_2·6H_2O$	297.48
NH_4HCO_3	79.005	SiF_4	104.08	ZnO	81.38
$(NH_4)_2MoO_4$	196.01	SiO_2	60.084		

附录 11　常用基准物质的干燥条件和应用

基准物质		干燥后的组成	干燥条件/℃	标定对象
名称	分子式			
碳酸氢钠	$NaHCO_3$	Na_2CO_3	270~300	酸
碳酸钠	$Na_2CO_3·10H_2O$	Na_2CO_3	270~300	酸
硼砂	$Na_2B_4O_7·10H_2O$	$Na_2B_4O_7·10H_2O$	放在装有氯化钠和饱和蔗糖溶液的密闭器皿中	酸

续表

基准物质		干燥后的组成	干燥条件/℃	标定对象
名称	分子式			
碳酸氢钾	$KHCO_3$	K_2CO_3	270～300	酸
二水合草酸	$H_2C_2O_4 \cdot 2H_2O$	$H_2C_2O_4 \cdot 2H_2O$	室温空气干燥	碱或 $KMnO_4$
邻苯二甲酸氢钾	$KHC_8H_4O_4$	$KHC_8H_4O_4$	110～120	碱
重铬酸钾	$K_2Cr_2O_7$	$K_2Cr_2O_7$	140～150	还原剂
溴酸钾	$KBrO_3$	$KBrO_3$	130	还原剂
碘酸钾	KIO_3	KIO_3	130	还原剂
铜	Cu	Cu	室温干燥器中保存	还原剂
三氧化二砷	As_2O_3	As_2O_3	室温干燥器中保存	氧化剂
草酸钠	$Na_2C_2O_4$	$Na_2C_2O_4$	130	氧化剂
碳酸钙	$CaCO_3$	$CaCO_3$	110	EDTA
锌	Zn	Zn	室温干燥器中保存	EDTA
氧化锌	ZnO	ZnO	900～1000	EDTA
氯化钠	NaCl	NaCl	500～600	$AgNO_3$
氯化钾	KCl	KCl	500～600	$AgNO_3$
硝酸银	$AgNO_3$	$AgNO_3$	220～250	氯化物
氨基磺酸	$HOSO_2NH_2$	$HOSO_2NH_2$	在真空 H_2SO_4 干燥中保存 48h	碱
氟化钠	NaF	NaF	铂坩埚中 500～550℃下保存 40～50min 后，H_2SO_4 干燥器中冷却	—

附录 12　EDTA 的 $\lg\alpha_{Y(H)}$ 值

pH	$\lg\alpha_{Y(H)}$	pH	$\lg\alpha_{Y(H)}$	pH	$\lg\alpha_{Y(H)}$	pH	$\lg\alpha_{Y(H)}$	pH	$\lg\alpha_{Y(H)}$
0	23.64	1.2	16.98	2.4	12.19	3.6	9.27	4.8	6.84
0.1	23.06	1.3	16.49	2.5	11.9	3.7	9.06	4.9	6.65
0.2	22.47	1.4	16.02	2.6	11.62	3.8	8.85	5	6.45
0.3	21.89	1.5	15.55	2.7	11.35	3.9	8.65	5.1	6.26
0.4	21.32	1.6	15.11	2.8	11.09	4	8.44	5.2	6.07
0.5	20.75	1.7	14.68	2.9	10.84	4.1	8.24	5.3	5.88
0.6	20.18	1.8	14.27	3	10.6	4.2	8.04	5.4	5.69
0.7	19.62	1.9	13.88	3.1	10.37	4.3	7.84	5.5	5.51
0.8	19.08	2	13.51	3.2	10.14	4.4	7.64	5.6	5.33
0.9	18.54	2.1	13.16	3.3	9.92	4.5	7.44	5.7	5.15
1	18.01	2.2	12.82	3.4	9.7	4.6	7.24	5.8	4.98
1.1	17.49	2.3	12.5	3.5	9.48	4.7	7.04	5.9	4.81

pH	$\lg\alpha_{Y(H)}$	pH	$\lg\alpha_{Y(H)}$	pH	$\lg\alpha_{Y(H)}$	pH	$\lg\alpha_{Y(H)}$	pH	$\lg\alpha_{Y(H)}$
6	4.65	7.3	2.99	8.6	1.67	9.9	0.52	11.2	0.05
6.1	4.49	7.4	2.88	8.7	1.57	10	0.45	11.3	0.04
6.2	4.34	7.5	2.78	8.8	1.48	10.1	0.39	11.4	0.03
6.3	4.2	7.6	2.68	8.9	1.38	10.2	0.33	11.5	0.02
6.4	4.06	7.7	2.57	9	1.28	10.3	0.28	11.6	0.02
6.5	3.92	7.8	2.47	9.1	1.19	10.4	0.24	11.7	0.02
6.6	3.79	7.9	2.37	9.2	1.1	10.5	0.2	11.8	0.01
6.7	3.67	8	2.27	9.3	1.01	10.6	0.16	11.9	0.01
6.8	3.55	8.1	2.17	9.4	0.92	10.7	0.13	12	0.01
6.9	3.43	8.2	2.07	9.5	0.83	10.8	0.11	12.1	0.01
7	3.32	8.3	1.97	9.6	0.75	10.9	0.09	12.2	0.005
7.1	3.21	8.4	1.87	9.7	0.67	11	0.07	13	0.0008
7.2	3.1	8.5	1.77	9.8	0.59	11.1	0.06	13.9	0.0001

附录 13　常用分析化学术语（汉英对照）

[筛]目　mesh

1-(2-吡啶偶氮)-2-萘酚　1-(2-pyridylazo)-2-naphthol

pH 玻璃电极　pH glass electrode

氨羧配位剂　complexone

螯合物　chelate

螯合物萃取　chelate extraction

百里酚酞　thymolphthalein

半微量分析　semimicro analysis

包藏　collusion

保证试剂　guarantee reagent

被滴物　titrand

比色法　colorimetry

比色计　colorimeter

比消光系数　specific extinction coefficient

比移值　R_f value

变色间隔　transition interval

变异系数　coefficient of variation

标定　standardization

标准电位　standard potential

标准偏差　standard deviation

标准曲线　standard curve

标准溶液　standard solution

标准物质　reference material

标准系列法　standard series method

表观形成常数　apparent formation constant

表面活性剂　surfactant；surface active agent

玻璃棒　glass rod

玻璃比色皿　glass cell

薄层色谱　thin layer chromatography

不稳定常数　instability constant

裁判分析　umpire analysis

参比溶液　reference solution

参考水平　reference level

测量值　measured value

常规分析　routine analysis

常量分析　macro analysis

超痕量分析　ultratrace analysis

沉淀滴定法　precipitation titration

沉淀剂　precipitant

沉淀形　precipitation form

陈化　aging

称量瓶　weighing bottle

称量形　weighing form
纯度　purity
催化反应　catalyzed reaction
萃取常数　extraction constant
萃取光度法　extraction spectrophotometric method
萃取率　extraction rate
带宽　band width
带状光谱　band spectrum
单光束分光光度计　single beam spectrophotometer
单盘天平　single-pan balance
单色光　monochromatic light
单色器　monochromator
氘灯　deuterium lamp
导数光谱　derivative spectrum
等摩尔系列法　equimolar series method
等吸光点　isoabsorptive point
滴定　titration
滴定常数　titration constant
滴定碘法　iodometry
滴定分数　titration fraction
滴定分析　titrimetry
滴定管　burette
滴定管夹　burette holder
滴定管架　burette support
滴定剂　titrant
滴定曲线　titration curve
滴定突跃　titration jump
滴定误差　titration error
滴定指数　titration index
碘量法　iodimetry
碘钨灯　iodine-tungsten lamp
电荷平衡　charge balance
电热板　hot plate
电泳　electrophoresis
电子天平　electronic balance
淀粉　starch
淀帚　policeman

定量分析　quantitative analysis
定性分析　qualitative analysis
多元酸　polyprotic acid
多组分同时测定　simultaneous determination of multicomponents
惰性溶剂　inert solvent
二苯胺磺酸钠　sodium diphenylamine sulfonate
二甲酚橙　xylenol orange
二氯荧光黄　dichloro fluorescein
二元酸　dibasic acid
发色团　chromophoric group
法扬斯法　Fajans method
砝码　weight
反萃取　back extraction
放大反应　amplification reaction
非水滴定　non-aqueous titration
分辨率　resolution
分布图　distribution diagram
分步沉淀　fractional precipitation
分步滴定　stepwise titration
分光光度法　spectrophotometry
分光光度计　spectrophotometer
分离　separation
分离因数　separation factor
分配比　distribution ratio
分配系数　distribution coefficient
分析化学　analytical chemistry
分析浓度　analytical concentration
分析试剂　analytical reagent
分析天平　analytical balance
分子光谱　molecular spectrum
酚酞　phenolphthalein
福尔哈德法　Volhard method
副反应系数　side reation coefficient
富集　enrichment
钙指示剂　calconcarboxylic acid
概率　probability
干燥剂　desiccant；drying agent

干燥器　desiccator

坩埚　crucible

高锰酸钾法　permanganate titration

高效液相色谱　high performance liquid chromatography

铬黑 T　eriochrome black T

工作曲线　working curve

汞灯　mercury lamp

汞量法　mercurimetry

共沉淀　coprecipitation

共轭酸碱对　conjugate acid-base pair

固定相　stationary phase

固有碱度　intrinsic basicity

固有溶解度　intrinsic solubility

固有酸度　intrinsic acidity

光程　path length；light path

光电倍增管　photomultiplier

光电比色计　photoelectric colorimeter

光电池　photocell

光电管　phototube

光谱分析　spectral analysis

光谱红移　bathochromic shift

光源　light source

光栅　grating

国际标准化组织　International Standardization Organization

国际纯粹与应用化学联合会　International Union of Pure and Applied Chemistry

过饱和　supersaturation

过滤　filtration

痕量分析　trace analysis

恒量　constant weight

烘箱　oven

后沉淀　post precipitation

互补色　complementary light

化学纯　chemical pure

化学分析　chemical analysis

化学计量点　stoichiometric point

化学需氧量　chemical oxygen demand

化学因数　chemical factor

缓冲容量　buffer capacity

缓冲溶液　buffer solution

灰化　ashing

挥发　volatilization

回收率　recovery

混合指示剂　mixed indicator

混晶　mixed crystal

活度　activity

活度系数　activity coefficient

基准物质　primary standard substance

极性溶剂　polar solvent

甲基橙　methyl orange

甲基红　methyl red

交换容量　exchange capacity

交联度　extent of crosslinking

校正　correction

校准　calibration

校准曲线　calibrated curve

结构分析　structure analysis

解蔽　demasking

解离常数　dissociation constant

介电常数　dielectric constant

金属指示剂　metallochromic indicator

晶形沉淀　crystalline precipitate

精密度　precision

绝对误差　absolute error

均相沉淀　homogeneous precipitation

卡尔·费歇尔滴定法　Karl Fischer titration

凯氏定氮法　Kjeldahl method

可测误差　determinate error

空白　blank

拉平效应　leveling effect

蓝移　blue shift

朗伯-比尔定律　Lambert-Beer law

累积常数　cumulative constant

棱镜　prism

离群值　outlier

离子缔合物萃取　ion association extraction

离子交换　ion exchange

离子交换树脂　ion exchange resin

离子强度　ionic strength

离子色谱　ion chromatography

连续萃取　continuous extraction

连续光谱　continuous spectrum

两性溶剂　amphiprotic solvent

两性物　amphoteric substance

量筒　measuring cylinder

邻二氮菲亚铁离子　ferroin

淋洗剂　eluant

零水平　zero level

流动相　mobile phase

漏斗　filler

滤光片　filter

滤纸　filter paper

配位滴定法　complexometry; complexometric titration

配位反应　complexation

配合物　complex

马弗炉　muffle furnace

摩尔比法　mole ratio method

摩尔吸光系数　molar absorptivity

莫尔法　Mohr method

凝乳状沉淀　curdy precipitate

浓度常数　concentration constant

偶然误差　accident error

配体　ligand

偏差　deviation

频率　frequency

频率分布　frequency distribution

频率密度　frequency density

平衡浓度　equilibrium concentration

平均偏差　deviation average

平均值　mean；average

平行测定　parallel determination

气相色谱　gas chromatography

亲和力　affinity

氢灯　hydrogen lamp

区分效应　differentiating effect

取样　sampling

全距（极差）　range

热力学常数　thermodynamic constant

容量分析　volumetry

容量瓶　volumetric flask

溶度积　solubility product

溶剂萃取　solvent extraction

熔剂　flux

熔融　fusion

三元酸　triacid

色谱法　chromatography

色散　dispersion

烧杯　beaker

示差光度法　differential spectrophotometry

试剂空白　reagent blank

试剂瓶　reagent bottle

试样，样品　sample

试液　test solution

铈量法　ceriometry

曙红　eosin

双波长分光光度法　dual-wavelength spectropho-
tometry

双光束分光光度计　double beam spectrophoto-
meter

双盘天平　dual-pan balance

水相　aqueous phase

水浴　water bath

四分法　quartering

酸度常数　acidity constant

酸碱滴定　acid-base titration

酸效应曲线　acidic effective curve

酸效应系数　acidic effective coefficient

随机误差　random error

条件萃取常数　conditional extraction constant

条件电位　conditional potential

条件溶度积　conditional solubility product

条件形成常数　conditional formation constant

透光率　transmittance

微量分析　micro analysis

稳定常数　stability constant

钨灯　tungsten lamp

无定形沉淀　amorphous precipitate

物料平衡　material balance

误差　error

吸附　adsorption

吸附剂　adsorbent

吸附指示剂　adsorption indicator

吸光度　absorbance

吸量管　pipet；measuring pipet

吸收峰　absorption peak

吸收曲线　absorption curve

吸收系数　absorptivity；absorption coefficient

洗瓶　wash bottle

洗液　washings

系统误差　systematic error

狭缝　slit

显色剂　chromogenic reagent

显著性检验　significance test

线性回归　linear regression

线状光谱　line spectrum

相比　phase ratio

相对误差　relative error

相关系数　correlation coefficient

形成常数　formation constant

型体（物种）　species

溴量法　bromometry

颜色转变点　color transition point

掩蔽　masking

掩蔽指数　masking index

氧化还原滴定法　redox titration

氧化还原指示剂　redox indicator

液相色谱　liquid chromatography

一元酸　monoacid

仪器分析　instrumental analysis

移液管　pipette

乙二胺四乙酸　ethyle-nediamine tetraacetic acid

银量法　argentimetry

荧光黄　fluorescein

游码　rider

有机相　organic phase

有效数字　significant figure

诱导反应　induced reaction

预富集　pre-concentration

原子光谱　atomic spectrum

沾污　contamination

真值　true value

蒸发皿　evaporating dish

蒸馏　distillation

蒸汽浴　steam bath

正态分布　normal distribution

直读天平　direct reading balance

纸色谱　paper chromatography

指示剂　indicator

指示剂的封闭　blocking of indicator

指示剂的僵化　ossification of indicator

质量平衡　mass balance

质子　proton

质子化　protonation

质子化常数　protonation constant

质子条件　proton condition

质子自递常数　autoprotolysis constant

置信区间　confidence interval

置信水平　confidence level

中和　neutralization

中位数　median

中性溶剂　neutral solvent

终点　end point

终点误差　end point error

仲裁分析　referee analysis

重铬酸钾法　dichromate titration

重量分析　gravimetry

重量因数　gravimetric factor

逐级稳定常数　stepwise stability constant

助色团　auxochrome

柱色谱　column chromatography

锥形瓶　erlenmeyer flask；conical flask

准确度　accuracy

灼烧　ignition

紫外-可见分光光度法　UV-vis spectrophotometry

自动记录式分光光度计　recording spectrophotometer

自身指示剂　self-indicator

自由度　degree of freedom

总体　population

最大吸收　maximum absorption